中等职业学校数控技术应用专业规划教材

数控加工工艺

郎一民　主　编

杨　柳　郝成武　副主编

马红军　刘欣欣　张井彦　参　编

U0310492

中国铁道出版社

CHINA RAILWAY PUBLISHING HOUSE

内 容 简 介

全书分三篇，共九章：第一篇为数控加工工艺概述，主要包括数控加工工艺基础知识、机床的基本原理、工件坐标系的建立、刀具及切削用量；第二篇和第三篇分别为数控车削加工工艺基础和数控铣削加工工艺基础，主要包括车、铣刀具与夹具的选择，工艺路线的确定，切削用量的设置，典型零件的加工工艺对比分析与加工工艺路线的制订、设计、分析及各类典型零件工艺编制。

本书的编写力求反映新技术、新工艺、新标准，内容丰富、简洁明了、结合实际，本书易教、易学，图文并茂，是具有现代中等职业教学气息的特色教材。

本书适合作为中等职业学校数控技术应用及相关专业的教材，也可作为有关行业的岗位培训教材和从事相关工作人员的参考用书。

图书在版编目（CIP）数据

数控加工工艺/郎一民主编. —北京：中国铁道出版社，2009.7（2017.8 重印）

（中等职业学校数控技术应用专业规划教材）

ISBN 978-7-113-10340-8

Ⅰ. 数⋯ Ⅱ. 郎⋯ Ⅲ. 数控加床－加工工艺－专业学校－教材 Ⅳ. TG659

中国版本图书馆 CIP 数据核字（2009）第 127981 号

书　　名：数控加工工艺
作　　者：郎一民　主编

策划编辑：秦绪好　李　旸
责任编辑：周　欢　　　　　　　编辑部电话：(010) 63583215
编辑助理：何红艳
封面设计：付　巍　　　　　　　封面制作：李　路
版式设计：于　洋　　　　　　　责任印制：李　佳

出版发行：中国铁道出版社（北京市西城区右安门西街 8 号　邮政编码：100054）
印　　刷：虎彩印艺股份有限公司
版　　次：2009 年 9 月第 1 版　　2017 年 8 月第 3 次印刷
开　　本：787mm×1092mm　1/16　印张：13.5　字数：326 千
印　　数：1 000 册
书　　号：ISBN 978-7-113-10340-8
定　　价：32.00 元

前 言

FOREWORD

本书根据教育部职业教育与成人教育司数控技术应用专业技能型紧缺人才培养方案的指导思想和最新的数控技术应用专业教学计划，以突出职业技术应用型人才为目的，结合中等职业学校培养具有实际操作技能的紧缺人才为目标进行编写。

本教材从培养学生综合职业能力出发，在内容编排上以突出实际应用为主导、以数控加工工艺为主线，从数控加工设备、刀具与夹具的选择、工艺路线的确定到切削用量的设置，全面系统地阐述了数控车、铣的工艺特点、工艺技巧、典型零件工艺对比分析及加工工艺的制定。打破原有的学科教学体系，形成了全新的教学内容。本书的编写力求反映新技术、新工艺、新标准、内容丰富、简洁明了、结合实际。

本书的特点是结合实际、讲求实效、深浅适度、通俗易懂、结构清晰、层次性强，并且易教、易学，图文并茂，是具有现代中等职业教学气息的特色教材。全书分三篇：第一篇（第1～3章）为数控加工工艺概述，第二篇（第4～6章）为数控车削加工工艺基础，第三篇（第7～9章）为数控铣削加工工艺基础。基本上每章都安排了一些有针对性、可操作性和实用性强的典型实例，各章都附有小结及大量复习题，以便广大师生学习、参考。

本书教学学时为86学时，学时建议如下表（仅供参考）。

序　号	课 程 内 容	学 时 数
1	数控加工工艺基础知识	12
2	数控机床	6
3	数控刀具	6
4	数控车削加工概述	8
5	数控车削加工工艺	8
6	数控车削加工工艺应用	16
7	数控铣削加工概述	4
8	数控铣削加工工艺	10
9	数控铣削（加工中心）加工工艺应用	10
	机　　　　动	6
	合　　　　计	86

本书由长春机械工业学校郎一民主编，编写了第4～9章，并负责全书的统稿工作。杨柳、郝成武任副主编，马红军、刘欣欣及长春职业技术学院张井彦为参编，编写了第1～3章，全书由湖南铁道职业技术学院朱鹏超副教授担任主审，并对本书的编写提出了一些宝贵意见，在此表示感谢。

由于编写时间仓促，书中难免有一些错误或疏漏之处，敬请各位读者批评指正。

编 者
2009 年 7 月

目 录

CONTENTS

第一篇 数控加工工艺概述

第二篇　数控车削加工工艺基础

目
录

第三篇 数控铣削加工工艺基础

目录

第一篇 数控加工工艺概述

第 1 章
数控加工工艺基础知识

学习目标

- 了解数控加工工艺的内容、工艺路线的拟订、工件的定位原理、方式及元件。
- 掌握数控加工工艺分析与制订加工工艺规程、工艺尺寸链的定义及计算。
- 熟悉数控加工工艺文件的编制方法。

1.1 概　　述

1.1.1 生产过程和工艺过程

1. 生产过程

将原材料转变为成品的全过程称为生产过程。例如，一个零件的生产过程应该包括生产准备、毛坯制造、零件的机械加工及热处理、质检等。

生产过程包括以下内容：

（1）生产的准备工作，如产品的开发设计和工艺设计、专用装备的设计与制造以及各种生产组织等方面。

（2）原材料及半成品的运输和保管。

（3）毛坯的制造过程，如锻造、铸造、冲压等。

（4）零件的各种加工过程，如机械加工、焊接、热处理等。

（5）部件和产品的装配过程。

（6）产品的检验、调试、涂漆与包装等。

2. 工艺过程

工艺就是制造产品的方法。采用机械加工的方法，直接改变毛坯的形状、尺寸和表面质量等，使其成为零件的过程称为工艺过程。所以工艺过程是指改变生产对象的形状、尺寸、相对位置和性质等，使其成为成品或半成品的过程。

工艺过程组成内容：

在机械加工工艺过程中，针对零件的结构特点和技术要求，必须采用不同的加工方法和装备，按照一定的顺序依次进行才能完成由毛坯到零件的转变过程。因此，机械加工工艺过程是由一个或若干个顺序排列的工序组成，而工序又由安装、工步、进给及工位等组成。

（1）工序　一个或一组工人，在一个工作地点（如机床、钳工台）对同一个或同时对几个工件连续完成的那一部分工艺过程称为工序。划分工序的主要依据是工作地是否变动和工作是否连续，工序是组成工艺过程的基本单元，也是生产计划的基本单元。

（2）安装　工件经一次装夹后所完成的那一部分工序称为安装。

（3）工步　在加工表面不变、加工工具不变、切削用量不变的条件下连续完成的那一部分工序称为工步。

（4）进给　在一个工步内，若被加工的表面需切除的余量较大，可分几次切削，每次切削称为一次进给。

（5）工位　采用转位（或移位）夹具、回转工作台或在多轴机床上加工时，工件在机床上一次装夹后，要经过若干个位置依次进行加工，工件在机床上所占据的每一个位置上完成的那一部分工序就称为工位。

相关链接

如何区别加工内容是否属于同一工序：

关键在于是否连续加工同一零件，在一台机床上加工一个零件，尽管在加工中多次拆装及换刀具，但只要不去加工另一个零件，则所有的加工内容都属于同一工序。

1.1.2　生产纲领和生产类型

1. 生产纲领

生产纲领是指企业在计划期内应当生产的产品产量和进度计划，通常也称年产量。零件的生产纲领还包括一定的备品和废品数量。

2. 生产类型

生产类型是指企业（车间、工段、班组、工作地）生产专业化程度的分类。一般分为三种类型：

（1）单件生产　单件生产指产品品种多，但每一种产品的结构、尺寸不同，且产量很少，各个工作地点的加工对象经常改变，且很少重复的生产类型。例如，新产品试制、重型机械和专用设备的制造等均属于单件生产。

（2）大量生产　大量生产指产品数量很大，品种少，大多数工作地点长期地按一定节拍进行某一个零件的某一道工序的加工。例如，汽车、摩托车、柴油机、拖拉机、自行车、轴承及齿轮等的生产均属于大量生产。

（3）成批生产　成批生产指一年中分批轮流地制造几种不同的产品，每种产品均有一定的数量。工作地点的加工对象周期性地重复。例如，机床、机车、纺织机械等的生产均属于成批生产。按照成批生产中每批投入生产的数量的大小和产品的特征，成批生产又可分为小批生产、中批生产和大批生产三种。在工艺方面，小批生产与单件生产相似，大批生产与大量生产相似，中批生产则介于单件生产和大量生产之间。不同生产类型和生产纲领之间的关系：生产类型的划分主要由生产纲领确定，同时还与产品的大小及结构的复杂程度有关。生产类型不同，产品的制造工艺、工装设备、技术措施、经济效率等也不相同。在大批大量生产时通常采用高效的工艺及设备，经济效率高；而在单件小批生产时通常采用通用设备及工装生产的产品，生产效率、经济效率都低，生产类型与生产纲领的关系如表 1-1 所示。

表 1-1　生产类型与生产纲领的关系

生产类型		生产纲领（单位为台/年或件/年）		
		重型零件（>30kg）	中型零件（4~30kg）	轻型零件（<4kg）
单件生产		≤5	≤10	≤100
成批生产	小批量生产	5~100	10~150	100~500
	中批量生产	100~300	150~500	500~5 000
	大批量生产	300~1 000	500~5 000	5 000~50 000
大量生产		>1 000	>5 000	>50 000

相关链接

　　批量生产在确定零件数控工艺流程时，将粗、精加工分阶段进行，各表面的粗加工结束后再进行精加工。不要将粗、精加工工序交替进行，也不要在一台机床上既进行粗加工又进行精加工。这样可以合理使用机床，并使粗加工产生的加工误差及工件变形，在精加工时得到修正，有利于提高加工精度。

1.1.3　零件图分析

　　在制订零件的机械加工工艺规程时，首先应对零件图、装配图进行分析，明确零件在产品中的位置、作用，然后着重对零件图和装配图进行技术要求分析及对零件的结构工艺性分析。

对零件图和装配图的技术要求分析

　　在认真分析与研究产品的零件图和装配图，熟悉整台产品的用途、性能和工作条件的基础上，还应具体了解零件在产品中的作用、位置和装配关系，然后对零件图样进行分析。

　　（1）零件技术要求分析　零件的技术要求主要指尺寸精度、形状精度、位置精度、表面粗糙度及热处理等。通过分析，弄清楚各项技术要求对装配质量和使用性能的影响，找出主要的和关键的技术要求。

　　（2）零件的结构工艺性分析　零件的结构工艺性是指所设计的零件在能满足使用要求的前提下，制造的可行性和经济性。好的结构工艺性能使零件加工容易、节省工时、节省材料。

1.1.4　毛坯的选择

　　在机械加工中常用的毛坯种类有铸件、锻件、型材、焊接件等。一般来说，毛坯制造精度越高，其形状和尺寸越接近成品零件外形。使劳动强度、材料消耗、产品成本降低。但毛坯的制造费用却会因采用了先进的设备而增加。因此，在确定毛坯时应当综合考虑各方面的因素，以达到最佳的效果。

3

第一章　数控加工工艺基础知识

确定毛坯时主要考虑下列因素：

（1）零件的材料及其力学性能　根据零件的材料可以确定毛坯的种类，而其力学性能的高低，也会在一定程度上影响毛坯的种类，如力学性能要求较高的钢件，其毛坯最好用锻件而不用型材。

（2）生产类型　不同的生产类型决定了不同的毛坯制造方法。在大批量生产中，应采用精度和生产率都较高的先进的毛坯制造方法，如铸件应采用金属模机器造型，锻件应采用模锻。还应当充分考虑采用新工艺、新技术和新材料的可能性，如精铸、精锻、冷挤压、冷轧、粉末冶金和工程塑料等。单件小批量生产则一般采用木模手工造型或自由锻等比较简单、方便的毛坯制造方法，近年来，在单件生产中，消失模铸造被广泛使用，消失模铸造是一项创新的铸造工艺方法，使用聚苯乙烯制作模型，熔融金属浇入铸型后模型汽化被金属所取代形成铸件。

（3）零件的结构形状和外形尺寸　在充分考虑了上述两项因素后，有时零件的结构形状和外形也会影响毛坯的种类和制造方法。例如，常见的一般用途的钢质阶梯轴，当各台阶直径相差不大时可用棒料；若各台阶直径相差很大时，宜用锻件；成批生产中小型零件可选用模锻；而大尺寸的钢轴受到设备和模具的限制一般选用自由锻等。

1.2　数控加工工艺及特点

数控加工是指在数控机床上进行自动加工零件的一种工艺方法。其实质是数控机床按照事先编制好的零件加工程序通过数字控制，自动对零件进行加工的过程。

数控机床加工与普通机床加工在方法与内容上很相似，不同之处在于加工过程的控制方式。普通机床由于用手动方式来控制，因此虽有工艺文件说明，但在操作上随机性很强，一般不需工艺人员在设计工艺规程时进行过多的规定，零件的尺寸精度也可保证。而数控机床在加工时，全部工艺信息是记录在控制介质上，它基本无随机性。由此可见，要实现数控加工，工艺与程序起着主要作用。

1.2.1　数控加工过程

（1）阅读零件图样，充分了解图样的技术要求（如尺寸精度、形位公差、表面粗糙度、工件的材料、硬度、加工性能以及工件数量等），明确加工内容。

（2）根据零件图样的要求进行工艺分析，其中包括零件的结构工艺性分析、材料和设计精度的合理性分析、大致工艺步骤等。

（3）根据工艺分析制定出加工所需要的一切工艺信息。例如，加工工艺路线、工艺要求、刀具的运动轨迹、切削用量（主轴转速、进给量、吃刀深度）以及辅助功能（换刀、主轴正转或反转、切削液开或关）等，并填写工艺过程卡和加工工序卡。

（4）根据零件图样和制定的工艺内容，再按照所用数控系统规定的指令代码及程序格式进行数控编程。

（5）将编写好的程序通过传输接口，输入到数控机床的数控装置中。调整好机床并调用该程序后，加工出符合图样要求的零件。

从数控加工过程可以看出，工艺分析和制定加工工艺在数控加工中起关键作用，直接决定了数控加工的好坏与成败。

1.2.2　数控加工工艺的内容

　　数控加工工艺是指在数控机床上进行自动加工零件时运用各种方法及技术手段的综合体现。它是伴随着数控机床的产生、发展而逐步完善起来的一种应用技术。其工艺流程图如图 1-1 所示。

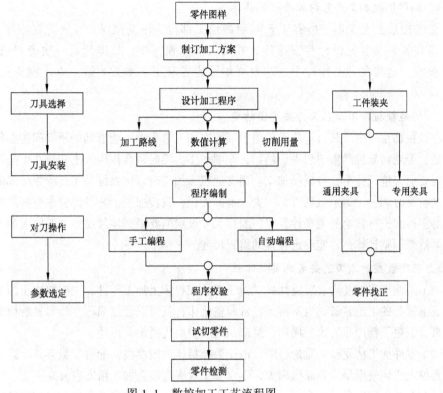

图 1-1　数控加工工艺流程图

　　数控加工工艺主要包括如下内容：

　　（1）对被加工零件图样进行分析，明确加工内容、制订加工方案，对所要加工的零件进行技术要求分析，选择合适的加工方案与数控设备。

　　（2）确定数控机床加工的零件、工序和内容。

　　（3）确定零件的加工方案，制订数控加工工艺路线。例如，划分工序、安排加工顺序、处理与非数控加工工序的衔接等。

　　（4）编制数控加工程序，根据零件的加工要求，分析数据、选择切削参数后对零件进行手工或自动编程。

　　（5）设计数控加工工序。例如，选取零件的定位基准、夹具方案的确定、划分工步、选取刀具并安装刀具等。

　　（6）选取对刀点和换刀点的位置、刀具补偿、加工路线、加工余量的确定。

　　（7）分配调整数控加工中的容差、处理数控机床上的部分工艺指令。

　　（8）零件的验收与质量误差分析。当零件加工完后应进行检验，并通过质量分析找出误差的原因及纠正的方法。

　　（9）数控加工工艺文件的制订编写、整理与归档。

1.2.3 数控加工工艺的特点

由于数控加工具有自动化程度高、精度高、质量稳定、生产效率高、设备费用高、功能较强。因此数控加工工艺与普通加工工艺也存在着一定的差异，主要表现出以下几个特点：

1．制订数控加工工艺内容要明确具体

在进行数控加工时，所有工艺问题如加工部位、加工顺序、刀具配置顺序、刀具轨迹、切削参数等必须事先设计和安排好，并编入加工程序中。具体到每一次走刀路线和每一个操作细节，尤其在自动编程中更需要详细设定各种工艺参数。这一点不同于普通机床加工工艺。

2．实施数控加工工艺工作要严密精确

在数控加工时由于其自适应性较差，因此在加工过程中可能遇到的所有问题必须事先精心考虑清楚，否则将导致严重的后果。例如，车削加工内腔时，数控机床不知道孔中是否塞满切屑，是否需要退刀清理一下，再继续加工。而普通机床加工时可以根据加工过程中出现的实际问题而人为进行及时调整。为了做到万无一失、准确无误，数控加工工艺设计要求更加严密、精确。尤其在对零件图进行数学处理和计算时，编程尺寸设定值要根据零件尺寸公差要求和零件的形状几何关系重新调整计算，才能确定合理的编程尺寸。

3．确定数控加工工艺要考虑其特殊性

（1）柔性加工程度高、适应性强　由于在数控机床上加工零件，主要取决于加工程序，一般不需要很复杂的工艺装备，也不需要经常调整机床，就可以通过编程将外形复杂精度高的零件加工出来。缩短了新产品的研制周期，给产品的改型换代提供了捷径。

（2）零件加工精度高、质量稳定　由于数控机床的刚度高，配置高级刀具，因此在同等情况下，数控机床切削用量比普通机床大，不仅加工效率高而且加工精度也较高。

（3）自动化程度高、效率高　由于数控机床是按输入程序自动完成加工，一般情况下，操作者所要完成的是对程序的输入和编辑、工件的装卸、刀具的准备、加工状态的监测等，从而相应改善了劳动强度和条件。

（4）复合化程度高、工序集中　在数控机床上加工零件应尽量在一次装夹中完成更多的工序，这与数控机床本身的复合化程度高有关，因此其明显特点是工序相对集中，表现为工序数目少，工序内容多，并且尽可能安排较复杂的工序。

4．设计数控加工工艺要考虑系统条件的影响

在数控加工中刀具的移动轨迹由插补运算完成。在数控系统已定的条件下，进给速度越快，则插补精度越低，导致工件的轮廓形状精度越差，尤其在高精度加工时这种影响非常明显。由此可见，制订数控加工工艺的着眼点是对整个数控加工过程的分析，关键在确定进给路线及生成刀具运动轨迹。加工工艺设计的正确与否将直接影响到数控加工的尺寸精度和表面精度、加工时间的长短、材料和人工的耗费，甚至直接影响了加工的安全性。

1.2.4 数控加工工艺分析

数控机床加工工艺涉及面广、影响因素较多，因此必须根据数控机床的性能特点、应用范围对零件加工工艺进行分析。

1. 对零件数控加工的可能性分析

零件毛坯材质本身的力学性能、热处理状态、毛坯外形的可安装性及加工余量状况进行分析，为刀具材料和切削用量的选择提供依据。

2. 对刀具运动轨迹的可行性分析

零件毛坯外形和内腔是否有碍刀具定位、运动和切削，必要时可进行刀具检测，为刀具运动路线的确定和程序设计提供依据。

3. 对零件加工余量的状况分析

分析毛坯是否留有足够的加工余量，孔加工部位是通孔还是盲孔，有无沉孔等，为刀具选择、加工安排和加工余量分配提供依据。

4. 对零件图样尺寸的标注方法分析

若零件的尺寸特性分散地从设计基准引注，这样的标注将会给工序安排、加工、坐标计算和数控编程带来许多麻烦。而数控加工零件图样则要求从同一基准引注尺寸或直接给出相应的坐标值。

5. 对构成零件轮廓的几何元素分析

采用手工编程时要计算构成零件轮廓的每一个节点坐标；自动编程时要对构成零件轮廓的所有几何元素进行定义，如零件设计人员在设计过程中忽略某些几何元素，出现条件不充分或模糊不清的问题，可能使编程无法进行。

6. 对零件结构工艺性的分析

（1）零件的外形、内腔是否可以采取统一的几何类型或尺寸，尽可能减少刀具数量和换刀次数，例如，在设计轴类工件轴肩空刀槽时，应将宽度尺寸设计一致以减少换刀次数提高效率。

（2）零件内槽圆角的大小决定着刀具直径的大小，因而内槽圆角半径不应设计过小。零件工艺性的好坏与被加工轮廓的高低、转接圆弧半径的大小等有关。

（3）零件槽底圆角半径不宜过大，圆角半径越大时，铣刀铣削平面的面积越小，加工表面的能力相应减小。

7. 通过工艺分析选择合适的加工方案

对于同一零件由于安装定位的方式、刀具的配备、加工路线的选取、工件坐标系的设置以及生产规模等的差异，可能会出现多种加工方案，根据零件的技术要求选择经济、合理的加工工艺方案。

 拓展延伸

数控加工工序一般都穿插于零件加工工艺过程的中间，因此在工序安排过程中一定要兼顾普通常规工序的安排，使之与整个工艺过程协调吻合。

若衔接不好就会出现矛盾，较好的解决办法是建立工序间的状态要求，例如，是否预留加工余量、定位面与孔的精度要求、形位公差、热处理要求等，都需前后兼顾统筹安排。

第一章 数控加工工艺基础知识

1.3 工艺路线的拟订

工艺路线的拟订是制订工艺规程的关键，规定零件的制造工艺过程和操作方法等的工艺文件称为工艺规程。它是在具体的生产条件下以最合理或较合理的工艺过程和操作方法，并按规定的图表或文字形式书写成工艺文件。

拟订工艺路线首先应选择各道工序的具体加工内容；然后确定各工序所用的机床及工艺装备；各个表面的加工方法和加工方案；各表面的加工顺序及工序集中与分散的程度，合理选择机床、刀具、夹具、切削用量及工时定额等。

1.3.1 工艺路线设计

选择各加工表面的加工方法、划分加工阶段、划分工序以及安排工序的先后顺序等是工艺路线设计的主要内容。设计者应根据从生产实践中总结出来的一些综合性的工艺原则，结合现有实际生产条件，提出几种方案，通过对比分析，从中选择最佳方案。

机械零件的结构形状多种多样，但它们都是由平面、外圆柱面、内圆柱面或曲面、成形面等基本表面组成。表面加工方法的选择，一般先根据表面的加工精度和粗糙度要求选定最终加工方法，然后再确定精加工前准备工序的加工方法，即确定加工方案。由于获得同一加工精度和表面粗糙度的加工方法有多种，在选择时除了考虑生产要求和经济效益外，还应该考虑零件材料、结构形状、尺寸及生产类型以及具体生产条件等。

1. 外圆表面加工方法的选择

外圆表面的加工方法主要有车削和磨削。当表面粗糙度要求较小时，还需要光整加工。外圆表面的常用加工方法如表 1-2 所示。

表 1-2 外圆表面加工方法

序 号	加 工 方 案	经济精度级	表面粗糙度 R_a 值/μm	适 用 范 围
1	粗车	IT11 以下	50～12.5	适用于淬火钢以外的各种金属
2	粗车→半精车	IT8～IT10	6.3～3.2	
3	粗车→半精车→精车	IT7～IT8	1.6～0.8	
4	粗车→半精车→精车→滚压（或抛光）	IT7～IT8	0.2～0.025	
5	粗车→半精车→磨削	IT7～IT8	0.8～0.4	主要用于淬火钢，也可用于未淬火钢，但不宜加工有色金属
6	粗车→半精车→粗磨→精磨	IT6～IT7	0.4～0.1	
7	粗车→半精车→粗磨→精磨→超精加工	IT5	0.1～0.012	
8	粗车→半精车→精车→金刚石车	IT6～IT7	0.4～0.025	主要用于要求较高的有色金属加工
9	粗车→半精车→粗磨→精磨→超精磨或镜面磨	IT5 以上	0.025～0.006	极高精度的外圆加工
10	粗车→半精车→粗磨→精磨→研磨	IT5 以上	0.1～0.006	

注意： 外圆加工表面的加工方法，除了与被加工零件所要求的加工精度和表面粗糙度有关外，还与被加工零件的材料有关，一般来说有以下限制：

（1）最终工序为车削的加工方案，适用于除淬火钢以外的各种金属。

（2）最终工序为磨削的加工方案，适用于淬火钢、未淬火钢和铸铁，不适用于有色金属，因其韧性大，磨削时易堵塞砂轮。

（3）最终工序为精细车或金刚车的加工方案，适用于要求较高的有色金属的精加工。

（4）最终工序为光整加工，如研磨、超精磨及超精加工等，一般在光整加工前应精磨。

（5）对于表面粗糙度要求高而尺寸精度要求不高的外圆，可通过滚压或抛光加工。

2．内孔表面加工方法的选择

加工方法有钻、扩、铰、镗、拉、磨以及光整加工等，常用内孔表面加工方法如表 1-3 所示。

表 1-3　内孔表面加工方法

序　号	加 工 方 案	经济精度级	表面粗糙度 R_a 值/μm	适 用 范 围
1	钻	IT11～IT12	12.5	加工未淬火钢及铸铁的实心毛坯，也可用于加工有色金属（但表面粗糙度稍大，孔径小于 15～20 mm）
2	钻→铰	IT9	3.2～1.6	
3	钻→铰→精铰	IT7～IT8	1.6～0.8	
4	钻→扩	IT10～IT11	12.5～6.3	同上，但孔径大于 15～20 mm
5	钻→扩→铰	IT8～IT9	3.2～1.6	
6	钻→扩→粗铰→精铰	IT7	1.6～0.8	
7	钻→扩→机铰→手铰	IT6～IT7	0.4～0.2	
8	钻→扩→拉	IT7～IT9	1.6～0.1	大批大量生产（精度由拉刀的精度而定）
9	粗镗（或扩孔）	IT11～IT13	12.5～6.3	除淬火钢外各种材料，毛坯有铸出孔或锻出孔
10	粗镗（粗扩）→半精镗（精扩）	IT9～IT10	3.2～1.6	
11	粗镗（扩）→半精镗（精扩）→精镗（铰）	IT7～IT8	1.6～0.8	
12	粗镗（扩）→半精镗（精扩）→精镗→浮动镗刀精镗	IT6～IT7	0.8～0.4	
13	粗镗（扩）→半精镗→磨孔	IT7～IT8	0.8～0.2	主要用于淬火钢或未淬火钢，但不宜用于有色金属
14	粗镗（扩）→半精镗→粗磨→精磨	IT7～IT8	0.2～0.1	
15	粗镗→半精镗→精镗→金刚镗	IT6～IT7	0.4～0.05	主要用于精度要求高的有色金属加工
16	钻→（扩）→粗铰→精铰→珩磨；钻→（扩）→拉→珩磨；粗镗→半精镗→精镗→珩磨	IT6～IT7	0.2～0.025	精度要求很高的孔
17	以研磨代替上述方案中的珩磨	IT6 级以上	0.1～0.006	

（1）对于加工精度为 IT9 级的孔，除淬火钢以外，当孔径小于 10 mm 时，采用钻→铰方案；当孔径小于 30 mm 时，采用钻→扩→铰方案；当孔径大于 30 mm 时，采用钻→镗方案。

（2）对于加工精度为 IT8 级的孔，除了淬火钢以外，当孔径小于 20 mm 时，可采用钻→铰方案；当孔径大于 20 mm 时，可采用钻→扩→铰方案，但孔径应在 20～80 mm 范围内，此外也可采用最终工序为精镗或拉孔的方案；淬火钢可采用磨削加工方案。

（3）对于加工精度为 IT7 级的孔。当孔径小于 12 mm 时，可采用钻→粗铰→精铰方案；当孔径在 12～60 mm 之间时，可采用钻→扩→粗铰→精铰方案或钻→扩→磨孔方案。

（4）若加工毛坯上已铸出或锻出的孔，可采用粗镗→半精镗→精镗方案或采用粗镗→半精镗→磨孔方案，最终工序为铰孔的方案适用于未淬火钢或铸铁，

（5）对有色金属铰出的孔表面粗糙度较大，常用精细镗孔代替铰孔。最终工序为拉孔的方案适用于大批大量生产，工件材料为未淬火钢、铸铁及有色金属。最终工序为磨孔的方案适用于加工除硬度低、韧性大的有色金属外的淬火钢、未淬火钢和铸铁。

（6）对于加工精度为 IT6 级的孔，最终工序采用手铰、精细镗、研磨或珩磨等方案均能达到要求，应视具体情况选择。韧性较大的有色金属不宜采用珩磨，可采用研磨或精细镗。研磨对大、小孔加工均适用，而珩磨只适用于大直径孔的加工。

3．平面加工方法的选择

平面的主要加工方法有铣削、刨削、车削、磨削及拉削等，精度要求高的表面还需经研磨或刮削加工，平面常用的加工方法如表 1-4 所示。

表 1-4　平面的加工方法

序　号	加 工 方 案	经济精度级	表面粗糙度 R_a 值/μm	适 用 范 围
1	粗车→半精车	IT9	6.3～3.2	端面
2	粗车→半精车→精车	IT7～IT8	1.6～0.8	
3	粗车→半精车→磨削	IT8～IT9	0.8～0.2	
4	粗刨（或粗铣）→精刨（或精铣）	IT8～IT9	6.3～1.6	一般不淬硬平面（端铣表面粗糙度较细）
5	粗刨（或粗铣）→精刨（或精铣）→刮研	IT6～IT7	0.8～0.1	精度要求较高的不淬硬平面；批量较大时宜采用宽刃精刨方案
6	以宽刃刨削代替上述方案刮研	IT7	0.8～0.2	
7	粗刨（或粗铣）→精刨（或精铣）→磨削	IT7	0.8～0.2	精度要求高的淬硬平面或不淬硬平面
8	粗刨（或粗铣）→精刨（或精铣）→精磨	IT6～IT7	0.4～0.02	
9	粗铣→拉	IT7～IT9	0.8～0.2	大量生产，较小的平面（精度视拉刀精度而定）
10	粗铣→精铣→磨削→研磨	IT6 级以上	0.1～0.006	高精度平面

对于平面加工方案在选择时应考虑以下几方面的因素：

（1）最终工序为刮研的加工方案多用于单件小批生产中配合表面要求高且不淬硬的平面加工。

（2）当批量较大时，可用宽刃细刨代替刮研。宽刃细刨特别适用于加工像导轨面这样的狭长平面，能显著提高生产率。

（3）磨削适用于直线度及表面粗糙度要求高的淬硬工件和薄片工件，也适用于为淬硬钢件上面积较大的平面的精加工。但不宜加工塑性较大的有色金属。

（4）车削主要用于回转体零件的端面的加工，以保证端面与回转轴线的垂直度要求。

（5）拉削平面适用于大批量生产中的加工质量要求较高且面积较小的平面。

（6）最终工序为研磨的方案适用于高精度、小表面粗糙度的小型零件的精密平面，如量规等精密量具的表面。

1.3.2　进给路线的确定

进给路线是指刀具相对于工件运动的轨迹，也称加工路线。在普通机床加工中，进给路线由操作者直接控制。工序设计时，无须考虑。但在数控加工中，进给路线由数控系统控制。因此，工序设计时，必须拟订好刀具的进给路线，绘制进给路线图，以方便编写数控加工程序，进给路线的确定主要有以下几点原则：

（1）使工件表面获得所要求的加工精度和表面质量。例如，避免刀具从工件轮廓法线方向切入、切出及在工件轮廓处停刀，以防留下刀痕，先完成对刚性破坏小的工步，后完成对刚性破坏大的工步，以免工件刚性不足影响加工精度等。

（2）尽量使进给路线最短，减少空进给时间、以提高加工效率。

（3）使数值计算容易，以减少数控编程中的计算工作量。

1.3.3　加工阶段的划分

当零件的加工质量要求较高时，往往不可能用一道工序来满足其要求，而要用几道工序逐步达到所要求的加工质量。加工阶段的划分不是绝对的，必须根据工件的加工精度要求和工件的刚性决定。

1．加工阶段划分的方法

按工序的性质不同，零件的加工过程常可分为粗加工、半精加工、精加工和光整加工四个阶段。

（1）粗加工阶段　主要是切除毛坯上大部分多余的金属，使毛坯在形状和尺寸上接近零件成品。因此，这一阶段主要以提高生产率为主。

（2）半精加工阶段　使主要表面达到一定的精度，留一定的精加工余量。为主要表面的精加工（如精车、精磨）做好准备。并可以完成一些次要表面加工，如扩孔、攻螺纹、铣键槽等。

（3）精加工阶段　为了保证各主要表面达到规定的尺寸精度和表面粗糙度要求。因此，以全面保证加工质量为主。

（4）光整加工阶段　对零件上精度和表面粗糙度要求很高（IT6级以上，粗糙度 R_a0.2 mm 以下）的表面，需进行光整加工，该阶段的主要目的是提高表面质量，一般不能用于提高形状精度和位置精度。常用的加工方法有金刚车（镗）、研磨、珩磨、超精加工、镜面磨、抛光及无屑加工等。

一般说来，工件精度要求越高、刚性越差，划分阶段应越细；当工件批量小、精度要求不太高、工件刚性较好时也可以不分或少分阶段；重型零件由于输送及装夹困难，一般在一次装夹下完成粗精加工。

2．加工阶段划分的目的

（1）保证加工质量　工件在粗加工时，切除的金属层较厚，切削力和夹紧力都比较大，切削温度也高，将引起较大的变形。若不划分加工阶段将粗、精加工混在一起，将引起的加工误差。另外按加工阶段也可将粗加工造成的加工误差，通过半精加工和精加工来纠正，从而保证零件的加工质量。

（2）合理使用机床设备　粗加工余量大，切削用量大，可采用功率大、刚度好、效率高而精度低的机床。精加工切削力小，可采用高精度机床，以发挥设备的各自特点，这样既能提高生产效率，又能延长精密设备的使用寿命。

（3）及时发现毛坯缺陷　对毛坯的各种缺陷，如铸件的气孔、夹砂和余量不足等，在粗加工后即可发现，便于及时修补或决定报废，以免继续加工造成工时浪费。

（4）便于安排热处理工序　例如，精密机床主轴在粗加工后要安排进行去除应力人工时效处理，以消除内应力。半精加工后要安排淬火，而在精加工后要安排高温回火等，最后再进行光整加工。

1.3.4　工序的划分

零件在加工过程中安排工序数量的多少，可遵循工序集中或分散的原则来确定。工序集中就是零件的加工集中在少数工序内完成，而每一道工序的加工内容却很多；工序分散则相反，整个工艺过程中工序的数量多，每一道工序的加工内容却很少。

在拟订工艺路线时，工序是集中还是分散，即工序数量是多还是少，主要取决于生产规模和零件的结构特点及技术要求。一般情况下，单件小批生产时，多将工序集中；大批生产时，即可采用多刀、多轴等高效机床将工序集中，也可将工序分散后组织流水线生产。

1.3.5　工序的安排

加工工序通常包括切削加工工序、热处理工序和辅助工序等。这些工序的顺序直接影响到零件的加工质量、生产率和加工成本。因此，在设计工艺路线时，应合理地安排好切削加工、热处理和辅助工序的顺序。

1. 切削加工工序的安排

在制订工艺路线时，应根据零件的不同种类、精度要求及技术要求合理地安排切削加工工序，应遵循的主要原则是：

（1）基面先行原则　用做精基准的表面，应优先加工。因为定位基准的表面越精确，装夹误差就越小，所以任何零件的加工过程，总是首先对定位基准面进行粗加工和半精加工，必要时，还要进行精加工。例如，轴类零件总是先加工中心孔，再以中心孔为精基准加工外圆表面和端面；齿轮类零件总是先加工内孔及基准面，再以内孔及端面作为精基准，粗、精加工齿形面。

（2）先粗后精原则　各个表面的加工顺序按照粗加工→半精加工→精加工→光整加工的顺序依次进行，这样才能逐步提高加工表面的精度和减小表面粗糙度。

（3）先主后次原则　先安排零件的装配基面和工作表面等主要表面的加工，后安排如键槽、紧固用的光孔和螺纹孔等次要表面的加工。由于次要表面加工工作量小，又常与主要表面有位置精度要求，所以一般放在主要表面的半精加工之后，精加工之前进行。

（4）先面后孔原则　对于箱体、支架、连杆、底座等零件，先加工用做定位的平面和孔的端面，然后再加工孔。这样安排加工顺序，一方面是用加工过的平面定位稳定可靠，利于保证孔与平面的位置精度；另一方面是加工过的平面上加工孔较容易，并能提高孔的加工精度，特别是钻孔，孔的轴线不易偏斜。

2．热处理工序的安排

热处理可以提高材料的力学性能，改善金属的切削性能以及消除残余应力。在制订工艺路线时，应根据零件的技术要求和材料的性质，合理地安排热处理工序。

（1）退火与正火　退火或正火的目的是为了消除组织的不均匀，细化晶粒，改善金属的加工性能。对高碳钢零件用退火降低其硬度，对低碳钢零件用正火提高其硬度，以获得适中的、较好的可切削性，同时能消除毛坯制造中的应力。一般安排在机械加工之前进行。

（2）时效处理　以消除内应力、减少工件变形为目的。为了消除残余应力，在工艺过程中需安排时效处理。对于一般铸件，常在粗加工前或粗加工后安排一次时效处理；对于要求较高的零件，在半精加工后仍需再安排一次时效处理；对于一些刚性较差、精度要求特别高的重要零件（如精密丝杠、主轴等），常常在每个加工阶段之间都安排一次时效处理。时效处理属于消除残余应力热处理。

（3）调质　对零件淬火后再高温回火，能消除内应力、改善加工性能并能获得较好的综合力学性能。一般安排在粗加工之后进行。对一些性能要求不高的零件，可作为最终热处理。

（4）淬火、渗碳淬火和渗氮　其主要目的是提高零件的强度、硬度和耐磨性，常安排在精加工（磨削）之前进行，以便通过精加工纠正热处理引起的变形。其中，渗氮由于热处理温度较低，零件变形很小，也可以安排在精加工之后。这种热处理方法为最终热处理。

3．辅助工序的安排

检验工序是主要的辅助工序，除每道工序由操作者自行检验外，在粗加工之后，精加工之前，零件转换车间时以及重要工序之后和全部加工完毕、进库之前，一般都要安排检验工序。

拓展延伸

工序的衔接问题：

有些零件的加工是由普通机床和数控机床共同完成，数控机床加工工序一般都穿插在整个工艺过程之间。因此，应注意解决好数控工序与非数控工序间的衔接问题。例如，毛坯热处理的要求，作为定位基准的孔和面的精度是否满足要求，是否为后道工序留有加工余量、留的大小等，都应该衔接好，以免产生矛盾。

1.4　工件的定位与基准

在数控加工中，首先要将工件安放在机床工作台上或夹具中，使其和刀具之间有相对的位置，该过程称为定位。工件定位后，还要将工件固定下来，使其在加工过程中保持定位位置不变，该过程称为夹紧，工件从定位到夹紧的整个过程称为安装。

正确安装后机床、夹具、刀具和工件之间才能保持正确的相互位置关系，最后加工出合格的零件。

1.4.1　六点定位原理

1．工件的六个自由度

位于任意空间尚未定位的工件，相对于三个相互垂直的坐标平面其空间位置是不确定的，均

有六个自由度，如图 1-2 所示，即沿空间坐标轴 X、Y、Z 三个方向的移动和绕这三个坐标轴的转动分别以 $\vec{X}$、$\vec{Y}$、$\vec{Z}$；和 $\overset{\frown}{X}$、$\overset{\frown}{Y}$、$\overset{\frown}{Z}$ 表示。

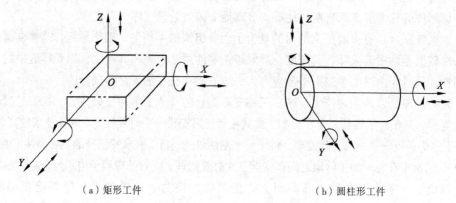

（a）矩形工件　　　　　　　　　　（b）圆柱形工件

图 1-2　工件的六个自由度

2．六个自由度的限制

定位就是限制自由度，要使工件在空间的位置完全确定下来，必须消除六个自由度。通常用一个固定的支承点限制工件的一个自由度，用合理分布的六个支承点限制工件的六个自由度，使工件在夹具中的位置完全确定下来，这就是六点定位原理。

这些用来限制工件自由度的固定点，称为定位支承点，简称支承点。图 1-3 所示的长方体工件，欲使其完全定位，可以设置六个支承点，工件的三个面分别与这些点保持接触，在其底面设置三个不共线的点 1、2、3 即构成一个面，限制工件的三个自由度 $\vec{Z}$、$\overset{\frown}{X}$、$\overset{\frown}{Y}$；侧面设置两个点 4、5 成一条直线，限制了 $\vec{X}$、$\overset{\frown}{Z}$ 两个自由度；端面设置一个点 6 限制 $\vec{Y}$ 一个自由度，于是工件的六个自由度便都被限制了。一个定位支承点仅限制一个自由度，一个工件仅有六个自由度，所设置的定位支承点数

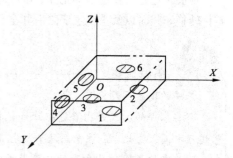

图 1-3　长方体工件的定位

目，原则上不应超过六个。定位支承点限制工件自由度的作用，应理解为定位支承点与工件定位基准面始终保持紧贴接触。若二者脱离，则意味着失去定位作用。

　拓展延伸

定位支承点的定位作用，不考虑力的影响。工件的某一自由度被限制，并非指工件在受到使其脱离定位支承点的外力时，不能运动；欲使其在外力作用下不能运动，是夹紧的任务；反之，工件在外力作用下不能运动，即被夹紧，也并非说工件的所有自由度都被限制了。因此，定位和夹紧是两个概念，绝不能混淆。

1.4.2　工件定位方式

使用夹具装夹工件过程中，有完全定位、不完全定位、欠定位和重复定位四种定位方式。

（1）完全定位　工件的六个自由度全部被限制的定位称为完全定位。当工件在 X、Y、Z 三个坐标方向上均有尺寸要求或位置精度要求时，一般采用这种定位方式，如图 1-3 所示。

（2）不完全定位　根据某种定位方式，没有全部消除工件的六个自由度，而能满足加工要求的定位称为不完全定位。图 1-4 所示为在车床上加工通孔，根据加工要求，不需要限制 $\vec{X}$ 和 $\overset{\curvearrowright}{X}$ 两个自由度，故自动定心三爪卡盘夹持工件需限制四个自由度，以实现四点定位。

（3）欠定位　根据工件的加工要求，应该限制的自由度没有完全被限制的定位称为欠定位。欠定位无法保证加工要求，绝不允的，例如，在铣床上加工槽，如果 $\vec{Z}$ 没有被限制，就不能保证槽底的尺寸，如图 1-5 所示。

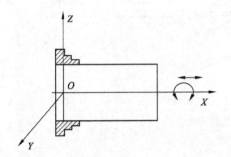
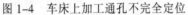
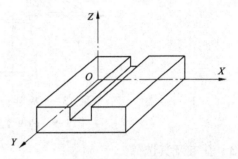

图 1-4　车床上加工通孔不完全定位　　　图 1-5　铣床上加工槽必须限制的自由度

（4）重复定位（过定位）　夹具上两个或两个以上的定位元件，重复限制工件的同一个或几个自由度的现象称为重复定位（过定位）。图 1-6 所示为长轴圆柱面与端面联合定位情况，由于大端面限制 $\vec{X}$、$\vec{Y}$、$\vec{Z}$ 三个自由度，长轴圆柱面限制 $\vec{Y}$、$\vec{Z}$ 和 $\overset{\curvearrowright}{Z}$、$\overset{\curvearrowright}{Y}$ 四个自由度，可见 $\vec{Y}$、$\vec{Z}$ 被两个定位元件重复限制，出现过定位。

由于过定位往往会带来不良后果，一般设计定位方案时，应尽量避免。可对图 1-6 所示过定位进行改进，如图 1-7 所示，在工件与大端面之间加球面垫圈消除过定位，如图 1-8 所示，将大端面改为小端面消除过定位，从而避免过定位。

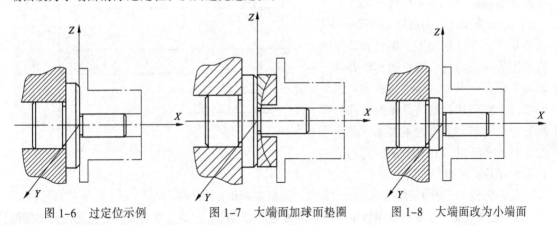

图 1-6　过定位示例　　　图 1-7　大端面加球面垫圈　　　图 1-8　大端面改为小端面

重复定位是否采用，要根据具体情况而定。当重复定位不影响工件的正确位置，对提高加工精度有利时，也可以采用。图 1-9 所示的插齿夹具是使用过定位装夹方式的典型实例，其前提是齿坯加工时必须已经保证了作为定位基准用的内孔和端面具有很高的垂直度，而且夹具上的定位心轴和支承凸台之间也保证了很高的垂直度。此时，不必刻意消除被重复限制的 $\overset{\curvearrowright}{X}$、$\vec{Y}$ 自由度，

第一章　数控加工工艺基础知识

利用过定位装夹工件，还提高了齿坯在加工中的刚性和稳定性，有利于保证加工精度，从而可以获得良好的效果。

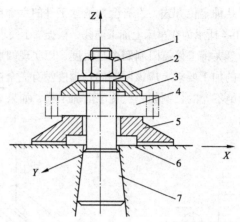

1—压紧螺母　2—垫圈　3—压板　4—工件　5—支承凸台　6—工作台　7—心轴

图1-9　插齿过夹具定位的合理应用

1.4.3　基准及其选择

1．基准的分类

基准是零件上用来确定其他点、线、面位置所依据的那些点、线、面。按其功用不同，基准可分为设计基准和工艺基准两大类。

（1）设计基准　是零件图上所采用的基准。它是标注设计尺寸的起点。图1-10所示的钻套零件，轴心线是外圆和内孔的设计基准，也是跳动误差的设计基准，端面A是端面B、端面C的设计基准。

（2）工艺基准　是在加工过程中所使用的基准。零件在加工、测量和装配时所使用的基准的点、线、面有时并不一定具体存在，例如，典型的孔和外圆的中心线，它们往往通过具体的表面体现出来，这样的表面称为基准面，如钻套的中心线是通过内孔表面来体现的，内孔表面就是基准面。

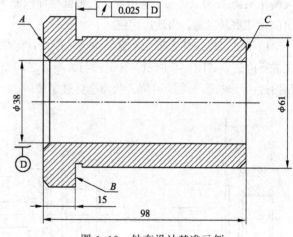

图1-10　钻套设计基准示例

工艺基准又可分为定位基准、工序基准、测量基准和装配基准。

① 定位基准　在加工中用做定位的基准称为定位基准。它是工件与夹具定位元件直接接触的点、线或面。工件定位基准一经确定，工件的其他部分的位置也就确定。

例如，车削一轴类零件，用三爪自定心卡盘装夹工件时，定位基准是工件外圆。用双顶尖装夹时，定位基准面是工件的两中心孔，定位基准则是轴的中心线。

② 工序基准　在工序图上，用来标定工序被加工面尺寸和位置所采用的基准称为工序基准。它是某一工序所要达到加工尺寸（即工序尺寸）的起点。工序基准应当尽量与设计基准相重合，当考虑定位或试切测量方便时也可以与定位基准或测量基准相重合。

③ 测量基准　零件测量时所采用的基准称为测量基准。图 1-10 所示中若将钻套内孔套在心轴上测量外圆的径向圆跳动，则内孔表面是测量基面，孔的中心线就是外圆的测量基准。用游标卡尺测量钻套长度 98 和 15 两个尺寸，则端面 A 是端面 B、端面 C 的测量基准。

④ 装配基准　装配时用以确定零件在机器中位置的基准称为装配基准。图 1-10 所示中钻套外圆 ϕ61 及端面 B 即是装配基准。

2．定位基准的选择

定位基准分为粗基准和精基准。用做定位的表面，若是没有经过加工的毛坯表面，称为粗基准；若是已加工过的表面，则称为精基准。

定位基准的选择与加工工艺过程的制定密切相关。因此对定位基准的选择要多制订一些方案，然后进行比较分析，这样对保证加工精度和确定加工顺序有着决定性的作用。

1.4.4　工件定位方式和定位元件

工件在夹具中的定位是通过定位支承点转化为具有一定结构的定位元件，再将其与工件相应的定位基准面相接触或配合而实现。一般应根据工件上定位基准面的形状，选择相应的定位元件。而定位表面分为以平面定位、以内圆柱孔定位、以外圆柱面定位和以组合表面定位等四种方式。由于定位方式的不同，所采用的定位元件也不同。

1．以平面定位

工件以平面定位基准定位时，常用定位元件有固定支承、可调支承、自位支承和辅助支承四类。

（1）固定支承　固定支承有支承钉和支承板两种形式。

支承钉如图 1-11 所示。当工件以加工过的平面定位时，可采用平头支承钉 A 型；当工件以粗糙不平的毛坯面定位时，可采用球头支承钉 B 型；使其与毛坯良好接触，这种支承钉是点接触，在使用过程中容易磨损；齿纹头支承钉 C 型，常用在工件的侧面，能增加接触面积的摩擦力，防止工件滑动。

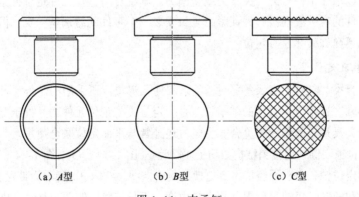

（a）A 型　　　　（b）B 型　　　　（c）C 型

图 1-11　支承钉

当工件以精基准面定位时，除采用上述平头支承钉外，还常用图 1-12 所示的支承板作定位元件。A 型支承板结构简单，便于加工制造，但不利于清除切屑，故适用于顶面和侧面定位；B 型支承板则易保证工作表面清洁，故适用于底面定位。

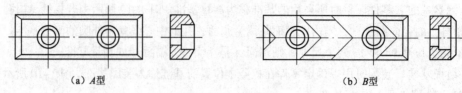

(a) A型   (b) B型

图 1-12 支承板

（2）可调支承 可调支承是指支承的高度可以进行调节的支承，其结构有三种类型，如图 1-13（a）、图 1-13（b）、图 1-13（c）所示，调节时松开螺母将调整钉调到所需高度，再拧紧螺母即可。调整时先松后调，调好后用防松螺母锁紧。常用于工件以粗基准定位，或定位基准面的形状复杂如成形面、台阶面等，或每批次毛坯的尺寸、形状变化较大的场合。

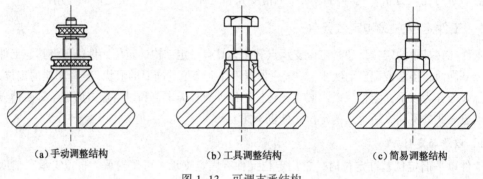

(a) 手动调整结构   (b) 工具调整结构   (c) 简易调整结构

图 1-13 可调支承结构

（3）自位支承 工件在定位过程中，既能随工件定位基准位置的变化自动调节，又能避免过定位，常把支承做成浮动或联动的结构，称为自位支承。其作用相当于一个固定支承，只限制一个自由度。由于增加了接触点数，可提高工件的装夹刚度和稳定性，但夹具结构稍复杂，自位支承一般适用于毛面定位或刚性不足的场合，如图 1-7 所示的大端面加球面垫圈的支承就属于一种自位支承。

（4）辅助支承 由于工件尺寸形状或局部刚度较差，造成其定位不稳或受力变形，这时需增设辅助支承，用以承受工件重力、夹紧力或切削力。其特点是：待工件定位夹紧后，再调整辅助支承，使其与工件的有关表面接触并锁紧，且每安装一个工件就需调整一次，但此支承不限制工件的自由度，也不允许破坏原有定位。

2．以内圆柱孔定位

各类套筒、盘类、杠杆、拨叉等零件，常以圆柱孔定位。所采用的定位元件有圆柱定位销、圆锥定位销和心轴。这种定位方式的基本特点是：定位孔与定位元件之间处于配合状态，并要求确保孔中心线与夹具规定的轴线相重合。孔定位还经常与平面定位联合使用。

（1）圆柱定位销 圆柱定位销结构如图 1-14 所示。图 1-14（a）、图 1-14（b）、图 1-14（c）所示为最简单的定位销，用于不经常需要更换的场合。图 1-14（d）所示为带衬套可换式定位销。定位销分为短销和长销。短销只能限制两个自由度，而长销除限制两个移动自由度外，还可以限制两个转动自由度。

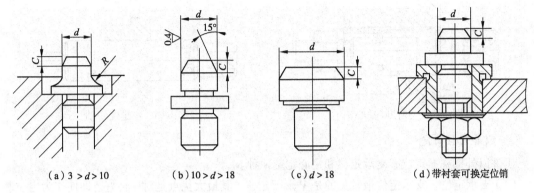

| （a）3 > d > 10 | （b）10 > d > 18 | （c）d > 18 | （d）带衬套可换定位销 |

图 1-14　圆柱定位销

（2）圆锥定位销　采用圆锥销定位如图 1-15 所示，圆锥定位销与工件圆孔的接触线为一个圆，相当于三个止推定位支承，限制了工件的三个自由度（$\vec{X}$、$\vec{Y}$、$\vec{Z}$）图 1-15（a）所示的图形常用于粗基准，图 1-15（b）所示的图形常用于精基准。工件以单个圆锥销定位时易倾斜，因此在定位时可成对使用，或与其他定位元件配合使用。图 1-16 所示为采用圆锥销组合定位，均限制了工件的五个自由度。

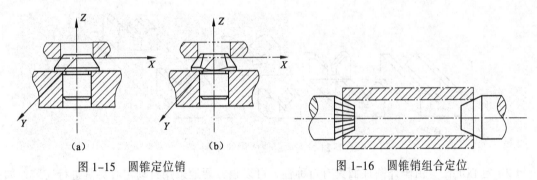

| （a） | （b） |

图 1-15　圆锥定位销　　　　　　　图 1-16　圆锥销组合定位

（3）圆柱心轴　圆柱心轴其定位有间隙配合和过盈配合两种，间隙配合拆卸方便，但定心精度不高；过盈配合定心精度高，可不设夹紧装置，但装卸工件不方便。心轴主要用于套筒类和空心盘类工件的车、铣、磨及齿轮加工。图 1-17 所示为间隙配合圆柱心轴；图 1-18 所示为过盈配合圆柱心轴；图 1-19 所示为弹性圆柱心轴。

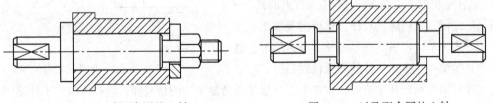

图 1-17　间隙配合圆柱心轴　　　　　　图 1-18　过盈配合圆柱心轴

（4）小锥度心轴　小锥度心轴锥度为 1:1 000～1:5 000 制造容易，如图 1-20 所示。定心精度较高，但轴向无法定位，能承受的切削力小，装卸不方便。工件安装时轻轻敲入或压入，通过孔和心轴接触表面的弹性变形来夹紧工件。适用于工件定位孔精度不低于 IT7 的精车和磨削加工，一般情况下不能加工端面，但须必须加工时，也可以在工件端部相对应的位置切削一小段空刀槽。

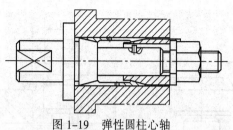

图 1-19 弹性圆柱心轴

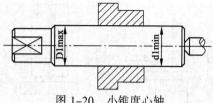

图 1-20 小锥度心轴

3．以外圆柱面定位

工件以外圆柱面定位有支承定位和定心定位两种。

（1）支承定位 支承定位最常见的是 V 形架定位，其最大优点是对中性好。即使作为定位基面的外圆直径存在一定的误差，仍可保证一批工件的定位基准轴线始终处在 V 形架的对称面上，并且使安装方便，如图 1-21 所示。

图 1-21（a）用于较短的精基准面的定位，图 1-21（b）用于较长的粗基准面的定位，图 1-21（c）用于工件两段精基准面相距较远的定位，如阶梯轴的圆柱面等，图 1-21（d）用于工件较长且定位基面直径较大且较短的精基准面的定位，V 形架不必做成整体，采用在铸铁底座上镶装淬火钢垫的结构。

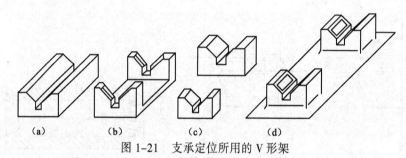

| (a) | (b) | (c) | (d) |

图 1-21 支承定位所用的 V 形架

（2）定心定位 由于外圆柱面具有对称性，可以很方便地采用自动定心夹具进行安装，如最常见的开缝定位套，图 1-22 所示为紫铜开缝定位套。

4．以组合表面定位组合定位方式

组合定位是工件以两个或两个以上的表面同时定位。组合定位的方式很多，生产中最常见的是"一面两孔"定位，如箱体、杠杆、盖板的等加工。这种定位方式简单、可靠、夹紧方便，易做到工艺过程中的基准统一，保证工件的相互位置精度。

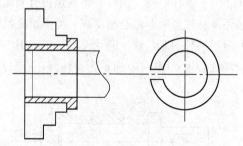

图 1-22 开缝定位套

工件采用一面两孔定位时，定位平面一般是用已加工过的精基面，两孔可以是工件结构上原有的，也可以是为定位需要专门设置的工艺孔。相应的定位元件是大支承板和两定位销。图 1-23 所示为采用一面两孔定位的示意图，两个短圆柱销限制了工件四个自由度，大支承板又限制工件三个自由度。可见这时产生了过定位。为了消除过定位，将其中一个圆柱销做成削边销，削边销将不限制自由度。同时为保证削边销的强度，一般多采用菱形结构，故又称菱形销。图 1-24 所示为常用削边销结构。安装削边销时，削边方向应垂直于两销的连心线。

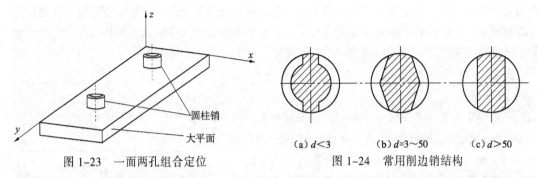

| 图 1-23 一面两孔组合定位 | 图 1-24 常用削边销结构 |

(a) $d<3$　　(b) $d=3\sim50$　　(c) $d>50$

其他组合定位方式，如齿轮加工中常用的以一孔及其端面的定位，有时也会采用 V 形导轨、燕尾导轨等组合成形表面作为定位基面。

 **拓展延伸**

在机床上加工工件，必须在进行切削前将工件置于机床上或夹具中，使其相对于刀具或机床的切削运动具有正确的位置，即进行工件的定位，才能使工件加工后的各个表面的尺寸及位置精度符合零件图或工艺文件所规定的要求。

1.4.5　定位误差

定位误差是指在夹具上定位时将产生的误差，是由于零件被加工表面的设计基准，在加工方向上的位置不定性而引起的一项工艺误差，即被测要素在加工方向上的最大变动量。造成定位误差的原因如下：

（1）定位基准与工序基准不重合。

（2）定位基准的位移误差。

（3）减少定位误差的一般措施。

（4）采用加工面的设计基准作定位基准面。

（5）提高夹具的制造、安装精度及刚度，特别是提高夹具的工件定位基准面的制造精度。

（6）如若加工面的设计基准与定位基准面不同，应提高加工面的设计基准与定位基准面间的位置测量精度。

1.5　数控加工的工序尺寸及公差

由于零件加工的需要，在工序图或工艺规程中要标注一些专供加工用的尺寸，这些尺寸称为工序尺寸。工序尺寸在加工与装配过程中总是相互关联，它们彼此有着一定的内在联系，往往一个尺寸的变化会引起其他尺寸的变化，或一个尺寸的获得须由其他一些尺寸来保证，因此工序尺寸及公差一般不能直接采用零件图上的尺寸，而需要另外处理或计算。

1.5.1　工序尺寸及公差

1. 基准重合时工序尺寸及公差的确定

当定位基准与设计基准（工序基准）重合时，可先根据零件的具体要求确定其加工工艺路线，

再通过查表或相关工艺手册来确定各道工序的加工余量及公差，然后计算出各工序尺寸及公差。计算顺序是：先确定各工序余量的基本尺寸，再由后往前逐个工序推算，即从工件的设计尺寸开始，由最后一道工序向前工序推算直到毛坯尺寸。

例 1.1 材料 45 钢，试确定其工序尺寸与毛坯尺寸，如图 1-25 所示。

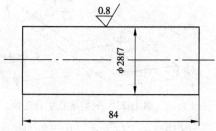

图 1-25　工序尺寸与毛坯尺寸确定

（1）确定加工工艺路线。根据表面粗糙度要求，查表 1-2 所示确定工艺路线为：粗车→半精车→粗磨→精磨。

（2）查表确定各工序余量及工序公差查。从《机械制造工艺手册》（任福君主编，中国标准出版社）查得毛坯余量及各工序加工余量为：毛坯 4.5 mm、精磨 0.10 mm、粗磨 0.30 mm、半精车 1.10 mm、

（3）计算粗车余量为 4.5 − 0.1 − 0.3 − 1.1 = 3.0 mm，查得各工序公差为：毛坯 0.80mm、精磨 0.013 mm、粗磨 0.021 mm、半精车 0.033 mm、粗车 0.52 mm

（4）确定工序尺寸及上、下偏差。

① 精磨工件尺寸为：$\phi 28^{0}_{-0.013}$ mm

② 粗磨工序尺寸＝精磨工序尺寸＋精磨余量，即 $\phi 28^{0}_{-0.021} + 0.1 = \phi 28.1^{0}_{-0.021}$ mm

③ 半精车工序尺寸＝粗磨工序尺寸＋粗磨余量，即 $\phi 28.1^{0}_{-0.033} + 0.3 = \phi 28.4^{0}_{-0.033}$ mm

④ 粗车工序尺寸＝半精车工序尺寸＋半精车余量，即 $\phi 28.4^{0}_{-0.033} + 1.1 = \phi 29.5^{0}_{-0.033}$ mm

⑤ 毛坯直径尺寸＝（工件基本尺寸＋毛坯余量）±毛坯工序公差/2，
即 $\phi 28 + 4.5 \pm 0.4 = \phi 32.5 \pm 0.4$ mm

2．基准不重合时工序尺寸及公差的确定

当定位基准与设计基准（工序基准）不重合时，工序尺寸及公差的确定比较复杂，需用工艺尺寸链来分析计算工序尺寸与公差。

1.5.2　工艺尺寸链

在零件加工或装配过程中，相互联系且按一定顺序排列的封闭尺寸组合称为尺寸链。其中由单个零件在加工过程中的各有关工艺尺寸所组成的尺寸链称为工艺尺寸链。

组成尺寸链的各个尺寸称为尺寸链的环。其中，在装配或加工过程最终被间接保证精度的尺寸称为封闭环，其余尺寸称为组成环。

组成环可根据其对封闭环的影响性质分为增环和减环。若其他尺寸不变，那些由于本身增大而封闭环也增大的尺寸称为增环，而那些由于本身增大而封闭环减小的尺寸则称为减环，并用尺寸或符号标注在示意图上，如图 1-26（a）所示。图中尺寸 A_1、

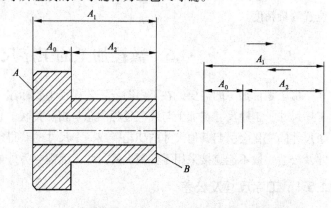

（a）零件图　　　　　（b）尺寸链简图
图 1-26　尺寸链标注方式

A_0为设计尺寸，先加工 A 面与外圆，调头加工端面得到总长度尺寸 A_1，车削加工 A_2，于是该零件在加工时并未直接予以保证的尺寸 A_0 就随之确定。这样相互联系的尺寸 A_1—A_2—A_0 就构成图 1-26（b）所示的封闭尺寸组合，即工艺尺寸链，这里 A_0、A_1、A_2、A_3...都是"环"。其中，尺寸链中在装配过程或加工过程后自然形成的一环称为封闭环，用下角标 0 表示。尺寸链中对封闭环有影响的全部环称为组成环。组成环的下角标用数字 1、2、3、...表示。在尺寸链中某一类组成环增大（或减小）引起封闭随之增大（或减小）的组成环为增环，图 1-26（b）中的 A_1 即为增环。

在尺寸链中其他组成环不变，该环增大（或减小）使封闭环随之减小（或增大）的组成环为减环，图 1-26（b）中的 A_2 即为减环。

尺寸链的主要特征有以下两点：

（1）封闭性：尺寸链中各尺寸首尾相接而排列成封闭状。

（2）关联性：尺寸链中任何一个直接获得的尺寸及变化都将间接保证其他尺寸及其精度的变化。

拓展延伸

增环、减环的箭头方向判别法：

先确定间接保证精度的尺寸为封闭环，在封闭环 A_1 按任意指向画一箭头，沿已定箭头方向在每个组成环符号 A_1、A_2、A_3、...上各画一箭头，使所画各箭头依次彼此首尾相连，组成环中箭头与封闭环箭头方向相同者为减环，相反者为增环。

按此方法可以判定：A_2 为减环；A_1 为增环。

1.5.3　工艺尺寸链计算

（1）封闭环的基本尺寸　环的基本尺寸等于所有增环的基本尺寸之和减去所有减环的基本尺寸之和，即

$$A_0 = \sum_{i=1}^{m} A_i - \sum_{j=m+1}^{n-1} A_j$$

式中　A_0封闭环的尺寸；

　　　A_i增环的基本尺寸；

　　　A_j减环的基本尺寸；

　　　m　增环的环数；

　　　n　包括封闭环在内的尺寸链的总环数。

（2）封闭环的极限尺寸　封闭环的最大极限尺寸等于所有增环的最大极限尺寸之和减去所有减环的最小极限尺寸之和；封闭环的最小极限尺寸等于所有增环的最小极限尺寸之和减去所有减环的最大极限尺寸之和。故极值法也称为极大极小法，即

$$A_{0\max} = \sum_{i=1}^{m} A_{i\max} - \sum_{j=m+1}^{n-1} A_{j\min}$$

$$A_{0\min} = \sum_{i=1}^{m} A_{i\min} - \sum_{j=m+1}^{n-1} A_{j\max}$$

（3）封闭环的偏差　封闭环的上偏差等于所有增环的上偏差之和减去所有减环的下偏差之

和；封闭环的下偏差等于所有增环的下偏差之和减去所有减环的上偏差之和，即

$$\mathrm{ES}_{A_0} = \sum_{i=1}^{m} \mathrm{ES}_{A_i} - \sum_{j=m+1}^{n-1} \mathrm{EI}_{A_j}$$

$$\mathrm{EI}_{A_0} = \sum_{i=1}^{m} \mathrm{EI}_{A_i} - \sum_{j=m+1}^{n-1} \mathrm{ES}_{A_j}$$

（4）封闭环的公差　封闭环的公差等于所有组成环公差之和（用于验证计算结果是否正确），即

$$T_{A_0} = \sum_{i=1}^{n-1} T_{A_i}$$

1.5.4　工艺尺寸链的分析与计算

已知封闭环尺寸和部分组成环尺寸求某一组成环尺寸，这种方法广泛用于加工过程中基准不重合时计算工序尺寸。采用调整法加工零件时，若所选的定位基准与设计基准不重合，那么该加工表面的设计尺寸就不能由加工直接得到，这时就需要进行工艺尺寸的换算，以保证设计尺寸的精度要求，并将计算的工序尺寸标注在工序图上。

例1.2　图1-27（a）所示为零件图，画出尺寸链图，并计算轴向右侧开口尺寸。

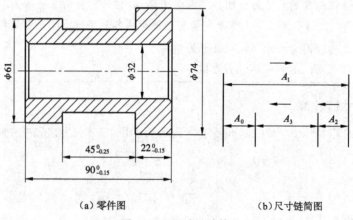

（a）零件图　　　　　　　（b）尺寸链简图

图1-27　尺寸链计算

解：由图1-27（a）所示的零件图可知轴向右侧开口尺寸为封闭环。

画出尺寸链如图1-27（b）所示，判定各组成环的增减情况，尺寸$90^{0}_{-0.15}$是增环、尺寸$22^{0}_{-0.15}$、$45^{0}_{-0.25}$是减环。

（1）封闭环的基本尺寸　封闭环的基本尺寸等于所有增环的基本尺寸之和减去所有减环的基本尺寸之和，即$A_0 = A_1 - A_2 - A_3 = 90 - 22 - 45 = 23$ mm。

（2）封闭环的极限尺寸　封闭环的最大极限尺寸等于所有增环的最大极限尺寸之和减去所有减环的最小极限尺寸之和，即$A_{0max} = 90 - (22 - 0.15) - (45 - 0.25) = 90 - 21.85 - 44.75 = 23.4$ mm 封闭环的最小极限尺寸等于所有增环的最小极限尺寸之和减去所有减环的最大极限尺寸之和，即 $A_{0min} = (90 - 0.15) - 45 - 22 = 22.85$ mm。

（3）封闭环的偏差　封闭环的上偏差等于所有增环的上偏差之和减去所有减环的下偏差之和，即：$\mathrm{ES}_{A_0} = 0 - (-0.15 - 0.25) = 0.4$ mm，封闭环的下偏差等于所有增环的下偏差之和减去所有减环的上偏差之和，即 $\mathrm{EI}_{A_0} = -0.15 - 0 - 0 = -0.15$ mm。

（4）验算封闭环的公差　封闭环的公差等于所有组成环公差之和，即：

封闭环 T_{A_0}=0.4-(-0.15)=0.55 mm

组成环 $T_1+T_2+T_3$=0.15+0.15+0.25=0.55 计算正确。

所以轴向右侧开口尺寸封闭环间的尺寸为 $23_{-0.15}^{0.4}$ mm。

例 1.3　图 1-28（a）所示为轴套零件，其中在数控车床上已经将外圆、内孔及两端面加工完毕，现铣加工右侧台阶面，应保证 $17_{0}^{+0.26}$ mm，加工时以左侧端面为定位基准。尺寸链如图 1-28（b）所示，试求刀具调整尺寸 X=？

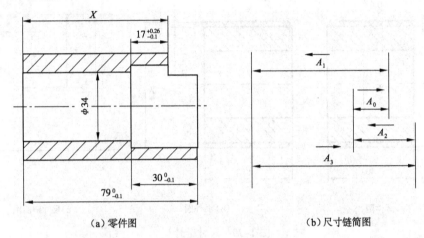

（a）零件图　　　　　　　（b）尺寸链简图

图 1-28　尺寸链计算

解： 由图 1-28（a）所示的零件图可知尺寸 $17_{0}^{+0.26}$ 为间接得到尺寸即封闭环。

由图 1-28（b）所示的尺寸链简图判定各组成环的增减情况，尺寸 $A_1=X$、$A_2=0_{-0.1}^{0}$ 是增环，$A_3=9_{-0.1}^{0}$ 是减环。

（1）封闭环的基本尺寸　封闭环的基本尺寸等于所有增环的基本尺寸之和减去所有减环的基本尺寸之和。

根据公式有 $A_0=A_1+A_2-A_3$，即 $A_1=A_0+A_3-A_2$=17+79-30=66 mm。

（2）封闭环的极限尺寸　封闭环的最大极限尺寸等于所有增环的最大极限尺寸之和减去所有减环的最小极限尺寸之和，即 17+0.26=X+30-(79-0.1)，所以 X=66.16 mm。封闭环的最小极限尺寸等于所有增环的最小极限尺寸之和减去所有减环的最大极限尺寸之和，即 17=X+29.9-79，所以 X=66.1 mm。

（3）封闭环的偏差　封闭环的上偏差等于所有增环的上偏差之和减去所有减环的下偏差之和，即

$$0.26=ES^1+0-(-0.1) \qquad ES^1 = 0.16 \text{ mm}$$

封闭环的下偏差等于所有增环的下偏差之和减去所有减环的上偏差之和，即

$$0=EI_1-0.1-0 \qquad EI_1 = 0.1 \text{ mm}$$

（4）验算封闭环的公差　封闭环的公差等于所有组成环公差之和，即

$$T_{A_0}=0.16-0.1=0.06 \text{ mm}$$

组成环 $T_1+T_2+T_3$=(0.16+0.1)+(0-0.1)+(0-0.1)=0.06 mm 计算正确。

答：当以左端面定位时，刀具调整尺寸 $X=66_{+0.1}^{+0.16}$ mm。

例 1.4 图 1-29（a）所示为渗碳轴套零件，零件渗碳或渗氮以后，表面一般需要经过磨削来保证尺寸精度，同时要求磨后留有规定的渗层深度。这就要求进行渗碳或渗氮热处理时，保证应有的渗碳或渗氮层深度尺寸，一定要按渗层深度及公差进行计算。

其加工过程为：车削外圆至 $\phi 54^{0}_{-0.04}$ mm 渗碳淬火后磨外圆至 $\phi 54^{0}_{-0.02}$ mm，试计算保证磨后渗碳层深度 0.7～1.0 mm 时，尺寸链简图如图 1-29（c）所示，试求热处理时渗碳工序的渗碳深度应控制的范围（单边量）。

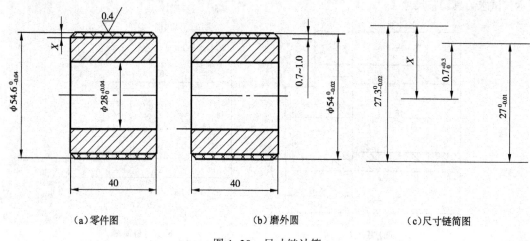

（a）零件图　　　　　　　（b）磨外圆　　　　　　　（c）尺寸链简图

图 1-29　尺寸链计算

解：由题意可知，磨后保证渗碳层深度 $0.7^{+0.3}_{0}$ mm（A_0）间接得到的尺寸，即封闭环。由图 1-29（c）所示可知：其中热处理时渗碳层的深度 X（A_1）、$27^{0}_{-0.01}$ mm（A_2）为增环，$27.3^{0}_{-0.02}$ mm（A_3），为减环。

（1）封闭环的基本尺寸　封闭环的基本尺寸等于所有增环的基本尺寸之和减去所有减环的基本尺寸之和。

根据公式有 $A_0=A_1+A_2-A_3$　即 $A_1=A_0+A_3-A_2=0.7+27.3-27=1$ mm。

（2）封闭环的极限尺寸　封闭环的最大极限尺寸等于所有增环的最大极限尺寸之和减去所有减环的最小极限尺寸之和，即 $1=X+27-27.28$，所以 $X=1.28$ mm。封闭环的最小极限尺寸等于所有增环的最小极限尺寸之和减去所有减环的最大极限尺寸之和，即 $0.7=X+26.99-27.3$，所以 $X=1.01$ mm。

（3）封闭环的偏差　封闭环的上偏差等于所有增环的上偏差之和减去所有减环的下偏差之和。即

$$0.3 = ES^1 + 0 - (-0.02) \qquad ES^1 = 0.28 \text{ mm}$$

封闭环的下偏差等于所有增环的下偏差之和减去所有减环的上偏差之和。即

$$0 = EI_1 + (-0.01) - 0 \qquad EI_1 = 0.01 \text{ mm}$$

因此 $X = 1^{+0.28}_{+0.01}$ mm，即热处理时渗碳工序的渗碳深度应控制在 1.28～1.01 之间。

测量基准与设计基准不重合如何处理：

在工件加工过程中，有时会遇到一些表面加工之后，按设计尺寸不便直接测量的情况，因此需要在零件上另选一容易测量的表面作为测量基准进行测量，以间接保证设计尺寸的要求。这时也可以进行工艺尺寸链换算。

1.6　机械加工工艺规程的制订

1.6.1　机械加工工艺规程

1．工艺规程

规定产品或零部件制造的工艺过程和操作方法等的工艺文件称为工艺规程。它是经技术部门审批后按规定组织填写的图表，或用文字形式书写成的指导生产工艺性文件。

2．工艺规程包括的内容

（1）零件加工的工艺路线。

（2）各工序的具体加工内容。

（3）各工序所用的机床及工艺装备。

（4）切削用量及工时定额等。

3．工艺规程的作用

一个零件的机械加工工艺过程通常是多种多样，这就必须根据产品的要求和具体的生产条件进行分析比较，选择其中最合理的一个机械加工工艺过程进行生产。最合理的机械加工工艺过程需用文件的形式固定下来，它是指导生产、组织生产、管理生产的主要工艺文件，是加工、质检、生产调度与安排的主要依据。

4．工艺规程的编制依据

（1）首先分析研究产品的装配图和零件图　熟悉整台产品的用途、性能和工作条件。了解零件在产品中的作用、位置和装配关系，然后对零件图样进行分析。

（2）产品生产类型与生产纲领　是采用单件生产、成批量生产还是大批量生产，不同的生产类型决定了产品的加工制造方法。

（3）现有的生产条件和工艺资料状况　其中包括毛坯的生产条件或协作关系、工艺装备及专用设备的制造能力、加工设备和工艺装备的规格及性能、工人的技术水平以及各种工艺资料和标准等。

（4）对比分析国内外同类产品的有关工艺资料等。

（5）产品验收的质量标准。

5．制订工艺规程的方法与步骤

（1）对零件的结构、加工工艺进行分析　明确各项技术要求对装配质量和使用性能的影响，找出主要的和关键的技术要求，从而确定出零件制造的可行性和经济性。

（2）确定毛坯的种类和尺寸　常用的毛坯种类有铸件、锻件、型材、焊接件等。毛坯的制选方法越先进，毛坯精度越高，其形状和尺寸越接近成品零件。因此，在确定毛坯时应当综合考虑各方面的因素，以达到最佳的效果。

（3）拟定零件的加工工艺路线　主要包括选择各加工表面的加工方法、划分加工阶段、划分工序以及安排工序的先后顺序等，结合实际生产条件，提出几种方案，通过对比分析，从中选择最佳的加工工艺。

（4）工序设计　针对数控机床高度自动化、自适应性差的特点，要充分考虑到加工过程的每一个细节，设计必须严密。主要包括每一道工序对机床、夹具、刀具及量具的选择；装夹方案、走刀路线、加工余量、工序尺寸及其公差、切削用量的确定等。

（5）填写工艺文件　将工艺规程的内容填入一定格式的卡片中，即成为生产准备所依据的工艺文件。主要包括机械加工工艺过程卡片、机械加工工艺卡片、机械加工工序卡片、数控加工工序卡片、数控加工刀具卡片等。

拓展延伸

数控机床加工工艺与普通机床加工工艺的区别：

数控机床加工工艺规程是指令性文件，它受控于程序指令，除了零件的工艺过程以外，还包括切削用量、走刀路线、刀具尺寸、机床运动等相关参数信息。而普通加工工艺规程实际上只是一个工艺过程，其他的都由操作者自行处理，不像数控机床那样涉及面广。

1.6.2 数控加工工艺文件

将工艺规程的内容填入一定格式的卡片中，就是生产准备和施工所依据的工艺文件。

常见的工艺文件包括以下几种：

1. 机械加工工艺过程卡片

此类卡片主要列出了整个零件加工所经过的工艺路线（包括毛坯、机械加工和热处理等），它是制订其他工艺文件的基础，也是生产技术准备、编制作业计划和组织生产的依据。由于它对各个工序的说明不够具体，故适用于生产管理，如表1-5所示。

表1-5　机械加工工艺过程卡片

机械加工工艺过程卡片		产品型号		零件图号		合同号	共　页
		产品名称		零件名称			第　页
材料牌号		毛坯种类		毛坯外形		毛坯件数		备注	
分厂	工序号	工步号	作业内容	设备	工　艺　设　备			备注
					编号（规格）		名称	

续表

机械加工工艺过程卡片			产品型号		零件图号		合同号		共 页
			产品名称		零件名称				第 页
材料牌号		毛坯种类		毛坯外形		毛坯件数		备注	

分厂	工序号	工步号	作 业 内 容	设备	工 艺 设 备		备注
					编号（规格）	名称	

标记	处数	通知单编号	签字	日期	设计	审核	会签	批准日期

2．机械加工工艺卡片

此类卡片是以工序为单位详细说明整个工艺过程的一种工艺文件，其作用是用来指导工人生产和帮助车间管理员、技术员掌握整个零件的加工过程，广泛用于成批生产的零件和小批生产的重要零件，如表1-6所示。

表1-6 机械加工工艺卡片

机械加工工艺卡片			产品型号		零件图号		合同号		共 页
			产品名称		零件名称				第 页
材料牌号		毛坯种类		毛坯外形		毛坯件数		备注	

工 序 简 图			分厂	工序号	工步号	作 业 内 容	设 备	工艺装备

标记	处数	通知单编号	签字	日期	设计	审核	会签	批准日期

3．机械加工工序卡片

此类卡片的作用是具体用来指导工人在机床上加工时，进行操作的一种工艺文件。它根据工艺卡片上的每道工序来制订，广泛用于大批大量生产的零件和成批生产的重要零件，如表1-7所示。

表1-7 机械加工工序卡

第一章 数控加工工艺基础知识

机械加工工艺卡片		产品型号		零件图号		合同号		共 页
		产品名称		零件名称				第 页
材料牌号		毛坯种类		毛坯外形		毛坯件数	备注	
夹具名称及编号		辅具名称及编号		设备名称及型号			切削液	
工步号	工步内容	工艺装备		主轴转速/(r/min)	切削速度/(m/min)	进给量/(mm/min)	切削深度/mm	
		编号	名称					
标记	处数	通知单编号	签字	日期	设计	审核	会签	批准日期

4. 数控加工工艺卡片

此类卡片是编制加工程序的主要依据和操作人员配合数控程序进行数控加工的主要指导件工艺文件。当工序内容不十分复杂时,可将工序图画在工序卡片上,如表1-8所示。

表1-8 数控加工工艺卡片

数控加工工艺卡片		产品型号		零件图号		合同号		共 页
单位		产品名称		零件名称				第 页
机床型号	机床名称	夹具编号		夹具名称		切削液		
工序号	工序名称			程序编号		备注		
工步号	作业内容			刀具号	刀具规格	主轴转速/(r/min)	进给速度/(mm/min)	背吃刀量/mm
标记	处数	通知单编号	签字	日期	设计	审核	会签	批准日期

5. 数控加工刀具卡片

30

此类卡片是组装刀具和调整刀具的依据。它主要包括刀具号、刀具名称、刀柄型号、刀具的直径和长度等内容，如表1-9所示。

表1-9　数控加工刀具卡片

数控加工刀具卡片		产品型号		零件图号			合同号	共　页
单　位		产品名称		零件名称				第　页
机床型号		机床名称		调刀设备型号			调刀工	
程序编号		工序号		工序名称			磨刀工	
序号	刀具号（H）	刀具规格、名称及标准号	刀柄型号	刀具补偿量		刀具简图	工步号	备注
				长度值地址（D）	半径值地址（D）			
标记	处数	通知单编号	签字	日期	设计	审核	会签	批准日期

6. 数控加工零件装卡简图

此类简图是对于零件在机床上加工装夹的工艺简图，如表1-10所示。

表1-10　数控加工零件装卡简图

数控加工零件装卡简图		产品型号		零件图号		合同号	共　页
单位		产品名称		零件名称			第　页
机床型号		机床名称		夹具编号	夹具名称	程序编号	
标记	处数	通知单编号	签字	日期	设计	审核	会签	批准日期

7. 数控机床调整卡片

此类卡片是机床操作人员加工前调整机床和安装工件的依据，如表 1-11 所示。

表 1-11　数控机床调整卡片

数控机床调整卡片		产品型号		零件图号		合同号	共　页
单　　位		产品名称		零件名称			第　页
机床型号	机床名称	夹具编号		夹具名称		程序编号	
工装调整							
工件原点位置说明							
所用标准程序							
特殊补偿							
程序选用参数							
其　他							
标记	处数	通知单编号	签字	日期	设计	审核	会签	批准日期

8. 数控加工刀具运动轨迹图

此类轨迹是编制合理加工程序的条件，为了防止在数控加工过程中刀具与工件、夹具等发生碰撞，在工艺文件里难以说清，因此用刀具运动的轨迹路线来说明，如表 1-12 所示。

表 1-12　数控加工刀具运动轨迹图

数控加工刀具运动轨迹图		产品型号		零件图号		合同号	共　页
单　　位		产品名称		零件名称			第　页
程序编号		轨迹起始句		轨迹起始句			
刀　具　号		工步号		作业内容			

标记	处数	通知单编号	签字	日期	设计	审核	会签	批准日期

9. 数控加工程序单

此类程序单是编程人员根据工艺分析、数值计算，按照机床系统特点的指令代码编制的。它是记录数控加工工艺过程、工艺参数、位移数据清单以及手动数据输入实现数控加工的主要依据，如表 1-13 所示。

表 1-13　数控加工程序单

数控加工程序单			产品型号		零件图号		合同号		共 页
单 位			产品名称		零件名称				第 页
机床型号		设备名称	夹具编号		夹具名称		切削液		
工 序 号		工序名称							
程序编号			存盘路径及名称						
语句编号	语 句 内 容						备 注		
标记	处数	通知单编号	签字	日期	设计	审核		会签	批准日期

小 结

1. 数控加工及特点

数控加工是指在数控机床上进行自动加工零件的一种工艺方法。其实质是数控机床按照事先编制好的零件加工程序通过数字控制，输入到数控机床的数控系统，以控制数控机床中刀具与工件的相对运动，从而自动地完成对零件的加工。

其特点是：自动化程度高、精度高、质量稳定、生产效率高、设备费用高、功能较强

2. 数控加工工艺与数控加工工艺过程

数控加工工艺是指在数控机床上进行自动加工零件时运用各种方法及技术手段的综合体现，它应用于整个数控加工工艺过程。

数控加工工艺过程是利用切削刀具在数控机床上直接改变加工对象的形状、尺寸、表面位置、表面状态等，使其成为成品或半成品的过程。

3. 机械加工工艺过程

在机械加工工艺过程中，针对零件的结构特点采用各种机械加工的方法，直接改变毛坯的形状、尺寸和表面质量，使之成为合格产品零件的过程。

机械加工工艺过程一般由工序、工步、安装及工位等组成。

4. 数控加工工件的定位与基准

（1）工件的定位　使工件在机床上或夹具中占有正确位置的过程称为定位。

（2）六点定位原理　采用布置恰当的六个支承点来消除工件的六个自由度，使工件在夹具中

第一章　数控加工工艺基础知识

的位置完全确定下来称为六点定位原理。

（3）工件定位比较如表1-14所示。

表1-14　工件定位比较

定位方式	1. 完全定位	工件的六个自由度全部被限制的定位
	2. 不完全定位	根据某种定位方式，没有全部消除工件的六个自由度、而能满足加工要求的定位
	3. 欠定位	根据工件的加工要求，应该限制的自由度没有完全被限制的定位
	4. 重复定位	夹具上两个或两个以上的定位元件，重复限制工件的同一个或几个自由度的定位

（4）工件定位方式　工件在夹具中定位是通过将定位支承点转化为具有一定结构的定位元件，再与工件相应的定位基准面相接触或配合而实现的。可分为四种定位方式，如表1-15所示。

表1-15　工件定位方式

1. 以平面定位	常用定位元件　固定支承、可调支承、自位支承、辅助支承
2. 以内圆柱孔定位	常用定位元件　圆柱定位销、圆锥定位销、圆柱心轴、小锥度心轴
3. 以外圆柱面定位	常用支承定位和定心定位　V形架定位、自动定心夹具定位
4. 组合表面定位	最常见的是"一面两孔"定位

（5）基准是零件上用来确定其他点、线、面位置所依据的那些点、线、面。其分类如表1-16所示。

表1-16　基准分类方式

基　　准	1. 设计基准是零件图上所采用的基准，它是标注设计尺寸的起点		
	2. 工艺基准是指加工过程中所使用的基准	（1）定位基准	在加工中用作定位的基准
		（2）工序基准	在工序图上，用来标定工序被加工面尺寸和位置所采用的基准
		（3）测量基准	零件测量时所采用的基准
		（4）装配基准	装配时用以确定零件在机器中位置的基准

5. 工艺尺寸链

（1）工序尺寸　在工序图或工艺规程中要标注一些专供加工用的尺寸，这些尺寸称为工序尺寸。它在加工与装配过程中总是相互关联，它们彼此有着一定的内在联系，往往一个尺寸的变化会引起其他尺寸的变化，或一个尺寸的获得须由其他一些尺寸来保证，因此工序尺寸一般不能直接采用零件图上的尺寸，而由尺寸链的相关计算得到。

（2）尺寸链　按一定顺序排列、相互联系的封闭尺寸称为尺寸链。包括组成环和封闭环，即在尺寸链中，能人为地控制或直接获得的尺寸称为组成环；在尺寸链中被间接控制的尺寸，也就是当其他尺寸出现以后自然形成的尺寸称为封闭环。根据其组成环对封闭环的影响而分为增环、减环。

（3）尺寸链简图　它是尺寸链中各相应的环，用尺寸或符号标注在示意图上的图形。

6. 生产类型

根据产品的大小、复杂程度和年产量来确定生产类型。可分为三种类型：单件生产、大量生产和成批生产。

7. 机械加工工艺规程

（1）工艺规程　规定产品或零部件制造的工艺过程和操作方法等的工艺文件称为工艺规程。它是经技术部门审批后按规定组织填写的图表，或用文字形式书写成的指导生产工艺性文件。

（2）工艺规程包括的内容　零件加工的工艺路线；各工序的具体加工内容；各工序所用的机床及工艺装备；切削用量及工时定额等。

8．数控加工工艺文件

（1）工艺文件包括：机械加工工艺过程卡片；机械加工工艺卡片；机械加工工序卡片等

（2）数控加工工艺文件包括：数控机床工艺卡片；数控机床刀具卡片；数控机床调整卡片，数控机床零件装卡简图等。

复习题

1．名词解释

基准、工序、数控加工、数控加工工艺、生产纲领、生产类型、六点定位原理、定位误差、工序尺寸、尺寸链

2．选择题

（1）工件在两顶尖间装夹时，可限制（　　）自由度。

    A．三个　　　　　　B．四个　　　　　　C．五个　　　　　D．六个

（2）工件在小锥体心轴上定位，可限制（　　）自由度。

    A．四个　　　　　　B．五个　　　　　　C．六个　　　　　D．三个

（3）工件定位时，被消除的自由度少于六个，且不能满足加工要求的定位称为（　　）。

    A．欠定位　　　　　B．过定位　　　　　C．完全定位

（4）重复限制自由度的定位现象称为（　　）。

    A．完全定位　　　　B．过定位　　　　　C．不完全定位

（5）工件定位时，仅限制四个或五个自由度，没有限制全部自由度的定位方式称为（　　）。

    A．完全定位　　　　B．欠定位　　　　　C．不完全定位

（6）工件定位时，下列定位中（　　）定位不允许存在。

    A．完全定位　　　　B．欠定位　　　　　C．不完全定位

（7）加工精度高、（　　）、自动化程度高，劳动强度低、生产效率高等是数控机床加工的特点。

    A．加工轮廓简单、生产批量又特别大的零件

    B．对加工对象的适应性强

    C．装夹困难或必须依靠人工找正、定位才能保证其加工精度的单件零件

    D．适于加工余量特别大、材质及余量都不均匀的坯件

（8）下列（　　）不适应在数控机床上生产的零件。

    A．频繁改型的零件　　　　　　　　　B．多工位和多工序可集中的零件

    C．难测量的零件　　　　　　　　　　D．装夹困难的零件

（9）数控机床与普通机床比较，错误的说法是（　　）。

A. 都能加工特别复杂的零件　　　　　B. 数控机床比普通机床的加工效率更高

C. 数控机床适应加工对新产品换代改型零件　D. 普通机床加工精度较低

（10）加工（　　）零件，宜采用数控机床加工。

A. 大批量　　　　B. 多品种中小批量　　　C. 单件　　　　D. 简单

3. 填空题

（1）在生产过程中，凡是改变生产对象的_____、_____和_____等，使其成为成品或半成品的过程称为工艺过程。在工艺过程中，以按一定顺序逐步地改变_____、_____、_____和_____等，直至成为合格零件的那部分过程称为机械加工工艺过程。

（2）生产过程是指_____的全过程。

（3）设计基准是在_____所采用的基准。

（4）工艺基准是在_____所使用的基准，可分为_____基准、_____基准、_____基准和_____基准。

（5）工件上用于定位的表面是确定工件_____的依据，称为_____。

（6）基准分为_____、_____。

（7）由于数控加工采用了计算机控制系统和数控机床，使得数控加工具有加工_____高、_____高、_____高、_____高、_____稳定、周期短等特点。

（8）规定零件制造_____和_____等的工艺文件称为工艺规程。

（9）尺寸链有两个特征：_____、_____。

（10）用圆柱销定位时，必须有少量_____。

（11）采用布置恰当的六个支承点来消除工件六个自由度的方法称为_____。

（12）工件的实际定位点数，如不能满足加工要求，少于应有的定位点数称为_____定位。这在加工中不允许。

4. 判断题

（1）数控机床的高科技含量，可使操作简单，可以不制订操作规程。　　　　（　　）

（2）数控机床不适用于周期性重复投产的零件加工。　　　　　　　　　　（　　）

（3）具有独立的定位作用且能限制工件的自由度的支承称为辅助支承。　　　（　　）

（4）因为毛坯表面的重复定位精度差，所以粗基准一般只能使用一次。　　　（　　）

（5）同一工件，无论用数控机床加工还是用普通机床加工，其工序都一样。　（　　）

（6）划分工序的主要依据是工作地点是否变动和工作是否连续。　　　　　（　　）

（7）由于数控加工自适应性较好，因此在编写工艺时不必求全。　　　　　（　　）

（8）工序尺寸一般不能直接采用零件图上的尺寸，而需要另外处理或计算得到。（　　）

（9）只有当工件的六个自由度全部被限制，才能保证加工精度。　　　　　（　　）

（10）定位点多于应限制的自由度数，说明实际上有些定位点重复限制了同一个自由度，这样的定位称为重复定位。　　　　　　　　　　　　　　　　　　　　（　　）

5. 简答题

（1）数控加工工艺分析的目的是什么？包括哪些内容？

（2）什么叫重复定位？什么叫部分定位？

（3）在数控机床上按"工序集中"原则组织加工有何优点？

（4）与传统机械加工方法相比，数控加工有哪些特点？

（5）数控加工工艺的主要内容有哪些？

（6）工件以外圆柱面定位时常采用的定位元件及其特点是什么？

（7）工艺设计的好坏对数控加工具有哪些影响？

（8）什么是封闭环、增环、减环？

6．计算题

（1）图 1-30 所示为轴套件，在车床上已经加工好外圆、内孔、各面，现在右端面上铣出缺口，并保证尺寸 $13_{-0.06}^{0}$ mm、28 ± 0.1 mm，试计算在调刀时的度量尺寸 H、A 及上下偏差。

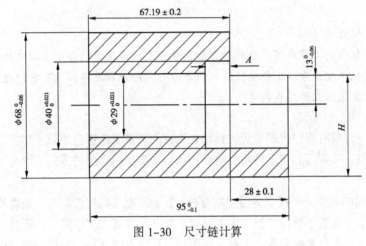

图 1-30　尺寸链计算

（2）图 1-31 所示为轴套件，外圆、内孔已经加工好、现在需要在铣床上铣出右缺口，并保证尺寸 $5_{-0.06}^{0}$ mm、$24_{0}^{+0.05}$ mm，试计算在调刀时的度量尺寸 H、A 及上下偏差。

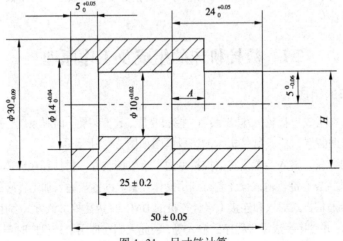

图 1-31　尺寸链计算

第 2 章
数控机床

学习目标

- 了解数控机床的组成。
- 掌握数控机床的工作原理、分类、方法、特点及数控机床适合加工零件的种类。
- 理解数控机床坐标系、工件坐标系、零参考点、对刀点及换刀点及它们之间的关系。
- 熟悉数控机床加工的发展趋势。

数控机床是一种装有程序控制系统的自动化机床。该系统能够应用数字化信息对机械运动及加工过程进行控制,实现刀具与工件相对运动,从而加工出所需要的零件(产品)的一种机床,称为数控机床。

1948 年,美国帕森斯公司接受美国空军委托,开始研制飞机螺旋桨叶片轮廓检验用样板的加工设备,首次提出采用数字脉冲控制机床的设想。后又与麻省理工学院合作研制成功世界第一台三坐标铣床,当时的数控系统采用电子管元件控制,可做直线插补。经过 3 年的试用、改造与提高,数控机床于 1955 年进入实用化阶段。从此,其他一些国家,如日本、德国和前苏联等都开始研究数控机床,我国于 1958 年开始研制数控技术,目前,以华中数控、广州数控为代表,也已将高性能数控系统产业化。

2.1　数控机床的组成及工作原理

2.1.1　数控机床的组成

数控机床的基本组成包括输入/输出装置、控制介质、数控装置、伺服系统(驱动与反馈系统)、机床主体和其他辅助装置组成,数控机床的组成框图如图 2-1 所示。

(1)输入/输出装置　输入装置是将数控指令输入给数控装置。根据程序载体的不同,相应有不同的输入装置。目前主要有键盘输入操作者可利用操作面板上的键盘输入加工程序的指令,磁盘输入、CAD/CAM 系统直接通信方式输入和连接上级计算机的 DNC(直接数控),该方式多用于采用 CAD/CAM 软件设计的复杂工件并直接生成零件程序的输入等,因此人们在使用数控机床时与其必须建立某种联系,这种联系须通过输入/输出装置来实现。输出装置是根据控制器的命令接受运算器的输出脉冲,并将其送到各坐标的伺服控制系统,经过功率放大,驱动伺服系统,从而控制机床按规定要求运动。

（2）控制介质　控制介质是指加工程序载体，零件加工程序以指令的形式记载各种加工信息，如零件加工的工艺过程、工艺参数、刀具运动和辅助运动等，常见的控制介质有穿孔纸带、盒式磁带、软磁盘、U盘等。

（3）数控装置　是数控机床的核心，其功能是接受输入的加工信息，经过数控装置的系统软件和逻辑电路进行译码、运算和逻辑处理，向伺服系统发出相应的脉冲，并通过伺服系统控制机床运动部件按加工程序指令运动。

数控装置主要由输入、处理器和输出三个基本部分构成。而所有这些工作都由计算机的系统程序进行合理地组织，使整个系统协调地进行工作。

（4）伺服系统（驱动与反馈系统）　是数控装置与机床本体之间的电传动联系环节，也是数控系统的执行部分。其主要作用是把接受来自数控装置的指令信息，经功率放大、整形处理后，转换成机床执行部件的直线位移或角位移运动。由于伺服系统是数控机床的最后环节，其性能将直接影响数控机床的精度和速度等技术指标，因此，伺服系统的性能决定了数控系统的精度与快速响应性能。

伺服系统包括驱动装置和执行机构两大部分。驱动装置由主轴驱动单元、进给驱动单元和主轴伺服电动机、进给伺服电动机组成。目前，数控机床驱动装置所使用的有步进电动机、直流伺服电动机、交流伺服电动机和直线电动机等。

测量元件将数控机床各坐标轴的实际位移值检测出来并经反馈系统反馈到机床的数控装置中，数控装置对反馈回来的实际位移值与指令值进行比较，并向伺服系统输出达到设定值所需的位移量指令。

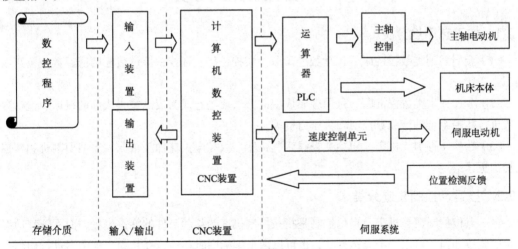

图 2-1　数控机床的组成框图

（5）机床主体　包括床身、底座、立柱、横梁、滑座、工作台、主轴箱、进给机构、刀架及自动换刀装置等机械部件，它是数控系统的各种运动和动作指令转换成准确的机械运动和动作，以实现数控机床各种切削加工的机械部分。

数控机床对机床主机部分的结构设计提出了采用具有高精度、高刚度、高抗震性、高谐振频率、低转动惯量、低摩擦、增加阻尼及较小热变形的机床新结构等要求，广泛采用高性能的主轴伺服驱动和进给伺服驱动装置使数控机床的传动链缩短，简化了机床机械传动系统的结构。采用高传动效率、高精度、无间隙的传动装置和运动部件，如滚珠丝杠螺母副、塑料滑动导轨、直线滚动导轨、静压导轨等。

（6）其他辅助装置　包括气动、冷却、液压、排屑、防护、照明、润滑回转工作台及数控分度头等各种辅助装置。

2.1.2　数控机床的工作原理

在数控机床上加工零件时，首先应将加工零件的几何信息和工艺信息编制成加工程序，由输入部分将数字化了的刀具移动轨迹信息传入数控机床的数控装置，经过数控装置的处理、运算、按各坐标轴的分量送到各轴的驱动电路，经过译码、运算、放大后驱动伺服电动机，带动主轴和工作台工作，使刀具与工件及其他辅助装置严格地按照加工程序规定的顺序、轨迹进行工作，从而加工出符合编程设计要求的零件。

拓展延伸

数控机床的诞生与发展先后经历了电子管（1952 年）、晶体管采用印制电路板（1959 年）、小规摸集成电路（1965 年）、大规模集成电路及小型计算机（1970 年）、微处理器为核心和微型机算机有字符显示，自诊断功能（1974 年）等五代数控系统。

2.2　数控机床的分类

2.2.1　按工艺用途分类

（1）金属切削类数控机床　包括数控车床、数控铣床、数控钻床、数控磨床、数控镗床以及加工中心等。

（2）金属成型类数控机床　是用金属成型的方法使毛坯成为成品或半成品的机床，包括数控折弯机、数控组合冲床和数控回转头压力机等。

（3）数控特种加工机床　包括数控线切割机床、数控电火花加工机床、火焰切割机和数控激光切割机床等。

2.2.2　按运动控制轨迹分类

（1）点位控制数控机床　点位控制是指只控制机床的移动部件的终点位置，而不管移动部件所走的轨迹如何，可以一个坐标移动，也可以两个坐标同时移动，在移动过程中不进行切削。这种控制方法用于数控钻床、数控镗床和数控坐标镗床、数控点焊机和数控折弯机等。

（2）直线控制数控机床　直线控制方式就是刀具与工件相对运动时，除控制从起点到终点的准确定位外，还要保证平行坐标轴的直线切削运动，也可以按 45° 进行斜线加工，但不能按任意斜率进行切削。主要有不带插补的简易数控车床、数控磨床及数控镗铣床等。

（3）轮廓控制数控机床　轮廓控制又称连续切削控制系统，是指刀具与工件相对运动时，能对两个或两个以上坐标轴的运动同时进行控制。属于这类机床的有数控车床、数控铣床、加工中心等。其相应的数控装置称为轮廓控制装置。轮廓数控装置比点位、直线控制装置结构复杂得多、功能也全，同时价格也相应贵。

2.2.3 按进给伺服系统有无检测装置分类

（1）开环进给伺服控制系统数控机床 开环进给伺服系统是指不带反馈的控制系统，即系统没有位置反馈元件，伺服驱动元件一般为功率步进电动机或液压马达。输入的数据经过数控系统的运算，发出指令脉冲，通过环形分配器和驱动电路，使步进电动机或液压马达转过一个步距角。在经过减速齿轮带动丝杠旋转，最后转为工作台的直线移动。移动部件的移动速度和位移量由输入脉冲的频率和脉冲数决定，如图2-2所示。

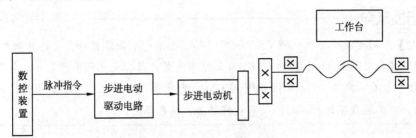

图 2-2 开环进给伺服控制系统

这类系统具有结构简单、调试方便、维修简单、价格低廉等优点，在精度和速度要求不高、驱动力矩不大的场合得到广泛应用。

（2）闭环进给伺服控制系统数控机床 闭环进给控制系统是在机床的移动部件上直接装有位置检测装置，将测量的结果直接反馈到数控系统装置中，与输入的指令位移进行比较，从而使移动部件按照实际的要求运动，最终实现精确定位，如图2-3所示。

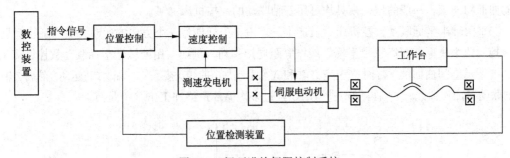

图 2-3 闭环进给伺服控制系统

该系统主要应用于精度要求很高的数控镗铣床、超精车床、超精磨床以及较大型的数控机床等。

（3）半闭环进给伺服控制系统数控机床 半闭环进给伺服系统是将角位移检测元件安装在伺服电动机的轴上或滚珠丝杠的端部，不直接反馈机床的位移量，而是检测伺服机构的转角，将此信号反馈给数控装置进行指令值比较，利用其差值控制伺服电动机转动。由于惯性较大的机床移动部件不包括在检测范围之内，因而成为半闭环控制系统，如图2-4所示。

该系统半闭环数控系统结构简单、调试方便、精度也较高，因而在现代 CNC 机床中得到了广泛应用。

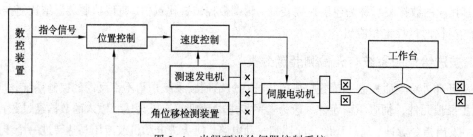

图 2-4　半闭环进给伺服控制系统

　拓展延伸

【经济型】开环控制、单片机的 CNC 采用数码管或单色小液晶显示，步进电动机驱动；【普及型】半闭环控制、8~32 位 CPU 的 CNC、9 英寸单色显示器、无图形彩色显示，伺服电动机驱动；【高档型】全闭环控制、32~64 位 CPU 的 CNC、彩色或 TFT 液晶显示器、图形显示、有 DNC 和网络功能、可扩展数字仿形等功能，有良好的用户编程界面。

2.2.4　按可控制联动轴数分类

数控机床可控制联动的坐标轴，是指数控装置控制几个伺服电动机，同时驱动机床移动部件运动的坐标轴数目。

（1）两坐标联动数控机床　能同时控制两个坐标轴，如某些数控车床加工旋转曲面回转体、数控镗床镗铣削加工斜面轮廓。

（2）三坐标联动数控机床　能同时控制三个坐标轴，适用于曲率半径变化较大和精度要求较高的曲面的加工，一般的型腔模具均可用三轴联动的数控机床加工。

（3）两轴半坐标联动数控机床　机床本身有三个坐标能作三个方向的运动，但控制装置只能同时控制两个坐标，而第三个坐标只能作等距周期移动。例如，用两轴半坐标联动数控铣床加工图 2-5 所示空间曲面的零件时，先是 Z 轴和 X 轴联动加工曲线，接下来 Y 轴做步进运动，然后 Z 轴和 X 轴联动再加工曲线，Y 轴再做步进运动，经过多次循环最终加工出整个曲面。

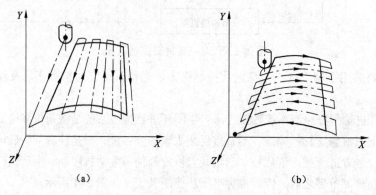

　　（a）　　　　　　　　　　　　（b）

图 2-5　两轴半坐标联动数控机床

（4）多坐标联动数控机床　能同时控制四轴及四轴以上坐标轴联动。加工曲面类零件最理想的是选用多坐标联动数控机床。例如，六轴联动铣床，工作台除 X 轴、Y 轴、Z 轴三个方向可直线进给外，还可以绕 Z 轴旋转进给（C 轴）、刀具主轴可绕 Y 轴旋转进给（B 轴）、工件绕 X 轴旋转进给（A 轴）。但多坐标数控机床的结构复杂、精度要求高、同时程序编制也复杂，如图 2-6 所示。

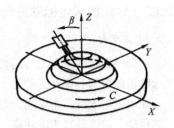

图 2-6　多坐标联动数控机床

拓展延伸

　　NC 机床与 CNC 机床：早期数控机床是由各种逻辑元件、记忆元件组成随机逻辑电路，由硬件来实现数控功能，称做硬件数控，即 NC 机床。

　　现代数控系统采用微处理器或专用微机的数控系统由事先存放在存储器里的系统程序（软件）来实现控制逻辑，实现部分或全部数控功能，并通过接口与外围设备进行连接，称做软件数控，即 CNC 机床。

2.3　数控机床坐标系统

　　数控机床都是按照事先编好的零件数控加工程序自动地对工件进行加工。数控机床的坐标系是用来确定其刀具运动的依据。因此，坐标系统对数控程序设计极为重要，为了描述机床的运动，简化程序编制的方法及保证记录数据的互换性，数控机床的坐标系和运动方向已标准化。

2.3.1　数控机床坐标系的确定

　　数控机床加工零件是由数控系统发出的指令来控制，为了确定机床的运动方向和移动距离，需要在数控机床上建立一个坐标系，即机床坐标系。数控机床坐标系用右手笛卡儿坐标系作为标准确定。右手笛卡儿坐标系如图 2-7 所示。

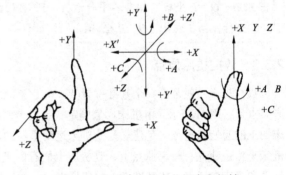

图 2-7　右手直角笛卡儿机床坐标轴

　　（1）伸出右手的大拇指、食指和中指互成 90°，则大拇指代表 X 坐标，食指代表 Y 坐标，中指代表 Z 坐标。

　　（2）大拇指的指向为 X 坐标的正方向，食指的指向为 Y 坐标的正方向，中指的指向为 Z 坐标的正方向。

　　（3）围绕 X、Y、Z 坐标旋转的旋转坐标分别用 A、B、C 表示，根据右手螺旋定则，大拇指的指向为 X、Y、Z 坐标中任意轴的正向，则其余四指的旋转方向即为旋转坐标 A、B、C 的正向。

　　（4）运动方向的规定，增大刀具与工件距离的方向即为各坐标轴的正方向。

2.3.2 数控机床坐标轴方向的确定

1. Z 坐标

Z 坐标的运动方向由传递切削动力的主轴决定，即平行于主轴轴线的坐标轴即为 Z 坐标，Z 坐标的正向为刀具离开工件的方向。

如果机床上有几个主轴，则选一个垂直于工件装夹平面的主轴方向为 Z 坐标方向；如果主轴能够摆动，则选垂直于工件装夹平面的方向为 Z 坐标方向；如果机床无主轴，则选垂直于工件装夹平面的方向为 Z 坐标方向。

2. X 坐标

X 坐标平行于工件的装夹平面，一般在水平面内确定 X 轴的方向时，要考虑两种情况：

（1）如果工件做旋转运动，则刀具离开工件的方向为 X 坐标的正方向。

（2）如果刀具做旋转运动，则分为两种情况：

① Z 坐标水平时，观察者沿刀具主轴向工件看时，$+X$ 运动方向指向右方。

② Z 坐标垂直时，观察者面对刀具主轴向立柱看时，$+X$ 运动方向指向右方。

3. Y 坐标

在确定 X、Z 坐标的正方向后，可以根据 X 和 Z 坐标的方向，按照右手直角坐标系来确定 Y 坐标的方向。

 拓展延伸

附加坐标系：为了编程和加工的方便，有时还要设置附加坐标系。对于直线运动，通常建立的附加坐标系有指定平行于 X、Y、Z 的坐标轴可以采用的附加坐标系：第二组 U、V、W 坐标，第三组 P、Q、R 坐标。指定不平行于 X、Y、Z 的坐标轴也可以采用的附加坐标系：第二组 U、V、W 坐标，第三组 P、Q、R 坐标。

2.3.3 数控机床原点

数控机床一般都有一个基准位置($X = 0$、$Y = 0$、$Z = 0$)称为机床原点（或称机械原点、机床零点），用 M 表示，由机床厂家确定，是一个固有的点。依据机床数控系统的不同而异，是机床加工的起始依据点，是建立测量机床运动坐标的起始点，一般设在各坐标轴正向极限位置处。机床坐标系建立在机床原点上，是机床上固有的坐标系，是其他坐标系，如加工坐标系、编程坐标系和机床参考点（或基准点）的依据点。

2.3.4 数控机床参考点

数控机床在工作时为了正确建立机床坐标系，通常在每个坐标轴的移动范围内设置一个参考点称机床参考点（也称机械参考点），用 R 表示。它是由机床制造厂家在每个进给轴上用限位开关调整好的，控制系统启动后，所有的轴都要回一次参考点，以便建立机床坐标系和校正行程测量系统，对于采用相对位置测量系统的数控机床断电时，机床坐标系原点将丢失。

2.3.5 工件坐标系

工件坐标系是编程人员在编程时人为设定的，原则上选择在任何位置都可以，编程人员选择工件上的某一特殊点作为工件原点（或称编程原点、加工原点），即建立起一个新的坐标系，称为工件坐标系。工件坐标系一旦建立便一直有效，直到被新的工件坐标系取代。工件坐标系原点的设定要尽量满足编程简单，尺寸换算少且直观，引起的加工误差小等条件。一般情况下，应选在尺寸标注的基准或定位基准上。

数控机床编程时使用的坐标系为编程坐标系，加工时使用的坐标系为加工坐标系，二者统称工件坐标系。

2.3.6　对刀点、刀位点和换刀点

1．对刀点（起刀点）

对刀点（起刀点）是数控加工中刀具相对于工件运动的起点，是零件程序的起点。设定对刀的目的是确定工件零点（原点）在机床坐标系中的位置，即建立起工件坐标系与机床坐标系的相互关系。它可以设在工件上或工件外任何一点，也可以设在与工件的定位基准有一定尺寸关系的夹具某一位置上。一般情况下，对刀点既是加工程序执行的起点，也是加工程序执行的终点。通常将设定对刀的过程看成是建立工件坐标系的过程。

2．刀位点

刀位点是指编制程序和加工时，用于表示刀具特征的点，也是对刀和加工的基准点。车刀的刀位点是刀尖或刀尖圆弧中心；钻头的刀位点是钻头顶点；圆柱铣刀的刀位点是刀具中心与刀具底面的交点；球头铣刀的刀位点是球头的球心点或球头顶点；由于各类数控机床的对刀方法不完全相同，所以，对刀时应结合具体机床进行操作。

3．换刀点

换刀点是为多刀加工的机床而设置的，因为这些机床在加工过程中间要自动换刀。换刀点应设在工件或夹具的外部，设定原则是以刀架转位时不碰撞工件和机床其他零部件为准，其设定值可用计算或实际测量的方法确定。

4．"对刀点"和"换刀点"的确定原则

（1）应便于数学处理和使程序编程简单。

（2）设定在数控机床上易于找正的位置。

（3）设定在加工过程中易于检查的位置。

（4）应引起加工误差小。

相关链接

在进行程序编写时，应按工件坐标系中的尺寸确定，不必考虑工件在机床上的安装位置和安装精度，但在加工时需要确定机床坐标系与工件坐标系的位置后才能加工。工件装夹在机床上，可通过对刀确定工件在机床上的位置。

2.4　数控机床加工技术

2.4.1　数控机床的加工特点

数控机床与传统普通机床相比具有以下特点：

（1）具有高度柔性　在数控机床上加工零件，主要取决于加工程序，与普通机床不同，不必

更换刀具、夹具，不用经常调整机床。所以，数控机床适用于零件频繁更换的场合，也适合于单件、小批生产及新产品的开发，缩短了生产准备周期，节省了大量工艺装备的费用。

（2）适应性强　由于数控机床能实现多个坐标的联动，所以数控机床能完成对复杂型面的加工，特别是对于可用数学方程式和坐标点表示的形状复杂的零件，加工非常方便。当改变加工零件时，数控机床只需更换零件加工的 NC 程序，不用凸轮、靠模、样板或其他模具等专用工艺装备，且可采用成组技术的成套夹具。因此，生产准备周期短，有利于机械产品的迅速更新换代。所以，数控机床的适应性非常强。

（3）加工精度高　数控机床有较高的加工精度，加工误差一般在 0.005～0.01mm 之间。数控机床的加工精度不受零件复杂程度的影响，机床传动链的反向齿轮间隙和丝杠的螺距误差等都可以通过数控装置自动进行补偿，其定位精度比较高，同时还可以利用数控软件进行精度校正和补偿。

（4）加工质量稳定　对于同一批零件，由于使用同一机床和刀具及同一加工程序，刀具的运动轨迹完全相同，且数控机床是根据数控程序自动进行加工，零件的加工精度和质量由数控机床来保证，可以避免人为的误差，这就保证了零件加工的一致性好且质量稳定。

（5）生产效率高　数控机床结构好、功率大，能自动进行切削加工，所以能选择较大的切削用量，并自动连续完成整个零件的加工过程，能大大缩短辅助时间。因数控机床的定位精度高，可省去加工过程中对零件的中间检测，减少了停机检测时间。所以数控机床的加工效率高，一般为普通机床的 3～5 倍。

（6）减轻劳动强度　在输入程序并启动后，除了装卸工件、找正零件、检测、操作键盘、观察机床运行外，其他的机床动作都是按照加工程序要求自动连续地进行切削加工，直至零件加工完毕。这样就简化了工人的操作，使劳动强度大大降低。

（7）有利于生产管理的现代化　在数控机床上加工零件，可以准确地计算出零件的加工工时，加工程序是用数字信息的标准代码输入，有利于和计算机连接，构成由计算机控制和管理的生产系统。

2.4.2　数控机床的应用范围

数控机床的性能特点决定其应用范围。

1．适合在数控机床加工的零件

（1）外轮廓复杂且加工精度要求高，用普通机床无法加工或虽然能加工但很难保证产品质量的零件。

（2）具有难测量、难控制进给、难控制尺寸的内腔的壳体或盒形零件。

（3）用数学模型描述的具有复杂曲线、曲面轮廓零件。

（4）必须在一次装夹中完成钻、铣、镗、锪、铰或攻丝（攻螺纹）等多工序的零件。

（5）用普通机床加工时难以观察、测量和控制进给的内外凹槽类零件。

（6）采用数控机床能成倍提高生产效率，大大减轻体力劳动强度的零件。

2．不适合在数控机床加工的零件

（1）生产批量大的零件。

（2）装夹困难或完全靠找正定位来保证加工精度的零件。

（3）毛坯上的加工余量很不稳定，且数控机床没有在线检测系统可自动调整零件坐标位置的零件。

（4）必须用特定的工装协调加工的零件。

（5）需要进行长时间占机人工调整的粗加工零件。

（6）简单的粗加工零件。

2.4.3　数控机床的发展趋势

计算机技术突飞猛进的发展为数控技术进步提供了条件，同时为了满足市场的需要、达到现代制造技术对数控机床提出的更高的要求。当前，数控技术及数控机床的发展方向主要体现为以下几方面：

（1）高速切削　数控机床向高速化方向发展，不但可大幅度提高加工效率、降低加工成本，而且还可提高零件的表面加工质量和精度。超高速加工技术对制造业实现高效、优质、低成本生产有广泛的适用性。

数控机床高速主要表现在以下几个个方面：

① 数控机床主轴高转速　目前，日本的超高速数控立式铣床其主轴最高转速可以达到 100 000 r/min。

② 工作台高速移动和高速进给　当今数控机床最高水平为分辨率 1 μm 时，最大进给速度可达 240 m/min；当程序段设定进给长度大于 1 mm 时，最大进给速度达 80 m/min。

③ 缩短刀具交换、托盘交换的时间　目前，数控机床换刀时间可以不到 1 s，工作台的交换速度可以到 6.3 s。

（2）高精加工　在高精加工的要求下，普通级数控机床的加工精度已由 ±10 μm 提高到 ±5 μm；精密级加工中心的加工精度则从 ± 3～5 μm，提高到±1～1.5 μm，甚至更高；超精密加工精度达到纳米级 0.001 μm。

（3）控制智能化　数控技术控制智能化程度不断提高，主要体现在以下各个方面：

① 加工效率和加工质量的智能化　例如，自适应控制、工艺参数自动调整、使设备处于最佳运行状态，以提高加工精度和设备的安全性。

② 加工过程自适应控制技术　监测加工过程中的刀具磨损、进给量、切削力、主轴功率等信息并进行反馈，随时自动修调加工参数，使设备处于最佳运行状态，以提高加工精度及设备运行的安全性。

③ 智能化编程　其主要包括数控软件自动编程，智能化的人机界面等。

④ 智能化交流伺服驱动装置　其包括智能主轴交流驱动装置和伺服驱动装置，它能自动识别电动机及负载的转动惯量，并自动对控制系统参数进行优化和调整，使驱动系统获得最佳运行。

⑤ 故障的自诊断功能　该功能可以实现智能诊断、智能监控，方便系统的诊断及维修等。

（4）复合化加工　复合化加工是指在一台设备上完成车、铣、钻、镗、攻丝、铰孔、扩孔、铣花键、插齿等多种加工要求。机床的复合化加工是通过增加机床的功能，减少工件加工过程中的多次装夹、重新定位、对刀等辅助工艺时间，从而提高机床利用效率。

复合化加工进一步提高工序集中度，减少多工序加工零件的上下料装卸时间；更主要的是可避免或减少工件在不同机床间进行工序转换而增加的工序间输送和等待时间，同时，减少了夹具和所需的机床数量，降低了整个加工成本和机床的维护费用。

（5）高可靠性　数控机床的可靠性是数控机床产品质量的一项关键性指标。数控机床能否发挥其高性能、高精度、高效率并获得良好的效益，关键取决于可靠性。衡量可靠性重要的量化指标是平均无故障时间。国外数控机床平均无故障时间一般为 700～800 h，数控系统已达 60 000 h 以上。

（6）互联网络化　网络功能正逐渐成为现代数控机床、数控系统的特征之一。支持网络通讯协议，既满足单机需要，又能满足 FMC（柔性单元）、FMS（柔性系统）、CIMS（集成制造系统）对基层设备集成要求的数控系统，该系统是形成"全球制造"的基础单元。

① 网络资源共享。

② 数控机床的远程监视、控制。

③ 数控机床的远程培训与教学。

④ 数控装备的网络数字化服务。

（7）计算机集成制造系统（CIMS）　计算机集成制造系统的发展可以实现整个机械制造企业的全盘自动化，成为自动化企业或无人化企业，它是自动化制造技术的发展方向，主要由设计与工艺模块、制造模块、管理信息模块和存储运输模块构成。

CIMS 的核心是一个公用数据库，对信息资源进行存储与管理，并与各个计算机系统进行通信，在这个基础上有三个计算机系统。

① 进行产品设计与工艺设计的计算机辅助设计与计算机辅助制造系统，即 CAD/CAM 系统。

② 计算机辅助生产计划与计算机生产控制系统（CAP/CAC），该系统对加工过程进行计划、调度与控制。

③ 工厂自动化系统。该系统可以实现工件自动测量。

相关链接

DNC 技术：即计算机直接控制技术，由一台计算机控制一台或多台数控机床。将程序通过计算机接口用数据线与数控机床连接，从而对机床实现实时传输控制，即边传边加工。其控制的核心是中央计算机具有足够大的存储空间。可以统一存储和管理大量的零件程序，可以同时完成对一群数控机床的管理与控制。所以 DNC 也称群控系统。

小　结

1. 数控机床及组成

数控机床是一种灵活性很强、技术密集度及自动化程度很高的机电一体化加工设备，同时也是综合应用计算机、自动控制、自动检测及精密机械等高新技术的产物。

数控机床的基本组成包括输入/输出装置、控制介质、数控装置、伺服系统（驱动与反馈系统）、机床主体和其他辅助装置组成。

2. 数控机床的分类如表 2-1 所示

表 2-1　数控机床的分类

按工艺用途分	（1）金属切削类数控机床	① 数控车床 ② 数控铣床 ③ 数控钻床 ④ 数控磨床 ⑤ 数控镗床及加工中心
	（2）金属成型类数控机床	① 数控折弯机 ② 数控组合冲床 ③ 数控回转头压力机
	（3）数控特种加工机床	① 数控线切割机床 ② 电火花成型机床 ③ 数控激光切割机床
按运动控制轨迹分	（1）点位控制数控机床　（2）直线控制数控机床　（3）轮廓控制数控机床	
按伺服控制方式分	（1）开环进给伺服控制系统数控机床　　　（2）闭环进给伺服控制系统数控机床 （3）半闭环进给伺服控制系统数控机床	
按可控制联动轴数分	（1）两坐标联动数控机床　　　　　　　（2）三坐标联动数控机床 （3）两轴半坐标联动数控机床　　　　　（4）多坐标联动数控机床	

3. 数控机床坐标系统

数控机床坐标系是机床固有的坐标系，是制造和调整机床的基础，也是设置工件坐标系的基础。

机床原点是指在机床上设置的一个固定点，即机床坐标系的原点。它在机床装配、调试时就已确定下来，一般不允许随意变动，是数控机床进行加工运动的基准参考点。

参考点是机床上的一个固定不变的极限点，其位置由机械挡块或行程开关来确定。通过回机械零点来确认机床坐标系。

数控机床开机时，必须先确定机床原点，只有机床原点被确认后，刀具（或工作台）移动才有基准。所以开机后必须先回零。

工件坐标系是编程人员根据零件图样及加工工艺等在工件上建立的坐标系，是编程时的坐标依据，又称编程坐标系。根据加工需要和编程的方便性，在数控铣床上一般选在上表面中心或上表面的某个角上，在数控车床上工件坐标系的原点为工件前端面与主轴中心线的交汇点上。

$$复　习　题$$

1. 名词解释

数控机床、点位控制系统、轮廓控制系统、开环伺服系统、闭环伺服系统、半闭环伺服系统

2. 选择题

（1）数控机床的驱动执行部分是（　　　）。

　　A. 控制介质与阅读装置　　　　　　　　B. 数控装置

　　C. 伺服系统　　　　　　　　　　　　　D. 机床本体

（2）通常所说的数控系统是指（　　　）。

　　A. 主轴驱动和进给驱动系统　　　　　　B. 数控装置和驱动装置

　　C. 数控装置和主轴驱动装置　　　　　　D. 数控装置和辅助装置

（3）在数控机床的组成中，其核心部分是（　　　）。

    A. 输入装置　　　　　B. CNC 装置　　　　　C. 伺服装置　　　　　D. 机电接口电路

（4）不适合采用加工中心进行加工的零件是（　　　）。

    A. 周期性重复投产　　　　　　　　　　　B. 多品种、小批量

    C. 单品种、大批量　　　　　　　　　　　D. 结构比较复杂

  3. 填空题

（1）数控机床通常由_____、_____、_____、_____组成。

（2）为确定工件在机床中的位置，要确定_____。

（3）数控机床按运动轨迹分为_____、_____、_____。

（4）数控机床按伺服系统控制方式可分为_____、_____、_____。

（5）确定机床 X、Y、Z 坐标时，规定平行于机床主轴的刀具运动坐标为_____，取刀具远离工件的方向为_____方向。

（6）数控机床的旋转轴之一 B 轴是绕_____旋转的轴。

（7）数控装置主要由_____、_____、_____组成。

（8）加工精度高、_____、自动化程度高，劳动强度低、生产效率高等是数控机床加工的特点。

（9）数控机床的核心是_____。

（10）数控机床的辅助装置包括_____、_____、_____、_____、_____、_____等。

  4. 判断题

（1）半闭环、闭环数控机床带有检测反馈装置。　　　　　　　　　　　　　　　（　　）

（2）数控机床工作时，数控装置发出的控制信号可直接驱动各轴的伺服电机。　（　　）

（3）目前数控机床只有数控铣、数控磨、数控车、电加工等几种。　　　　　　（　　）

（4）数控机床不适用于周期性重复投产的零件加工。　　　　　　　　　　　　（　　）

（5）数控机床按控制系统的不同可分为开环、闭环和半闭环系统。　　　　　　（　　）

（6）数控机床伺服系统包括主轴伺服和进给伺服系统。　　　　　　　　　　　（　　）

（7）数控系统由 CNC 装置、可编程控制器、伺服驱动装置以及电动机等部分组成。（　　）

（8）伺服系统中的直流或交流伺服电动机属于驱动部分。　　　　　　　　　　（　　）

（9）点位控制数控机床只控制刀具或工作台从一点移动到另一点的准确定位。　（　　）

（10）闭环控制数控机床属于生产型数控机床。　　　　　　　　　　　　　　　（　　）

  5. 简答题

（1）数控机床主要由哪几部分组成？

（2）数控机床的分类有哪些？

（3）与传统机械加工方法相比，数控加工有哪些特点？

（4）数控加工的主要对象是什么？

（5）数控机床的发展趋势？

（6）数控机床适用于加工哪些类型零件，不适用于加工哪些类型的零件，为什么？

第 3 章
数 控 刀 具

学习目标

- 了解数控加工对刀具的基本要求。
- 掌握数控刀具材料的种类、可转位刀具的夹紧机构、可转位刀片的代码的含义。
- 熟悉数控刀具的分类及切削用量的选择。

3.1 数控刀具基础知识

数控刀具是指与各种数控机床相配套使用的各种刀具的总称,是数控机床的关键配套产品。它广泛应用于高速切削、精密和超精密加工、干切削、硬切削和难加工材料的加工等先进制造技术领域,可提高加工效率、加工精度和加工表面质量。尤其当今快速发展的数控加工技术又促进了数控刀具的发展。

3.1.1 数控加工对刀具的要求及特点

在切削加工时,刀具切削部分与切屑、工件相互接触的表面上承受很大的压力和强烈的摩擦,刀具切削区产生很高的温度、很大的应力、强烈的冲击和振动,因此刀具材料应具备以下基本要求:

(1)应具有高的硬度和耐磨性 刀具材料在常温下洛氏硬度需在 62HRC 以上,并且具有一定的耐磨性能。

(2)应具有足够的强度和韧性 刀具要承受切削中的压力、冲击和振动,避免崩刃和折断,应该具有足够的强度和韧性。

(3)应具有较高的耐热性 刀具在高温下工作,应保持高硬度、高耐磨性能及具有抗高温氧化性。

(4)应具有良好的工艺性能 为了便于制造,要求刀具材料应具有较好的可切削加工性、焊接工艺性,以便于刀具的制造和加工。

为了适应数控机床加工精度高、加工效率高、加工工序集中及零件装夹次数少等要求,数控刀具及刀片在性能上应具有如下特点:

(1)刀具与刀片应通用化、规则化及系列化。

(2)刀具与刀片的几何参数和切削参数应规范化与典型化。

（3）刀具材料、切削参数与被加工工件材料相匹配。

（4）刀片的使用寿命高、刀具的刚性好。

（5）刀片在刀杆中的定位基准精度高。

（6）刀杆的强度、刚度高和抗耐磨性好。

3.1.2 数控刀具的材料

刀具材料的种类很多，在数控切削加工中常见的主要有高速钢、硬质合金、陶瓷、金刚石和立方氮化硼等材料。

1. 高速钢

高速工具钢简称高速钢，也称锋钢。它是一种含有钨、钼、铬、钒等合金元素较多的高合金工具钢，通常硬度为 63～70HRC。高速钢具有良好的热稳定性，当切削温度达到 500～600℃时仍旧能保持 60HRC 以上的高硬度。高速钢具有较高强度和韧性，如抗弯强度是一般硬质合金的 2～3 倍，是陶瓷的 5～6 倍，其允许的切削速度可达 30m/min 以上。

高速钢刀具曾是切削工具的主流，随着数控机床等现代制造设备的广泛应用，高速钢凭借其在强度、韧性、热硬性及工艺性等方面优良的综合性能，在复杂刀具，如切齿刀具、拉刀和立铣刀中仍占有较大的份额。

高速钢按用途可分为普通高速钢、高性能高速钢、粉末冶金高速钢及涂层高速钢。

（1）普通高速钢分为两种　钨系高速钢和钨钼系高速钢。

① 钨系高速钢　这类钢的典型钢种为 W18Cr4V。它是应用最普遍的一种高速钢。

② 钨钼系高速钢　典型钢种为 W6Mo5Cr4V2。它是将一部分钨用钼代替所制成的钢。

（2）高性能高速钢　是在普通高速钢中增加碳、钒的含量并添加钴、铝等合金元素而形成的新钢种。例如，高碳高速钢、高钴高速钢、高钒高速钢及含铝高速钢等，具有更好的切削性能，适合加工高温合金、钛合金、超高强度钢等难加工材料。

（3）粉末冶金高速钢　是用高压（氩气或纯氮气）喷射使之雾化熔化的高速钢钢水，再急剧冷却得到细小均匀结晶组织高速钢粉末，然后经热压制成刀具毛坯。适合制造切削难加工材料的刀具，大尺寸刀具（如滚刀、插齿刀）、精密刀具、磨削加工量大的复杂刀具、高压动载荷下使用的刀具等。

（4）涂层高速钢　是 20 世纪 60 年代末以来发展最快的新型刀具，是刀具发展中的一项重要突破，是解决刀具材料中硬度与耐磨、强度与韧性之间矛盾的一个有效措施。涂层刀具在一些韧性较好的硬质合金或高速钢刀具基体上，涂抹一层耐磨性高的难熔化金属化合物而获得。常用的涂层材料有 TiC、TiN 和 Al_2O_3 等。

涂层高速钢结合了基体高强度、高韧性、涂层高硬度和高耐磨性的优点，提高了刀具的耐磨性而不降低其韧性其特点如下：

① 涂层面硬性高、耐磨，可显著提高刀具寿命，与未涂层刀具相比提高了 2～5 倍。

② 涂层面磨擦系数小，特别是加有固态润滑剂 C 的涂层磨擦系数更小，切削热大部分传入工件和切屑，能减小切削阻力，排屑流畅，有利于提高产品表面质量和延长刀具寿命。

③ 切削速度比未涂层刀具提高两倍以上，并允许有较高的进给速度。

④ 涂层刀具通用性强，它能代替数种未涂层刀具使用，显著降低了产品的生产成本。

（5）许多涂层刀具可以在较多场合用于干切削，干式切削能降低消耗从而降低产品的生产成本。

拓展延伸

　　20 世纪 70 年代初首次在硬质合金基体上涂抹一层几微米至十几微米厚的高耐磨、难熔化碳化钛（TiC）后，将切削速度从 80m/min 提高到 180m/min；1976 年出现了碳化钛–氧化铝双涂层硬质合金，将切削速度提高到 250m/min；1981 年又出现了碳化钛–氧化铝–氮化钛三涂层硬质合金，使切削速度提高到 300m/min。目前，数控刀具 90% 以上使用涂层刀具。

2．硬质合金刀具

　　硬质合金是由难熔金属碳化物（如 WC、TiC、TaC、NbC 等）和金属粘结剂通过粉末冶金工艺制成的。通常硬度在 89～93HRA。金属碳化物在性质上更接近金属，其表现出很强的金属特征，具有良好的导电性、导热性和金属外观。

　　金属碳化物有熔点高、硬度高、化学稳定性及热稳定性好等特点，故其切削性能比高速钢高很多，耐用度可提高几倍到几十倍，在耐用度相同时，切削速度可提高 4～10 倍。

　　常用硬质合金的韧性比高速钢差，因此硬质合金刀具不能够承受较大的切削振动和冲击负荷。硬质合金中金属碳化物含量较高时，硬度相应提高，但抗弯强度较低；金属粘结剂含量较高时，则抗弯强度较高，但硬度则较低。目前，它已经成为数控加工的主流刀具。

　　（1）普通硬质合金的种类、牌号及适用范围　硬质合金按材料特性分为 P（蓝）、M（黄）、K（红）、N（绿）、S（棕）、H（白）六类。

　　P 类：适于加工钢、长屑可锻铸铁（相当于 YT 类）。

　　M 类：适于加工奥氏体不锈钢、铸铁、高锰钢、合金铸铁等（相当于 YW 类）。

　　S 类：适于加工耐热合金和钛合金。

　　K 类：适于加工铸铁、冷硬铸铁、短屑可锻铸铁、非钛合金（相当于 YG 类）。

　　N 类：适于加工铝、非铁合金。

　　H 类：适于加工淬硬材料。

　　（2）硬质合金按其化学成分的不同，可分为四类：

　　① YG 类：即钨钴类（WC+Co）硬质合金，对应于 K 类。牌号有 YG6、YG8，合金中钴的含量高，韧性好，适于粗加工；钴含量低，适于精加工。此类合金韧性、磨削性、导热性较好，较适合加工产生崩碎切屑的脆性材料，如铸铁、有色金属及其合金等。

　　② YT 类：即钨钛钴类（WC+TiC+Co）硬质合金，对应于 P 类。牌号有 YT5、YT14、YT15、YT30，合金中 TiC 含量高，则耐磨性和耐热性提高，但强度降低。因此粗加工一般选择 TiC 含量少的牌号（YT5），精加工一般选择 TiC 含量多的牌号（如 YT30）。此类合金有较高的硬度和耐热性，主要用于加工切屑成呈带状的钢件等塑性材料。

　　③ YW 类：即钨钛钽（铌）钴类（WC+TiC+TaC（Nb）+Co）对应于 M 类。常用牌号有 YW1、YW2。此类硬质合金不但适用于加工冷硬铸铁、有色金属及合金半精加工，也能用于高锰钢、淬火钢、合金钢及耐热合金钢的半精加工和精加工。

　　④ YN 类：即碳化钛基类（WC+TiC+Ni+Mo），对应于 P01 类。一般用于精加工和半精加工，

对大零件且加工精度较高的尤其适合，但不适于有冲击载荷的粗加工和低速切削。

（4）超细晶粒硬质合金　其硬度、耐磨性、抗弯强度和冲击韧度得到了一定程度的提高，性能已接近高速钢。适合做小尺寸铣刀、钻头等，并可用于加工高硬度难加工材料。

3．陶瓷刀具

陶瓷材料是未来发展的一个重要领域，可分为纯 Al_2O_3 陶瓷和 Al_2O_3-TiC 混合陶瓷两种，广泛应用于各类钢、铸铁高速切削、干切削、硬切削以及难加工材料的切削加工，也可用于高速精细加工。由于陶瓷刀具材料性能上存在着抗弯强度低、冲击韧性差等缺点，因此不适于在低速、冲击负荷下进行切削加工。

陶瓷刀具主要的特点：

（1）陶瓷刀具高硬度、高耐热性和耐磨性，其切削速度是硬质合金的 2～5 倍。

（2）当切削温度达到 800℃时，硬度能保持在 87HRA 左右，当切削温度进一步达到 1 200℃时，硬度仍能有 80HRA，同时具有良好的抗氧化性能。

（3）在钢中的溶解度比任何硬质合金都低很多，不与钢发生反应，不与金属产生粘结。

（4）陶瓷刀具与金属的亲和力小，不易与金属产生粘结，具有很高的化学稳定性且摩擦系数低，可以降低切削力和切削温度。

4．金刚石刀具

金刚石具有极高的硬度（高达 1 000HV）和耐磨性，刀具耐用度比硬质合金提高几倍到几百倍，可用来加工硬质合金、陶瓷、高硅铝合金及耐磨塑料等高硬度、高耐磨的材料。其切削刃锋利，能切下极薄的切屑，加工冷硬现象较弱，有较低的摩擦系数，其切屑和刀具不发生粘结，不产生积屑瘤，适合精密加工。但热稳定性差，切削温度不宜超过 700～800℃；强度低、脆性大、对振动敏感，只适宜微量切削，在高速条件下精细加工有色金属及其合金和非金属材料。

5．立方氮化硼（CBN）

立方氧化硼是人工合成的超硬刀具材料。它具有高硬度 7 300～9 000HV，仅次于金刚石、热稳定性好，可耐 1 400～1 500℃高温，与铁族金属亲和力小，且有较高的导热性和较小的摩擦系数。缺点是强度和韧性较差，抗弯强度仅为陶瓷刀具的 1/5～1/2，适用于加工高硬度淬火钢、冷硬铸铁和高温合金材料，不宜加工软钢件、铝合金和铜合金。

各种刀具材料的性能指标比较如表 3-1 所示。

表 3-1　各种刀具材料的性能指标比较

种类	密度/（g/cm³）	耐热性/℃	硬度	抗弯强度/MPa	热膨胀系数
聚晶金刚石	3.47～3.56	700～800	>9 000HV	600～1 100	3.1
聚晶立方氮化硼	3.44～3.49	1 300～1 500	4 500 HV	500～800	4.7
陶瓷刀具	3.1～5.0	>1200	91～95HRA	700～1 500	7.0～9.0
钨钴合金	14.0～15.5	800	89～91.5HRA	1 000～2 350	3.0～7.5
钨钴钛合金	9.0～14.0	900	89.5～92.5HRA	800～1 800	8.2
通用合金	12.0～14.0	1 000～1 100	>92.5HRA		
金属陶瓷	5.0～7.0	1 100	91～94HRA	1 150～1 350	
高速钢	8.0～8.8	600～700	62～70HRC	2 000～4 500	8～12

3.2　常见数控机床刀具

数控刀具是现代数控机械加工中的重要工具。这就要求其具有精度高、刚性好、装夹调整方便、切削性能强、寿命长等优点，合理选用刀具既能提高加工效率，又能保证质量。

3.2.1　数控刀具的分类

1．按照刀具装配结构分类

（1）整体式刀具　整体结构是在刀体上做出切削刃。例如，钻头、各种立铣刀、铰刀、扩孔刀、拉刀、插齿刀等。

（2）焊接式刀具　焊接是将刀片钎焊在刀体上，结构简单、刚性好。例如，各种焊接刀等。

（3）机械夹固式刀具　机械夹固式刀具通过夹固方式安装在刀体上。例如，广泛使用的各种数控刀具。

2．按照加工方法分类

（1）切削刀具：车刀、刨刀、插齿刀、镗刀等。

（2）孔加工刀具：钻头、扩孔钻、铰刀等。

（3）拉刀刀具：圆孔拉刀、花键拉刀、平面拉刀等。

（4）铣刀刀具：圆柱形铣刀、面铣刀、立铣刀、槽铣刀、锯片铣刀等。

（5）螺纹刀具：丝锥、板牙、螺纹切刀等。

（6）齿轮刀具：齿轮滚刀、插齿刀、剃齿刀、蜗轮滚刀等。

3．按照切削工艺分类

（1）车削刀具：外圆刀、内孔刀、螺纹刀、切槽刀等。

（2）铣削刀具：面铣刀、立铣刀、螺纹铣刀等。

（3）钻削刀具：钻头、铰刀、机用丝锥等。

（4）镗削刀具：粗镗刀、精镗刀等。

刀具的分类繁杂，结构和形状各不相同，但都由共同的部分组成，即由工作部分和夹持部分组成。工作部分担负着切削加工任务，其作用是切除切屑、修光已切削的加工表面。夹持部分保证刀具具有正确的工作位置及传递切削运动和动力。

3.2.2　数控可转位刀具

可转位刀具是将硬质合金可转位刀片用机械夹固方式装夹在标准刀柄上的一种刀具。刀具由刀柄、刀片、刀垫和夹紧机构组成，已经形成模块化标准化结构，具有很强的通用性和互换性。

数控机床与普通机床所使用的可转位刀具无本质区别，其基本结构、功能特点都相同。但由于数控机床工序是自动化的，因此对所使用可转位刀具的要求也有别于普通机床，如要求具有精度高、刚性好、装夹调整方便、切削性能强、耐用度高等特点。

1．可转位刀具的夹紧机构

可转位车刀结构繁多，衡量标准主要以夹紧是否可靠、使用方便和成本低为前提。目前，国内外应用较多的可转位刀具主要有以下六种类型：

（1）杠杆式夹紧机构　如图3-1所示，由于杠杆的作用，在夹紧时刀片既能得到水平方向的作用力，将刀片一侧或两侧紧压在刀槽侧面，又有一个作用力压向刀片底面。这样刀片就能得到稳定而可靠的夹紧。

特点是：定位精度高、夹紧可靠、使用方便，但元件形状复杂，加工难度大，杠杆在反复锁定、松开的情况下易断裂。

（2）楔块式夹紧机构　如图3-2所示，在螺钉紧固下由楔块的作用，刀片得到一个水平方向的挤压作用力，将刀片紧靠在圆柱销上，这样刀片被可靠地夹紧。

特点是：夹紧机构简单、更换刀片方便，但定位精度较低，夹紧力与切削力的方向相反。

（3）螺纹偏心式夹紧机构　如图3-3所示，利用螺纹偏心销偏心心轴的作用，将刀片紧压靠在刀体上，刀片被可靠的夹紧。

特点是：夹紧机构简单、更换刀片方便，但定位精度较差且要求刀片的精度高。

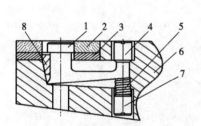

1—杠杆　2—刀片　3—刀垫
4—压紧螺钉　5—弹簧　6—刀体
7—调节螺钉　8—弹簧套

图3-1　杠杆式夹紧机构

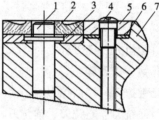

1—圆柱销　2—刀片　3—刀垫
4—螺钉　5—楔块　6—弹簧垫圈
7—刀体

图3-2　楔块式夹紧机构

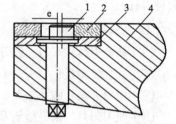

1—偏心销　2—刀片　3—刀垫
4—刀体

图3-3　螺纹偏心式夹紧机构

（4）压孔式夹紧机构　如图3-4所示，利用螺纹偏心销偏心心轴的作用，将刀片紧压靠在刀体上，刀片被可靠的夹紧。

特点是：夹紧机构简单、更换刀片方便，但定位精度较差且要求刀片的精度高。

（5）上压式夹紧机构　如图3-5所示，利用上压板在螺钉的作用下，将刀片紧压靠在刀体上，刀片被可靠稳定的夹紧。

特点是：机构简单、夹紧可靠，但切屑容易擦伤夹紧元件。

（6）拉垫式夹紧机构　如图3-6所示，利用拉垫在螺钉的作用下移动，借助圆销将刀片紧压靠在刀体上，夹紧可靠稳定。

特点是：机构简单、夹紧可靠，但刀头部分刚性较差。

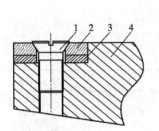

1—压紧螺钉 2—刀片 3—刀垫 4—刀体

图 3-4 压孔式夹紧机构

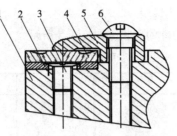

1—刀体 2—刀垫 3—螺钉 4—刀片 5—压板 6—螺钉

图 3-5 上压式夹紧机构

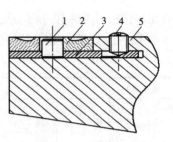

1—圆销 2—刀片 3—拉垫 4—螺钉 5—刀体

图 3-6 拉垫式夹紧机构

 拓展延伸

可转位刀具最大的优点是车刀的几何角度完全由刀片来保证，切削性能稳定、加工质量好，刀杆与刀片已标准化。

在数控车床的加工过程中，为了便于实现加工的自动化，应尽量使用机夹可转位车刀。目前，70%～80% 的数控机床都采用可转位刀片。

3.2.3 数控可转位刀片形式

1．刀片的形状

机夹可转位刀片的形状已经标准化，共有 10 种形状，均由一个相应的代码表示，在选用时，虽然其形状和刀尖角度相等，但由于同时参与的切削刃数不同，其型号也不同。

2．刀片的代码

硬质合金可转位刀片的国家标准与 ISO 国际标准相同，共用 10 个号位的内容来表示品种规格、尺寸系列、制造公差及测量方法等主要参数特征。规定任何一个型号的刀片都必须用 10 个号位组成，前七个号位必用，后三个号位在必要时使用。其中，第 10 个号位前要加短线"—"与前面号位隔开，第八、九两号位如果只使用其中一位，则写在第八位上，中间不需要空格。可转位刀片型号表示方法如表 3-2 所示。

表 3-2 可转位刀片型号表示方法

ISO	T	P	M	M	12	03	04	E	L	—	—
项目	第 1 位	第 2 位	第 3 位	第 4 位	第 5 位	第 6 位	第 7 位	第 8 位	第 9 位		第 10 位

例如，TBHM120408EL—CF 解释如下：

第一位"T"表示三角形刀片（见表 3-3）；第二位"B"表示可转位刀片的后角（见表 3-4）；第三位"H"表示刀片刀尖状况参数偏差为 ±0.013 mm，刀片内切圆直径 ϕ 的偏差为 0.013 mm，刀片厚度公差为 ±0.025 mm（见表 3-5）；第四位"M"表示刀片为圆柱孔的结构形式（见表 3-6）；第五位"12"表示切削刃长度 12mm（见表 3-7）；第六位"04"表示刀片的厚度为 4.76mm（见表 3-8）；第七位"08"表示刀尖圆弧半径为 0.8mm 的车刀片（见表 3-9）；第八位"E"表示为侧圆切削刃（见表 3-10）；第九位"L"表示切削方向向左（见表 3-11）；第十位"CF"表示制造商备用的代号。现对 10 个号位做具体说明。

第一位为字母，表示可转位刀片的形状，如表 3-3 所示。

表 3-3　可转位刀片的形状

形状说明	字　母	刀尖角	刀片示意图	形状说明	字　母	刀尖角	刀片示意图
正六边形	H	120°		等边不等角六边形	W	80°	
正五边形	P	108°		矩形	L	90°	
正三角形	T	60°		平行四边形	C	80°	
正方形	S	90°		正八边形	O	135°	
菱形	D	35°		圆形	R		

第二位为字母，表示可转位刀片的后角，如表 3-4 所示。

表 3-4　可转位刀片后角

代　号	A	B	C	D	E	F	G	N	P	O
法向后角	3°	5°	7°	15°	20°	25°	30°	0°	11°	其他

第三位为字母，表示可转位刀片允许公差的精度等级，用一个字母表示，主要控制偏差为三项，即 Δm 为刀尖状况参数 B 的偏差、Δd 为刀片内切圆直径 ϕ 的偏差、Δs 为刀片厚度 T 的偏差，如表 3-5 所示。

表 3-5　可转位刀片尺寸精度允许偏差

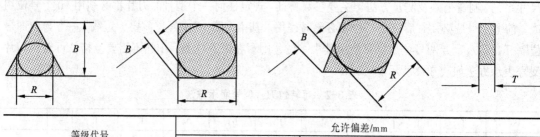

等级代号		允许偏差/mm		
		Δm	Δd	Δs
精密级	A	±0.005	±0.025	±0.025
	F	±0.005	±0.013	±0.025
	C	±0.013	±0.025	±0.025
	H	±0.013	±0.013	±0.025
	E	±0.025	±0.025	±0.025
	G	±0.025	±0.025	±0.130
普通级	J	±0.005	±0.05～±0.15	±0.025
	K	±0.013	±0.05～±0.15	±0.025

等级代号		允许偏差/mm		
		Δm	Δd	Δs
普通级	L	± 0.025	± 0.05～± 0.15	± 0.025
	M	± 0.08～± 0.20	± 0.05～± 0.15	± 0.13
	N	± 0.08～± 0.20	± 0.05～± 0.15	± 0.025
	U	± 0.13～± 0.38	± 0.08～± 0.25	± 0.13

在刀片精度等级中，M级到U级刀片级最常用，是较经济低廉的，应优先选用；A级到G级刀片经过研磨，精度较高。刀片精度要求较高时，常选用G级。小型精密刀具的刀片可达E级或更高级，每种规格刀片的具体偏差大小与内接圆尺寸大小和刀片形状有关，不同厂家允许的公差值略有不同，其质量也有差异。

第四位为字母，表示可转位刀片的结构形式，对应关系如表3-6所示。

表3-6　常见可转位刀片的结构形式

字　母	说　明	示意图	字　母	说　明	示意图
A	有固定孔无断削槽		U	有固定孔、双面有 400～600 沉孔，有断削槽	
N	无固定孔无断削槽		T	有固定孔、单面有 400～600 沉孔，有断削槽	
M	有固定孔有断削槽		R	无圆固定孔有断削槽	
W	有固定孔、单面有 400～600 沉孔，无断削槽		J	有固定孔、双面有 700～900 沉孔，有断削槽	

第五位为数字，用两位数字表示可转位刀片刃口的边长，选取刀片切削长度或刀片刃口的理论边长，取整数值 d/mm，对应关系如表3-7所示。

表3-7　可转位刀片刃口边长

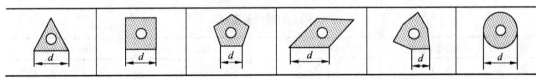

第六位为数字，表示可转位刀片厚度数值，如表3-8所示。

表3-8　可转位刀片厚度数值

数字	01	T1	02	03	T3	04	05	06	07	09
厚度	$S=1.59$	$S=1.98$	$S=2.38$	$S=3.18$	$S=3.97$	$S=4.76$	$S=5.56$	$S=6.35$	$S=7.94$	$S=9.52$

第七位为两位数字或一个字母，表示刀尖圆弧半径或刀尖转角形状，如表 3-9 所示。

车刀片：刀尖转角为圆角，则用两位数字表示刀尖圆弧半径的 10 倍。例如，刀尖圆弧角半径为 0.8 mm，表示代号为 08，如 TPMM120304EL—A3 其中 04 为第七位，即表明刀尖圆弧半径为 0.4 mm 的可转位车刀片。

铣刀片：刀尖转角具有修光刃，则用两个字母分别表示主偏角 K_r 和修光刃后角 α_n。

例如，TPCN1203ED—TR，其中 ED 为第七位，即 E 表明主偏角 K_r 为 60°；D 表明法后角 α_n 为 15° 的铣刀片。

表 3-9　刀尖圆弧半径或刀尖转角形状

车刀片		铣刀片			

代　号	r/mm	代号	K_r/°	代号	α_0/°
00	<0.2			A	3
02	0.2			B	5
04	0.4	A	45	C	7
08	0.8	D	60	D	15
12	1.2	E	75	E	20
16	1.6	F	85	F	25
20	2.0	P	90	G	30
24	2.4			N	0
32	3.2			P	11

第八位为字母，表示刀片主切削刃的截面形状，共有四种，如表 3-10 所示。

表 3-10　切削刃截面形状

说　明	尖锐切削刃	侧圆切削刃	侧棱切削刃	负倒棱加倒圆角
代　号	F	E	T	S
示意图				

第九位为字母，表示可转位刀片的切削方向，R 表示右切、L 表示左切、N 表示可用于右切也可用于左切，如表 3-11 所示。

表 3-11　刀片切削方向

说　明	右　切	左　切	左　右　切
代　号	R	L	N
示意图			

第十位为字母、数字组合（或留给制造商备用的代号），第一个字母表示可转位刀片断屑槽的形式，第二个数字表示断屑槽的宽度（mm），断屑槽共有 13 种形式，如表 3-12 所示。

表 3-12　断屑槽的形式

代号	示意图	代号	示意图	代号	示意图	代号	示意图
A		B		C		D	
G		H		J		K	
P		T		V		W	
Y							

3.2.4　可转位刀片的选择

根据数控机床加工的特点应正确合理地选用刀片的形式、角度、材质、品牌，刀片的形状及安排合适的切削用量，以提高机床的利用率、并保证工件加工的质量。

1．几何形状的选择

主要是根据加工的具体表面形状决定，一般要选通用性较高的及在同一刀片上切削刃数较多的刀片。

（1）切削工序　粗加工主要与金属去除总量和后续工序所需要的表面状况要求有关，宜选用较大尺寸刀片，半精加工或精加工与公差和表面质量要求有关，宜选用较小尺寸刀片。

61

第 3 章　数控刀具

（2）切削类型　纵向车削、端面车削、仿形车削等，应选用相应类型的刀片。

（3）刀具寿命　根据生产批量和刀片的转位次数等因素来考虑。推荐选用 80°刀尖角的菱形刀片，可适合大多数工序的加工，但需要仿形能力较强时需选择刀尖角为 35°的菱形刀片，具体各种形状刀片如下：

S 形：有四个刃口，同等内切圆直径刃口较短，刀尖强度较高，主要用于 75°、45°车刀，在内孔刀中用于加工通孔。

T 形：有三个刃口，刃口较长，刀尖强度较低，使用时常采用带副偏角的刀片以提高刀尖强度，主要用于 90°车刀。在内孔车刀中主要用于加工盲孔、台阶孔。

C 形：80°刀尖角的两个刀尖强度较高，一般做成 75°车刀，用来粗车外圆、端面，用它不用换刀即可加工端面或圆柱面，在内孔车刀中一般用于加工台阶孔。

R 形：为圆形刃口，用于特殊圆弧面的加工，刀片利用率高，径向力大，切削时易产生振动。

W 形：三个刃口且较短，刀尖角 80°，刀尖强度较高，主要用在普通车床上加工圆柱面和台阶面。

D 形：两个刃口且较长，刀尖角 55°，刀尖强度较低，主要用于成形的加工。

V 形：两个刃口并且长，刀尖角 35°，刀尖强度最低，常用于成形面的加工。

2．切断刀片

分单面与双面，如图 3-7、图 3-8 所示。一般切深槽用切断刀片，切浅槽用成型刀片。

3．螺纹刀片

切精度较高的螺纹要用成形可转位内、外螺纹刀片，如图 3-9 所示。内、外螺纹的牙形方位不同，其螺距是固定的，可以切出牙顶。它是带断屑槽并带夹紧孔的刀片，它用压孔式的十字螺钉夹紧。

　　　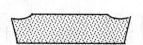　　　

图 3-7　单面切槽刀片　　　图 3-8　双面切槽刀片　　　图 3-9　内螺纹刀片

4．切削刃长度

切削刃长度应根据背吃刀量进行选择，一般通槽形的刀片切削刃长度选≥1.5 倍的背吃刀量，封闭槽形的刀片切削刃长度选≥2 倍的背吃刀量。

5．刀尖圆弧

刀尖圆弧粗加工时只要刚性允许即可采用较大刀尖圆弧半径，精车时一般用较小圆弧半径，不过当刚性允许的条件下也应选较大的值。

6．刀片厚度

刀片厚度选用原则是使刀片有足够的强度来承受切削力，通常是根据背吃刀量与进给量来选用，如有些陶瓷刀片就要选用较厚的刀片。

7．刀片法后角

刀片法后角常用的是 0°后角，它一般用于粗、半精车；5°、7°、11°一般用于精、半精车、仿形及加工内孔。

8．刀片精度

可转位刀片国家标准规定为 A~U 共 12 个精度等级，其中六种适合于车刀，车削常用的等级为 G、M、U 三种。一般精密加工选用高精度的 G 级刀片；粗、半精加工选用 U 级；对刀尖位置要求较高的数控车床在精加工或重负荷粗加工可选用 M 级。

9．刀片断屑槽

刀片槽型决定了切削作用、切削刃的强度及在规定背吃刀量和进给量的前提下可接受的断屑范围。一般刀片材料代码确定了，槽型也就确定了。例如，用于加工钢的 PM 槽型、不锈钢的 MM 槽型和铸铁的 KM 槽型，刀片槽型是专门为被加工材质而设计的，不同的材质有不同的断屑槽型。另外断屑槽型还与采用粗加工、半精加工还是精加工，刀片是正前角形状还是负前角形状有关。

10．刀片材料代码的选择

根据被加工工件材料的不同，选取相应工件材料组刀片代码。工件材料按照不同的机械加工性能分为六个工件材料组，一个字母分别和一种颜色相对应，以确定被加工工件的材料组代码，代码选择如表 3–13 所示。

表 3-13　选择工件材料组代码

加工材料组		代码
钢	非合金、合金钢、高合金钢、不锈钢、纯铁	P (蓝)
不锈钢	奥氏体不锈钢、铁素体不锈钢	M (黄)
铸铁	可锻铸铁、灰口铸铁、球墨铸铁	K (红)
NF 金属	有色金属和非金属材料	N (绿)
难切削材料	以镍或钴为基体的热固型材料、钛合金以及难切削加工的高合金钢	S (棕)
硬材料	淬硬钢、淬硬铸铁、高锰钢	H (白)

3.3　切削用量的选择

切削用量又称切削要素，是指度量主运动和进给运动大小的参数。它包括切削深度、进给量和切削速度。在切削加工中要根据不同的刀具材料、加工条件、加工精度、机床工艺系统、刚性及功率等综合因素考虑选择合理的切削用量。

3.3.1　切削用量的基本概念

1．背吃刀量（a_p）

背吃刀量是在与主运动和进给运动方向相垂直的方向上度量的已加工表面与待加工表面之间的距离，又称切削深度，即每次进给刀具切入工件的深度。

$$a_p = (d_w - d_m) / 2 \quad 单位：mm$$

式中 d_w——工件待加工表面直径（mm）；d_m——工件已加工表面直径（mm）。

2．切削速度（v_c）

切削速度是刀具切削刃上选定点相对于工件的主运动瞬时线速度。由于切削刃上点的切削速度可能不同，计算时常用最大切削速度代表刀具的切削速度。

$$v_c = \pi d\, n / 1000 \quad 单位：m/min$$

式中 d—切削刃上选定点的回转直径（mm）；n—主运动的转速（r/s 或 r/min）。

3．进给量（f）

进给量是刀具在进给运动方向上相对于工件的位置移动量，它是衡量进给运动大小的参数，用刀具或工件每转或每分钟的位移量来表述（mm/r 或 mm/min）。

3.3.2 切削用量的确定原则

切削用量的确定原则：粗加工时以提高生产率为主，选用较大的切削量，同时兼顾经济性和加工成本；半精加工和精加工时，选用较小的切削量，在兼顾切削效率和加工成本的前提下，应保证零件的加工质量。

在中等功率数控机床上切削加工，粗加工的背吃刀量可达 8～10 mm、表面粗糙度值可达 50～12.5 μm；半精加工的背吃刀量可达 0.5～5 mm、表面粗糙度值可达 6.3～3.2 μm；精加工的背吃刀量可达 0.2～1.5 mm、表面粗糙度值可达 1.6～0.8 μm。

切削用量（背吃刀量、切削速度及进给量）是一个有机的整体，只有三者相互适应，达到最合理的匹配值，才能获得最佳的切削用量。

1．确定背吃刀量

背吃刀量的大小主要依据机床、夹具、工件和刀具组成的工艺系统的刚度来决定，在系统刚度允许的情况下，背吃刀量等于加工余量，为保证以最少的进给次数去除毛坯的加工余量，应根据被加工工件的余量确定分层切削深度，选择较大的背吃刀量，以提高生产效率。

在数控加工中，为保证工件必要的加工精度和表面粗糙度，一般应留一定的余量（0.2～0.5 mm）进行精加工，在最后的精加工中沿轮廓走一刀。粗加工时，除了留有必要的半精加工和精加工余量外，在工艺系统刚性允许的条件下，应以最少的次数完成粗加工。留给精加工的余量应大于零件的变形量和确保零件表面完整性；精加工时一般选用较小的背吃刀量和进给量，然后根据刀具寿命选择较高的切削速度，力求提高加工精度和减小表面粗糙度。

2．确定切削速度

确定切削速度可以根据已经选定的背吃刀量、进给量及刀具的使用寿命进行确定以外，也可以通过刀具配有相应的切削参数进行计算、查表或实践经验确定。

粗加工或工件材料的加工性能较差时，宜选用较低的切削速度；精加工或刀具材料、工件材料的切削性能较好时，宜选用较高的切削速度。

3．确定主轴转速

当切削速度确定以后，可根据刀具或工件直径 d 再按公式 $n = 1000 v_c / \pi d$ 确定主轴转速 n（r/min）。

主轴转速确定后，应按照数控机床控制系统所规定的格式将转速编入数控程序中。在实际操作中，操作者可以根据实际加工情况，通过适当调整数控机床控制面板上的主轴转速倍率开关控制主轴转速的大小，以确定最佳的主轴转速。

4．确定进给量或进给速度

进给量或进给速度主要依据零件的加工精度、表面粗糙度要求以及所使用的刀具和工件材料来确定，当零件的加工精度要求越高，表面粗糙度要求越低时，可以选择较小的进给量。其次还应兼顾与背吃刀量和主轴转速相适应。在保证工件加工质量的前提下，可以选择较高的进给量。

另外，在数控加工中还应综合考虑机床走刀机构强度、夹具、被加工零件精度、材料的机械性能、曲率变化、结构刚性、系统刚度及断屑情况，选择合适的进给量。

对刀具使用寿命影响最大的是切削速度，其次是进给量，最小的是切削深度。从最大生产率的观点选择切削用量，应首先选用大的背吃刀量，力求在一次或较少几次行程中把大部分余量切去；其次根据切削条件选用合适的进给量；最后根据刀具寿命和机床功率的可能，选用适当的切削速度。

3.3.3 切削用量选择值推荐

在数控加工过程中，确定切削用量时应根据加工性质、加工要求，工件材料及刀具的尺寸和材料性能等方面的具体要求，通过经验并结合查表的方式进行选取。除了遵循一般的确定原则和方法外，还应考虑以下因素的影响：

（1）刀具差异的影响　不同的刀具厂家生产的刀具质量差异很大，所以切削用量需根据实际用刀具和现场经验加以修正。

（2）机床特性的影响　切削性能受数控机床的功率和机床的刚性限制，必须在机床说明书规定的范围内选择。避免因机床功率不足发生闷车，或因刚性不足而产生较大的机床振动，从而影响零件的加工质量、精度和表面粗糙度。

（3）机床效率的影响　数控机床的工时费用较高，相对而言，刀具的损耗费用所占的比重偏低，因此应尽量采用较高的切削用量，通过适当降低刀具使用寿命来提高机床的效率。

常用硬质合金或涂层硬质合金切削不同材料时的切削用量推荐表如表 3-14 所示

表 3-14　常用硬质合金或涂层硬质合金切削用量推荐表

刀具材料	工件材料	粗加工			精加工		
		切削速度/（m/min）	进给量/（mm/r）	背吃刀量/mm	切削速度/（m/min）	进给量/（mm/r）	背吃刀量/mm
硬质合金或涂层硬质合金	碳钢	220	0.2	3	260	0.1	0.4
	低合金钢	180	0.2	3	220	0.1	0.4
	高合金钢	120	0.2	3	160	0.1	0.4
	铸铁	80	0.2	3	140	0.1	0.4
	不锈钢	80	0.2	2	120	0.1	0.4
	钛合金	40	0.2	1.5	60	0.1	0.4
	灰铸铁	120	0.3	2	150	0.15	0.5
	球墨铸铁	100	0.3	2	120	0.15	0.5
	铝合金	1 600	0.2	1.5	1 600	0.1	0.5

相关链接

最早研究切削用量的是美国人 F.W.泰勒，他从 1880 年开始对单刃刀具的切削进行了长达 26 年（5 万次）科学试验研究，总结出了切削用量与刀具使用寿命、机床功率和切削液等因素相互影响的规律，从而推动了当时机床和刀具技术的重大改革。此后，不少国家工程技术人员又在试验研究和生产实践中积累的典型切削数据并汇编成表。

第 3 章　数控刀具

小　结

1．数控加工对刀具的要求

（1）应具有高的硬度和耐磨性。

（2）应具有足够的强度和韧性。

（3）应具有较高的耐热性。

（4）应具有良好的工艺性能。

2．数控刀具的材料

在数控加工中常见刀具材料有高速钢、硬质合金、陶瓷、金刚石和立方氮化硼等材料。

3．普通硬质合金的种类、牌号及适用范围

普通硬度合金的种类、牌号及适用范围如表 3-15 所示。

表 3-15　普通硬度合金的种类、牌号及适用范围

种　类	牌　号	应　用　范　围
P	YT	加工钢、长屑可锻铸铁
M	YW	加工奥氏体不锈钢、铸铁、高锰钢、合金铸铁等
K	YG	加工铸铁、冷硬铸铁、短屑可锻铸铁、非钛合金等

4．数控可转位刀具

可转位刀具是将硬质合金可转位刀片用机械夹固方式装夹在标准刀柄上的一种刀具。刀具由刀柄、刀片、刀垫和夹紧机构组成，已经形成模块化标准化结构，具有很强的通用性和互换性。

5．数控可转位刀片形式

（1）机夹可转刀片的形状已经标准化，共有 10 种形状。

（2）刀片的代码表示法。

硬质合金可转位刀片国标规定任何一个型号的刀片都必须用 10 个号位组成，前七个号位必用，后三个号位在必要时使用。其中，第 10 个号位前要加短线"一"与前面号位隔开，第八、九两号位如果只使用其中一位，则写在第八位上，中间不需要空格。

6．切削用量的选择

切削用量又称切削要素，它包括切削深度（背吃刀量）、进给量和切削速度三要素。它们之间是一个有机的整体，只有三者相互适应，达到最合理的匹配值，才能获得最佳的切削用量。

在切削加工中要根据不同的刀具材料、加工条件、加工精度、机床工艺系统、刚性及功率等综合因素考虑选择合理的切削用量。

复　习　题

1．名词解释

数控刀具、硬质合金、可转位刀具、切削用量、切削速度、背吃刀量

2. 选择题

（1）下列刀具材料中，不适合高速切削的刀具材料是（　　　　）。

  A. 高速钢   B. 硬质合金 C. 涂层硬质合金 D. 陶瓷

（2）下列刀具材料中，硬度最大的刀具材料是（　　　　）。

  A. 高速钢   B. 硬质合金 C. 涂层硬质合金 D. 氧化物陶瓷

（3）机夹可转位刀片 TBHG120408EL—CF，其刀片代号的第一个字母 T 表示（　　　　）。

  A. 刀片形状 B. 切削刃形状 C. 刀片尺寸精度 D. 刀尖角度

（4）下列因素中，对切削加工后的表面粗糙度影响最小的是（　　　　）。

  A. 切削速度 B. 背吃刀量 C. 进给量   D. 切削液

（5）涂层刀片刀具一般不适合于（　　　　）。

  A. 冲击大的间断切削   B. 高速切削

  C. 切削钢铁类工件   D. 精加工

（6）可转位机夹刀片常用的材料有（　　　　）。

  A. T10A   B. W18Cr4V C. 硬质合金 D. 金刚石

（7）在数控车刀中，从经济性、多样性、工艺性、适应性综合效果来看，目前采用最广泛的刀具材料是（　　　　）类。

  A. 硬质合金 B. 陶瓷   C. 金刚石   D. 高速钢

（8）机夹可转位车刀的刀具几何角度由（　　　　）形成。

  A. 刀片的几何角度   B. 刀槽的几何角度

  C. 刀片与刀槽几何角度   D. 刃磨

（9）机夹可转位车刀，刀片转位更换迅速、夹紧可靠、排屑方便、定位精确，综合考虑，采用（　　　　）形式的夹紧机构较为合理。

  A. 螺钉上压式   B. 杠杆式

  C. 偏心销式   D. 楔销式

3. 填空题

（1）数控切削加工中常见的主要＿＿＿＿＿＿、＿＿＿＿＿＿、＿＿＿＿＿＿、＿＿＿＿＿＿和＿＿＿＿＿＿等材料。

（2）切削用量包括＿＿＿＿＿＿、＿＿＿＿＿＿和＿＿＿＿＿＿三要素。

（3）可转位刀具的夹紧机构有＿＿＿＿＿＿、＿＿＿＿＿＿、＿＿＿＿＿＿、＿＿＿＿＿＿、＿＿＿＿＿＿、＿＿＿＿＿＿等六种类型。

（4）切削用量的确定原则：粗加工时以＿＿＿＿＿＿为主，选用较大的切削量；半精加工和精加工时，以保证＿＿＿＿＿＿为主，选用较小的切削量。

（5）对刀具使用寿命影响最大的是＿＿＿＿＿＿，其次是＿＿＿＿＿＿，最小的是＿＿＿＿＿＿。

4. 判断题

（1）机夹可转位车刀不用刃磨，有利于涂层刀片的推广使用。   （　　）

（2）YG 类硬质合金中含钴量愈多，刀片硬度愈高，耐热性越好，但脆性越大。 （　　）

（3）YT 类硬质合金比 YG 类的耐磨性好，但脆性大，不耐冲击，加工塑性好的钢材。（　　）

（4）可转位车刀分为左手和右手两种不同类型的刀柄。 （ ）

（5）可转位车刀刀垫的主要作用是形成刀具合理的几何角度。 （ ）

（6）钨钛钴类硬质合金硬度高，耐磨性好，耐高温，因此可用来加工各种材料。 （ ）

5. 简答题

（1）切削用量选择时应考虑哪些因素？

（2）常用数控刀具材料有哪几类？

（3）硬质合金刀具按加工材料特性分为哪六种型号？每种型号刀片分别适合加工哪类零件？

（4）数控刀具选择的一般原则是什么？

6. 说明题

（1）根据图 3-10 所示的常用机夹可转位刀片的形状指出图 3-10（a）～图 3-10（h）中各自的字母表示。

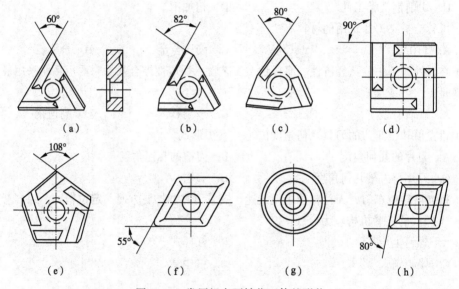

图 3-10　常用机夹可转位刀体的形状

（2）说明可转位刀片 CNMG120412EL—CF 各字母的含义。

数控加工工艺

第二篇　数控车削加工工艺基础

第 4 章
数控车削加工概述

学习目标

- 了解数控车床的组成及结构特点。
- 掌握数控车床适合加工零件的种类，加工的对象和常用数控车床夹具的结构。
- 正确认识常见数控车削可转位刀具的种类及对刀片、刀杆选择。

数控车床是在普通车床的基础上发展起来的，除了具有普通机床的性能特点外，还具有加工精度高、效率高、加工质量稳定等优点，是目前使用最广泛的机床之一。通过数控加工程序的运行，除了可自动完成对轴类、盘类等回转体零件的切削加工外，还可以进行车槽、钻孔、扩孔、铰孔、攻螺纹及对复杂外形轮廓回转面等工序的切削加工。

4.1　数控车床的基本知识

4.1.1　数控车床的分类

1. 按主轴位置分类

（1）卧式数控车床　卧式数控车床是其指主轴轴线平行于水平面的数控车床，如图 4-1 所示。按导轨布局形式可分为水平导轨卧式数控车床和倾斜导轨卧式数控车床。

（2）立式数控车床　立式数控车床是其指主轴轴线垂直于水平面的数控车床，如图 4-2 所示。立式数控车床有一个直径很大的圆形工作台，供装夹工件使用。这类数控车床主要用于加工径向尺寸较大、轴向尺寸较小的大型复杂零件。

图 4-1　卧式数控车床

图 4-2　立式数控车床

2．按可控轴数量分类

（1）两轴控制数控车床　一般常见的数控机床上只有一个回转刀架，也称单刀架数控机床，可以实现两坐标轴控制，这类数控车床一般为卧式结构。

（2）四轴控制数控车床　机床上有两个独立回转刀架，也称双刀架数控车床，可以实现四坐标轴控制。它可分为平行交错双刀架（两刀架轴线平行）如图4-3（a）所示，垂直交错双刀架（两刀架轴线垂直）如图4-3（b）所示。车床一般为卧式结构，加工时两个刀架可同时加工零件，提高加工效率，在加工细长轴时还可以减少零件的变形。

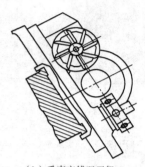

（a）平行交错双刀架　　　　　　　　　　　　　　（b）垂直交错双刀架

图4-3　双刀架数控车床

3．按控制功能分类

（1）经济型数控车床　此类数控车床属于低、中档数控车床，多采用步进电机驱动的开环伺服系统控制，一般以普通卧式车床机械结构为基础，经过数控化改造而成，加工精度较差。

（2）全功能型数控车床　此类数控车床属于高档数控车床，多采用直流调速或交流主轴控制单元驱动的伺服电动机，进行半闭环或全闭环伺服系统控制，可进行多个坐标轴的控制，具有高刚度、高精度、高效率等特点及自动除屑等功能，如图4-4所示。

（3）数控车削加工中心　此类数控车床属于复合加工机床，即配备刀库、自动换刀装置、分度装置、铣削动力装置等部件。除具有一般两轴联动数控车床的各种车削功能外，由于增加了连续精确分度的 C 轴功能和能使刀具旋转的动力头。可控制 X、Z 轴和 C 轴，其联动轴数（X、Z）、（X、C）和（Z、C）使其加工功能大大增强。因此，不仅可以加工外轮廓，还可进行端面和圆周任意部位的钻削、攻螺纹、平面及曲面的铣削等加工，如图4-5所示。

图4-4　全功能型卧式数控车床　　　　　图4-5　数控车削加工中心

拓展延伸

FMC 车床：FMC 车床实际上是一个由数控车床、机器人等构成的一个柔性制造单元。它除了具备车削中心的功能外，还能实现工件的搬运、装卸和加工调整准备的自动化，是今后制造技术发展的趋势。

4.1.2 数控车床的基本结构

1. 数控车床床身布局形式

数控车床的主轴、尾座等部件的布局形式与普通卧式车床基本一致，但刀架和床身导轨的布局形式与普通卧式车床相比却发生了根本性的变化。它不仅影响机床的结构和外观，还直接影响数控车床的使用性能，如刀具和工件的装夹、切屑的清理以及相对位置等，其床身有四种布局形式。

（1）水平床身　水平床身的工艺性好，便于导轨面的加工，如图 4-6 所示。水平床身配上水平放置的刀架可提高刀架的运动精度。但水平刀架增加了机床宽度方面的结构尺寸，并且床身下部排屑空间小，排屑困难。

（2）斜床身　斜床身的导轨倾斜角度有 30°、45°、75°，如图 4-7 所示。它和水平床身斜刀架滑板都具有排屑容易、操作方便、机床占地面积小、外观美观等优点，因而被中小型数控车床普遍采用。

（3）水平床身斜刀架　水平床身配上倾斜放置的刀架滑板，如图 4-8 所示。这种布局形式的床身工艺性好，机床宽度方向的尺寸也较水平配置滑板的要小且排屑方便。

（4）立床身　其床身平面与水平面呈垂直状态，刀架位于工件上侧。从排屑的角度考虑，立式床身最好，切屑可以自由落下，不易损伤轨道面，导轨的维护与防护也较简单，但机床的精度差，故运用较少。

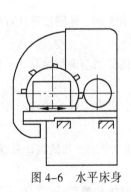
　　图 4-6　水平床身

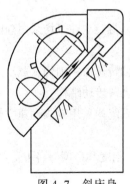
　图 4-7　斜床身

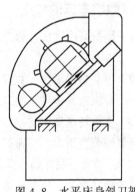
　图 4-8　水平床身斜刀架

2. 数控车床刀架系统

按刀架位置形式分为前置刀架和后置刀架，一般斜床身为后置刀架，平床身为前置刀架。按刀架形式又可以分为单刀架数控车床和双刀架数控车床。

（1）回转刀架　可分为四工位转动式刀架如图 4-9 所示，多工位转回刀架如图 4-10 所示，刀具沿着圆周方向安装在刀架上，其中四工位转动式刀架可以安装径向、轴向车刀，多工位转塔式刀架可以安装轴向车刀。

图 4-9　四工位转动式刀架　　　　　图 4-10　多工位回转刀架

（2）排式刀架　用于小规模数控机床上以加工棒料或盘类零件为主，如图 4-11 所示。

（3）铣削动力头数控车床刀架　安装铣削动力头以后，可以扩展机床的加工能力。图 4-12 所示为铣削动力头在加工六棱体零件。

图 4-11　排式刀架　　　　　　　　图 4-12　铣削动力头

4.1.3　数控车床的特点

（1）床身高刚度化　数控车床的床身、立柱等均采用静刚度、动刚度、热刚度等较好的支承构件。

（2）传动结构简化　数控车床主轴转速由主轴伺服驱动系统直接控制与调节，取代了传统卧式车床的多级齿轮传动系统，简化了机械传动结构。

（3）主轴转速高速化　由于数控系统均采用变频调速主轴电机，没有中间齿轮传动环节，因此其速度调节范围大，转速高。

（4）传动元件精度高　采用效率、刚度和精度等各方面都高的传动元件，如滚珠丝杠螺母副、静压蜗轮蜗杆副及静压导轨等。

（5）主传动与进给传动分离　由于数控系统协调 X、Z 轴伺服电机两轴联动，取代了传统机床的主传动联动。

（6）操作自动化　数控系统采用工件的自动夹紧装置、自动换刀装置、自动排屑装置、自动润滑装置、双刀架装置全方位的实现了操作上的自动化，操作者的劳动趋于智力型。

（7）全封闭防护　数控设备均采用全封闭结构，封闭式加工，既清洁、安全又美观。

（8）对操作维修人员的技术水平要求高　　正确的维护和有效的维修是提高数控车床效率的基本保证。数控车床的维修人员应有较高的、较全面的数控理论知识和维修技术。维修人员应有比较宽的机、电、液专业知识，才能综合分析、判断故障根源，缩短因故障停机时间，实现高效维修。

4.1.4　数控车床主要加工对象

（1）要求表面精度高的回转体零件　　由于数控车床的刚性好，制造和对刀精度高以及能方便和精确地进行人工补能加工出表面粗糙度小的零件，在材质、精车留量和刀具已定的情况下，表面粗糙度取决于进刀量和切削速度。在传统普通车床上车削端面时，由于转速在切削过程中恒定，这样在端面内的粗糙度值不一致。而使用数控车床可以选用最佳线速度来切削端面，这样切出的粗糙度既均匀又一致。数控车床还适合于车削各部位表面粗糙度要求不同的零件。粗糙度小的部位可以通过减小走刀量的方法来实现。

（3）要求表面形状特别复杂的回转体零件　　由于数控车床即具有直线和圆弧插补功能，部分车床数控装置还有某些非圆曲线插补功能，如椭圆、抛物线、双曲线等。因此可以车削由任意直线与曲线、曲线与曲线等外形复偿及自动补偿，所以它能够加工尺寸精度要求高的零件。此外，由于数控车削时刀具运动是通过高精度插补运算和伺服驱动来实现的，再加上机床的刚性好和制造精度高，所以它能加工对母线直线度、圆度、圆柱度要求高的零件，尤其对圆弧以及其他曲线轮廓形状的零件。

另外，数控车削对提高位置精度特别有效，车削零件位置精度的高低主要取决于零件的装夹次数和机床的制造精度。而且，在数控车床上加工零件如果发现位置精度较低，可以通过修改程序的方法来校正，以提高零件的位置精度。

（2）要求表面粗糙度值小的回转体零件　　由于数控机床的刚性和制造精度高，再加上数控车床具有恒线速度切削功能，因此杂的回转体及具有复杂封闭内成形面的零件。

组成零件轮廓的曲线即可以是数学模型描述的曲线，也可以是列表曲线。对于由非圆曲线组成的轮廓，可用非圆曲线插补功能；若所选系统没有曲线插补功能，则也可以利用宏程序编程来实现对零件的加工。

（4）要求带有横向加工的回转体零件　　由于数控车削加工中心能够实现车、铣两种模式的加工，因此带有键槽、径向孔或端面分布的孔系及有曲面的盘套或轴类零件，可以选数控车削加工中心来完成对零件的加工，如图4-13所示。

（5）超精密、超低表面粗糙度的零件　　超精加工的轮廓精度可达0.1 μm，表面的粗糙度可达0.02 μm，超精加工所用数控系统的最小设定单位应达到0.01 μm。超精车削零件的材质以前主要是金属，现已扩大到塑料和陶瓷。这些都适合于在高精度、高功能的数控车床上加工。

（6）要求带有特殊螺纹的回转体零件　　由于数控车床不但能车削等导程的直、锥和端面螺纹，也能车削变导程的螺纹零件，而且车削螺纹的效率很高，这是普通车床不能完成的。另外数控车床采用的是机夹硬质合金螺纹车刀，以及采用较高的转速，所以车削出来的螺纹不仅精度高、而且表面粗糙度值小，如图4-14所示。

第4章　数控车削加工概述

图 4-13 具有横向加工的回转体零件

图 4-14 各种复杂外形的回转体零件

4.2 数控车削常用夹具

在机械加工中按工艺规程要求，用来迅速定位装夹工件，使其占有正确的位置并能可靠夹紧的工艺装备称为夹具。在数控车床上，大多数情况是使用工件或毛坯的外圆定位，圆周定位夹具是车削加工中最常用的夹具。

4.2.1 数控车床夹具的分类

车床主要用于对回转体零件的各表面进行加工，根据这个特点在数控车床上常见的夹具有三爪自动定心卡盘、软爪、四爪卡盘的弹簧套筒等。

1．三爪自动定心卡盘

三爪自动定心卡盘分为机械螺旋式、气压式与液压式卡盘等，其外形结构基本相似，如图 4-15 所示。常用的是机械式自动定心卡盘，其三个卡爪是同步运动的，可以自动定心，不需找正，夹持范围大，装夹速度快，但定心精度存在误差（一般在 0.05 mm 以内），因此不适于同轴度要求高的工件进行二次装夹。自定心卡盘装夹方便、省时，但夹紧力小，适合装夹外形规则的中小型工件。另外，三爪自定心卡盘还可装成正爪或反爪两种形式，反爪用来装夹直径较大的工件。用三爪卡盘装夹工件进行粗车或精车时，若工件直径小于或等

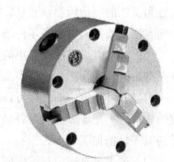

图 4-15 三爪自动定心卡盘

于 30 mm，其悬伸长度应不大于直径的 5 倍，若工件直径大于 30 mm，其悬伸长度应不大于直径的 3 倍。

2．四爪单动卡盘

四爪单动卡盘如图 4-16 所示，四个卡爪能各自独立运动，因此工件装夹时必须找正，即将加工部分的旋转中心找正到与车床主轴旋转中心重合才可切削加工。

四爪单动卡盘有正爪和反爪两种形式，反爪适合装夹较大的工件。单动卡盘找正比较费时，但夹紧力较大，适合装夹大型或形状不规则的工件，如偏心轴、套类零件、长度较短的不规则零件的加工。

图 4-16 四爪单动卡盘

软爪就是在三爪自定心卡盘卡爪的夹持部位上焊有软钢、铜等软材料，是一种可以切削的卡爪，它是为了配合被加工工件而特殊制造的，如工件要求同轴度较高且需要二次装夹的精加工工件表面，在使用前要进行自镗处理。从而保证卡爪与主轴中心线同轴。

4.2.2　数控车床工件的装夹

顶尖是机械加工中的机床部件，可以分为死顶尖（见图 4-17）和活顶尖（见图 4-18）两种形式。死顶尖与工件回转中心孔发生摩擦，在接触面上要加润滑脂润滑，以防摩擦过热烧蚀。死顶尖定心准确，刚性好，适合于低速切削和工件精度要求较高的场合。活顶尖随工件一起转动，与工件中心孔无摩擦，适合于高速切削。由于活顶尖克服了固定顶尖的缺点，因此也得到了广泛应用。但活动顶尖存在一定的装配积累误差，而且当滚动轴承磨损后，会使顶尖产生跳动，这些都会降低加工精度。

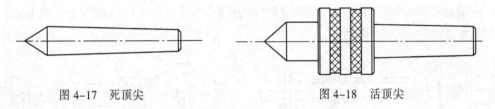

图 4-17　死顶尖　　　　　　　　　图 4-18　活顶尖

1．两顶尖之间装夹工件

装夹工件时必须先在工件的两端面钻出中心孔，而且在主轴一端应使用鸡心夹和拨盘夹紧来带动工件旋转，如图 4-19 所示。前顶尖装在车床主轴锥孔中，如自制前顶尖可用三爪卡盘装夹与主轴一起旋转，后顶尖可以直接或加锥套安装在机床尾座锥孔内。中心孔能够在各个工序中重复使用，其定位精度不变。轴两端中心孔作为定位基准与轴的设计基准、测量基准一致，符合基准重合原则。两顶尖装夹工件方便，定位精度高，因此在车削轴类零件时普遍采用。

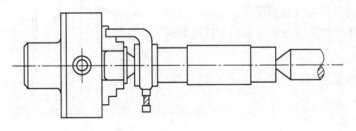

图 4-19　两顶尖装夹工件

2．用卡盘和顶尖装夹工件

用两顶尖装夹工件虽然精度高，但刚性较差。因此，车削质量较大工件时要一端用卡盘夹住，另一端用后顶尖支撑，如图 4-20 所示。为了防止工件由于切削力的作用而产生轴向位移，必须在卡盘内装一限位支承，或利用工件的台阶面限位。这种方法比较安全，能承受较大的轴向切削力，安装刚性好，轴向定位准确，所以应用比较广泛。

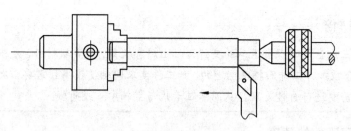

图 4-20 一夹一顶装夹工件

3．拨动顶尖装夹工件

拨动顶尖是在数控车床上用来代替鸡心夹头及拨盘等传统车床夹具的更新换代产品。

使用拨动顶尖装夹工件时，不像传统夹具那样必须夹紧工件外圆，而是依靠拨爪驱动工件的端面并使其随车床主轴旋转，能在一次装夹中完成对工件外圆的加工。内拨动顶尖如图 4-21 所示，一般用于管类、套类工件的装夹；外拨动顶尖如图 4-22 所示，一般用于长轴类工件的装夹；端面拨动顶尖如图 4-23 所示，利用端面拨爪带动工件旋转，适合装夹工件的直径在 $\phi 50 \sim \phi 150$ mm 之间。在顶尖间加工轴类工件时，车削前要调整尾座顶尖轴线与车床主轴轴线重合，使用尾座时，套筒尽量伸出短些，以减小振动。

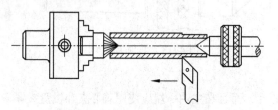

图 4-21　内拨动顶尖装夹工件　　　　图 4-22　外拨动顶尖装夹工件

使用拨动顶尖装夹工件的特点：

（1）可在一次装夹中整体加工完工件，节省工件装夹辅助时间。

（2）等直径工件不存在接刀问题，且加工后工件各有关表面之间的相互位置精度高。

（3）夹紧力不受机床主轴转速影响，适应高速车削的要求。

（4）工件端面对中心线有较大位置误差时，仍能保证可靠夹紧。

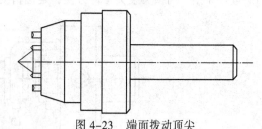

图 4-23　端面拨动顶尖

4．定位心轴装夹工件

在数控车床上加工一些小型的套、带轮、齿轮零件时，为保证零件外圆轴线和内孔轴线的同轴度要求，经常使用心轴定位加工外圆和端面。心轴定位有以下几种：

（1）圆柱心轴装夹工件　它有圆柱心轴和小锥度心轴两种。间隙配合装夹主要靠螺母来压紧，精度相对较低。但一次可以装夹多个零件。小锥度心轴制造容易，加工的零件精度也较高，但轴向无法定位，能承受的切削力小，装卸不方便。

（2）弹性圆柱心轴装夹工件　它是依靠材料本身弹性变性所产生的肋力来固定工件，也是一种以工件内孔为定位基准来达到工件相互位置精度的方法。

5．花盘与角铁装夹工件

在数控车削加工中，有时会遇到一些外形复杂和不规则的零件，不能用卡盘和顶尖进行装夹，如轴承座、双孔连杆、十字孔工件、齿轮泵体、偏心工件等。这些工件的装夹必须借助花盘、角铁等辅助夹具进行装夹。

（1）花盘 被加工表面回转轴线与基准面互相垂直，外形复杂的工件，可以装夹在花盘上车削。夹具为圆盘形，采用花盘式车床夹具时，一般以工件上的圆柱面及垂直的端面作为定位基准。花盘如图 4-24 所示，其中长方形圆孔为固定辅助夹具元件螺栓孔。

（2）角铁 被加工表面回转轴线与基准面互相平行，外形复杂的工件，可以装夹在花盘的角铁上加工。角铁如图 4-25 所示。

（3）花盘、角铁组合 对于一些加工表面的回转轴线与基准面平行、外形复杂的零件可以装夹在角铁上加工，组合示意图如图 4-26 所示。

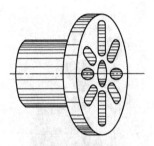 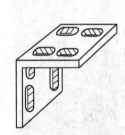 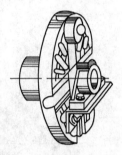

图 4-24　花盘　　　　　　图 4-25　角铁　　　　图 4-26　花盘、角铁组合示意图

注：用四爪卡盘、花盘，角铁（弯板）等装夹不规则偏重工件时，必须加配重。

4.2.3　工件的安装与夹具的选择

1．工件的安装

（1）力求符合设计基准、工艺基准、安装基准和工件坐标系基准的统一。

（2）减少装夹次数，尽可能做到在一次装夹后能加工全部待加工表面。

（3）尽可能采用专用夹具，减少占机装夹与调整的时间。

2．夹具的选择

（1）小批量加工零件，尽量采用组合夹具、可调式夹具以及其他通用夹具。

（2）成批生产考虑采用专用夹具，力求装卸方便。

（3）夹具的定位及夹紧机构的元件不能影响刀具的走刀运动。

（4）装卸零件要方便可靠，成批生产可采用气动夹具、液压夹具和多工位夹具。

🔒 **相关链接**

选择数控车床夹具时，要根据零件的精度等级，零件结构特点，产品批量及机床等级等条件。选择顺序为：首先选择通用夹具，其次考虑组合夹具，最后选择专用夹具或成组夹具。

4.3 数控车削常用刀具

在数控车削加工过程中，合理选用刀具不仅可以提高刀具切削加工的精度、表面质量、效率及降低加工成本，而且也可以实现对难加工材料进行切削加工。为使粗车能大吃刀、快走刀，要求粗车刀具强度高、耐用度好；精车首先是保证加工精度，要求刀具的精度高、耐用度好。为此应尽可能多地采用可转位车刀。

4.3.1 数控车床可转位刀具的种类

数控车床可转位刀具按其用途可分为外圆刀具、内孔刀具、切槽（断）刀具、端面刀具、内外螺纹刀具和圆弧刀具，如图 4-27 所示，可转位刀具刚性夹紧方式，如图 4-28 所示。

图 4-27 常见数控车床可转位刀具

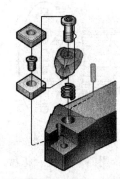

图 4-28 可转位刀具刚性夹紧联接方式

1．外圆刀具

使用最多的是菱形刀片，按其菱形锐角不同有 35°、55°和 80°三类，其中 35°、80°菱形刀片如图 4-29 所示。

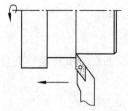

（a）可转位 35°菱形刀片外圆刀

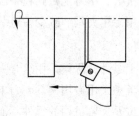

（b）可转位 80°菱形刀片外圆刀

图 4-29 外圆刀具

（1）可转位 35°菱形刀片刀尖角小，刀片强度低、散热性和耐用度差，其优点是成型加工性好。

（2）可转位 80°菱形刀片的刀尖角大小适中，刀片有较好的强度、散热性和耐用度，能车外圆、倒角及端面。

2．内孔刀具

其车削安放方式为刀杆轴心线与主轴轴线平行，有两种类型盲孔刀具和通孔刀具，如图 4-30 所示。

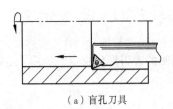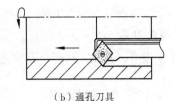

（a）盲孔刀具　　　　　　　　（b）通孔刀具

图 4-30　内孔刀具

（1）盲孔刀具　刀尖角小，强度低、散热性和耐用度差，主要用于对封闭孔或台阶孔的加工，切削部分的几何形状基本上与偏刀相似。主偏角在 90°～95° 之间，大于 90°，以保证内孔端面与孔壁垂直。刀尖在刀柄的最前端，刀尖与刀柄外端的距离应小于内孔半径，否则孔的底平面就无法车平。

（2）通孔刀具　刀尖角大，刀片强度高、散热性和耐用度好，切削部分的几何形状基本上与外圆刀相似。主偏角在 60°～75° 之间，以减小径向切削力和振动。

3．切槽（断）刀具

分为外圆切槽（断）刀具与内孔切槽刀具两种形式，如图 4-31 所示。

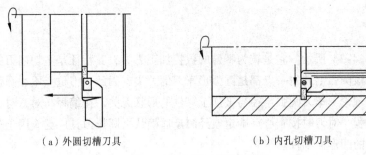

（a）外圆切槽刀具　　　　　　　　（b）内孔切槽刀具

图 4-31　切槽（断）刀具

（1）外圆切槽（断）刀具　外圆切槽（断）刀片伸出不宜过长，刀头中心线必须装得与工件轴线垂直，以保证两个副偏角相等。切断实心工件时，切断刀尖必须与工件轴线等高，否则不能切削到中心，而且容易使切断刀片折断。

（2）内孔切槽刀具　刀杆与刀片强度很差，使用时刀具伸出不要过长，以防引起振动。

4．端面刀具

端面刀具有两种形式，如图 4-32 所示。

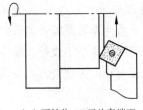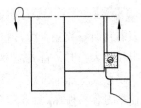

（a）可转位 45°刀片车端面　　　　　　　　（b）可转位 90°刀片车端面

图 4-32　端面刀具

（1）用 45°刀片　车端面是常采用的一种形式，刀尖强度高。

（2）用90°刀片　车端面刀尖强度高，车削效果较好。常用于端面、外圆、内孔、台阶的加工。

5．内、外螺纹刀具

螺纹刀属于成型刀，其加工的螺纹形状完全由两侧的刀刃形状决定，如图4-33所示。

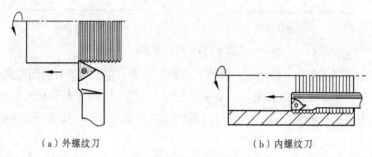

（a）外螺纹刀　　　　　　　　　　（b）内螺纹刀

图4-33　螺纹刀具

（1）可转位外螺纹刀　刀尖角为60°并带有修牙尖刃口，加工效果好，螺距不同其刀片略有差异。

（2）可转位内螺纹刀　刀尖角为60°并带有修牙尖刃口，与外螺纹相比散热性较差、强度低。

6．圆弧刀具

圆弧刀具如图4-34所示。它是较为特殊的数控加工刀具，其特征是主切削刃的形状为圆度误差很小的圆弧，该圆弧上的每一点都是圆弧形车刀的刀尖，因此，刀位点不在圆弧上，而在该圆弧的圆心点上。理论上车刀圆弧半径与被加工零件的形状无关，在编程与对刀时，并可按需要灵活按圆心轨迹编程，对刀时按圆心点确定或经测定后确认。圆弧刀具广泛应用于车削内、外表面及各种光滑连接的凹形面零件。

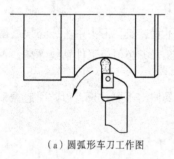

（a）圆弧形车刀工作图　　　　　　　　（b）圆弧形车刀剖视图

图4-34　圆弧刀具

圆弧形车刀的几何参数除了前角和后角外，主要几何参数为车刀圆弧切削刃的形状及半径。选择车刀圆弧半径的大小时，首先应考虑车刀切削刃的圆弧半径应小于或等于零件凹形轮廓上的最小曲率半径，以免发生加工干涉；另外注意半径不要选择过小，否则会因刀头强度过低或刀体散热能力差，使车刀容易损坏。

4.3.2　数控车刀的刀位点

刀位点是指刀具的定位基准点。常用车刀的刀位点如图4-35所示。不同的刀具，其刀位点不同。车刀的刀位点一般是主切削刃与副切削刃的交汇点，这种以直线形切削刃为特征的刀具属于尖形车刀。但实际上机夹刀具刀尖都有圆弧，由于有刀尖半径的存在，在切削加工时刀具切削点在刀尖圆弧上有变动，因此刀位点设定为刀尖圆弧的圆心。

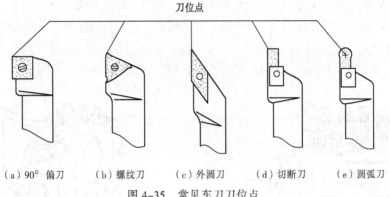

（a）90°偏刀　　（b）螺纹刀　　（c）外圆刀　　（d）切断刀　　（e）圆弧刀

图4-35　常见车刀刀位点

数控程序一般是针对刀具上的某一点即刀位点，按工件轮廓尺寸编写。在实际对刀过程中还要进行刀具圆弧半径的补偿，否则在切削锥面和圆弧时，会出现过切或少切的现象，从而产生误差。

相关链接

从理论上讲，刀具上任意一点都可以选作刀位点，但为了方便编程和保证加工精度，刀位点应选择刀具上能够直接测量的点；能直接与精度要求较高的尺寸或难于测量的尺寸发生联系；并与刀具长度预调时的测定点尽量保持一致的点。因此车刀选在假想刀尖或刀尖圆弧中心。

4.3.3　可转位刀片刀尖半径的选择

刀尖圆弧半径的大小直接影响刀尖的强度及被加工零件的表面粗糙度。刀尖圆弧半径大，表面粗糙度值增大，切削力增大，切削力增大且易产生振动，切削性能变差，但刀刃强度增大，刀具前后面磨损减少。因此，在粗车时只要机床刚度允许，应尽可能采用较大的刀尖圆弧半径。通常情况下，在切深较小的精加工、细长轴类件加工、机床刚性较差的情况下，应尽可能选用较小些的刀尖圆弧。常用数控车刀规定刀尖圆弧半径的尺寸为0.2 mm、0.4 mm、0.8 mm、1.2 mm等。

4.3.4　可转位刀体的选择

（1）确定刀柄规格　常规外圆刀刀柄截面为方形，刀柄截面常用的有20 mm×20 mm、25 mm×25 mm等，可根据数控车床的刀架规格进行选取，内孔刀刀柄截面一般为铣扁圆柱形，内孔尺寸的大小选择应根据加工孔的实际情况来定。

（2）确定切削类型　切削类型是外圆车削还是内圆车削、操作类型是纵向车削还是端面车削、是仿形车削还是其他切削方式、是采用负前角形式还是采用正前角形式。

（3）确定可转位刀片牌号　可转位刀片牌号可根据被加工零件材料切削工序及切削状况的稳定性进行选择。

（4）选择相应的切削参数　在厂家提供的刀片盒上给出了不同材料的切削参数和进给起始值。

第4章　数控车削加工概述

4.3.5　数控车刀的装夹

常规数控车削刀具为条形方刀体或圆柱形刀杆。在普通数控车床的四工位刀架上由于刀尖高度精度在制造时就应得到保证，因此一般可不加垫片调整，如图 4-36 所示。

对于长径比例较大的内径刀杆，最好具有抗震结构。内径刀的冷却液最好先引入刀体，再从刀头附近喷出。

对于车削加工中心来说，其刀具都是装夹在自动换刀盘的刀库中，如图 4-37 所示。

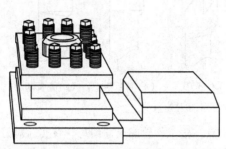 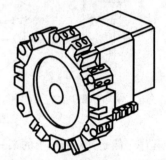

图 4-36　普通数控车床四工位刀架　　　图 4-37　数控车削中心刀盘结构

该刀盘每个刀位上既可以径向装刀，也可以轴向装刀。外圆刀通常安装在径向，内孔刀通常安装在轴向。刀具以刀杆尾部和一个侧面定位。当采用标准尺寸刀具时，只要定位准确，锁紧可靠，就能确定刀尖在刀盘上的相对位置。

条形方刀体一般用槽形刀架螺钉紧固方式固定，圆柱刀杆是用套筒螺钉紧固方式固定。它们与机床刀盘之间的连接是通过槽形刀架和套筒接杆来连接。在模块化数控车削中心工具系统中，刀头与刀体的连接是"插入快换式系统"。

4.3.6　安装可转位刀具的要求

1. 刀片安装

（1）更换刀片时应清理刀片、刀垫和刀杆各接触面，使接触面无铁屑和杂物，表面若有凸起点则应修平。已用过的刃口应转向切屑流向的定位面。

（2）刀片转位时应稳固靠向定位面，夹紧时用力适当，不宜过大。对于偏心式结构的刀片夹紧时需要用手按住刀片，使刀片贴紧底面。

（3）夹紧的刀片、刀垫和刀杆三者的接触面应贴合无缝，注意刀尖部位紧贴良好，不得有漏光现象，刀垫更不得有松动现象。

2. 刀杆安装

（1）刀杆安装时其底面应清洁、无粘着物。若使用垫片调整刀尖高度，垫片应平直，最多不要超过三块垫片，如内侧和外侧面也须做安装定位面，应擦拭干净。

（2）刀杆伸出长度在满足加工要求下尽可能短，普通刀杆一般伸出长度是刀杆厚度的 1～1.5倍，最长也不能超过三倍。伸出过长会使刀杆刚性变差，切削时产生振动，影响工件的表面粗糙度。

（3）车刀刀尖应与工件轴线等高，否则会因基面和切削平面的位置发生变化，使后角减小，增大了车刀后刀面与工件间的摩擦；当车刀刀尖低于工件轴线时，会使前角减小，切削力增加，切削不顺利。

（4）车削端面时，车刀刀尖高于或低于工件中心，车削后工件端面中心处留有凸头，当车到中心处时会使刀尖崩碎。

（5）车刀刀杆中心线应与进给方向垂直，否则会使主偏角和副偏角的角度值发生变化。

拓展延伸

调整刀尖的高度使其对准工件中心的方法：

由机床尾座顶尖点作为定点，用顶尖对准刀尖进行装刀；试车端面根据车削端面的情况调整车刀安装高度；根据机床要求的刀具尺寸，直接用高度尺测量刀尖到刀具底面的高度。

4.3.7　可转位车刀使用时易出现的问题

利用可转位车刀加工时，尽管考虑了非常充足的因素，但是可转位刀具仍可能出现不少意想不到的问题，具体包括：

（1）刀具在切削时产生振动　产生振动的原因可能是刀片装夹不牢、夹紧元件变形、刀片尺寸误差过大及刀具刀杆质量差等原因引起。

（2）刀具在切削时有刺耳杂音　刺耳杂音可能是刀片、刀垫和刀体接触有间隙、刀具装夹不牢固、刀具磨损严重、刀杆伸出过长、工件刚性不足或夹具刚性不足等原因造成。

（3）刀具刀尖处闪火花　产生火花的原因可能是刀片严重磨损、切削速度过高或刀尖有点滴破损等。

（4）刀片前刀面有积屑瘤或粘刀　积屑瘤或粘刀主要是工件材质软、切削槽型不正确、切削速度过低或刀头几何角度不合理引起。

（5）刀片有剥离现象　产生此现象的原因可能是切削液浇注不充分、适宜干切削的高硬度材料而浇注了切削液、刀片质量差等。

（6）切屑乱飞溅　加工脆性工件材料或正常切削进给量过大时都可能有此现象发生。

小　结

（1）常见数控车床、床身、刀架、夹具、装夹种类如表4-1所示。

表4-1　常见数控车床、床身、刀架、夹具、装夹种类

车床	1. 按主轴位置分类	（1）卧式数控车床　主轴轴线平行于水平面的数控车床
		（2）立式数控车床　主轴轴线垂直于水平面的数控车床
	2. 按控制功能分类	（3）经济型　属于低、中档数控车床
		（4）全功能型　生产型高档数控车床
		（5）车削加工中心　属于复合加工机床
床身	1. 水平床身	水平床身的工艺性好，便于导轨面的加工
	2. 斜床身	斜床身的导轨倾斜角度有30°、45°、75°
	3. 斜刀架水平床身	水平床身配上倾斜放置的刀架滑板
	4. 立床身	其床身平面与水平面呈垂直状态，刀架位于工件上侧

刀架	1. 按位置分	前置刀架　平床身为前置刀架
		后置刀架　斜床身为后置刀架
	2. 按形式分	单刀架　一般用于普通数控车床
		双刀架　一般用于多功能数控车床
	3. 按工位分	四工位转动式刀架　一般用于普通数控车床
		多工位回转刀架　多功能数控车床
	4. 排式刀架	用于小规模数控机床
	5. 铣削动力头	扩展机床的加工能力
夹具	1. 三爪自动定心卡盘	三个卡爪同步运动，可以自动定心，不需找正
	2. 四爪单动卡盘	四个卡爪能各自独立运动，因此工件装夹时必须找正
装夹	1. 两顶尖之间装夹工件	主轴一端应使用鸡心夹和拨盘夹紧
	2. 用卡盘和顶尖装夹工件	一端用卡盘夹住另一端用后顶尖支撑
	3. 拨动顶尖装夹工件	依靠拨爪驱动工件的端面并使其随车床主轴旋转
	4. 定位心轴装夹工件	（1）圆柱心轴装夹工件　（2）弹性圆柱心轴装夹工件
	5. 花盘与角铁装夹工件	外形复杂的非回转体工件，可以装夹在花盘上车削

（2）数控车床常用刀具分类如表 4-2 所示。

表 4-2　数控车床常用刀具分类

1. 外圆可转位刀具	刀片可分 35°强度低、成型加工性好和 80°，强度高、成型加工性差
2. 内孔可转位刀具	（1）盲孔刀具　刀尖角小，强度底、散热性和耐用度差
	（2）通孔刀具　刀尖角大，刀片强度高、散热性和耐用度好
3. 切槽（断）刀具	（1）外圆切槽（断）刀具　刀头中心线应与工件轴线垂直装刀
	（2）内孔切槽刀具　刀具伸出不要过长，以防引起震动
4. 端面刀具	45°端面刀是最常采用的一种形式，特点是刀尖强度高
5. 内、外螺纹可转位刀具	（1）外螺纹刀　刀尖角为 60° 并带有修牙尖刃口，加工效果好
	（2）内螺纹刀　与外螺纹相比其散热性较差、刀杆强度较低
6. 圆弧刀具	为特殊加工刀具，刀位点不在圆弧上，而在该圆弧的圆心点上

复 习 题

1. 选择题

（1）目前工具厂制造的 45°、75° 可转位车刀多采用（　　　）刀片。

　　A. 正三边形　　　　B. 凸三边形　　　　C. 菱形　　　　D. 正四边形

（2）工件以中心孔定位时，一般不选用（　　）作定位元件。

　　A. 通用顶尖　　　　B. 外拨顶尖　　　　C. 定位销　　　　D. 特殊顶尖

（3）关于数控车床夹具影响加工精度，不正确的表述有（　　　）。

　　A. 结构力求紧凑　　　　　　　　　　B. 加工减重孔

    C. 悬伸长度要短　　　　　　　　　　　　D. 重心尽可能指向夹具中心

（4）机夹可转位车刀的刀具几何角度是由（　　　）形成。

    A. 刀片的几何角度　　　　　　　　　　B. 刀槽的几何角度

    C. 刀片与刀槽几何角度　　　　　　　　D. 刃磨

（5）车削曲轴的主轴颈或曲拐颈常用（　　　）装夹。

    A. 三爪自定心夹盘　　　　　　　　　　B. 四爪单动卡盘

    C. 双顶尖　　　　　　　　　　　　　　D. 花盘

（6）刀尖圆弧半径增大时，径向力将（　　　）。

    A. 减小　　　　　　　B. 增大　　　　　　　C. 不变

（7）刀尖圆弧只有在加工（　　　）时才产生加工误差。

    A. 端面　　　　　　　B. 圆柱　　　　　　　C. 圆弧

（8）在数控机床上使用的夹具最重要的是（　　　）。

    A. 夹具的刚性好　　　B. 夹具的精度高　　　C. 夹具上有对刀基准

（9）被加工工件强度、硬度、塑性愈大时，刀具寿命（　　　）。

    A. 愈高　　　　　　　B. 愈低　　　　　　　C. 不变

（10）角铁式车床夹具上的夹紧机构，一般选用（　　　）夹紧机构。

    A. 偏心　　　　　　　B. 斜楔　　　　　　　C. 螺旋　　　　　　　D. 任意

2. 填空题

（1）车床用的三爪自定心卡盘、四爪单动卡盘属于＿＿＿＿＿＿夹具。

（2）工件的装夹表面为三边形或正六边形的工件宜采用＿＿＿＿＿＿夹具。

（3）采用气动、液动等夹具时适应的场合为＿＿＿＿＿＿生产。

（4）在花盘上安装形状不对称的工件时，在轻的一边要加＿＿＿＿＿＿，否则重心将偏移。

（5）在普通数控车床上使用的是＿＿＿＿＿＿刀架，在全功能数控车床上使用的是＿＿＿＿＿＿刀架。

（6）内孔加工的盲孔刀具＿＿＿＿＿＿小＿＿＿＿＿＿底、＿＿＿＿＿＿和＿＿＿＿＿＿差。

（7）数控车床床身布局形式包括＿＿＿＿＿＿、＿＿＿＿＿＿、＿＿＿＿＿＿和＿＿＿＿＿＿。

（8）按刀架位置形式分为＿＿＿＿＿＿和＿＿＿＿＿＿，按刀架形式又可以分为＿＿＿＿＿＿和＿＿＿＿＿＿。

（9）用一夹一顶装夹工件时，如果夹持部分较短，属于＿＿＿＿＿＿定位。

（10）车床上加工壳体、支座等类零件时，选用＿＿＿＿＿＿车床夹具。

3. 判断题

（1）在机床上用夹具装夹工件时，夹具的主要功能是使工件定位和夹紧。（　　　）

（2）车床夹具的夹具体一般应制成圆形，必要时可设置防护罩。（　　　）

（3）安装内孔加工刀具时，应尽可能使刀尖平齐或稍高于工件中心。（　　　）

（4）车削加工中心的模块化快换刀具结构，它由刀具头部、连接部分和刀体组成。（　　　）

（5）机夹可转位车刀不用刃磨，有利于涂层刀片的推广使用。（　　　）

（6）可转位车刀刀垫的主要作用是形成刀具合理的几何角度。（　　　）

（7）刀尖的半径选较大，倒棱的宽度取较小，可以减少细长轴的径向切削力。　　（　　）

（8）由于数控车床可以加工形状复杂的回转体零件，因此不使用成形车刀。　　（　　）

（9）三爪定心卡盘软卡爪的特点是可定期用车刀来镗卡爪面确保卡盘与机床回转。（　　）

（10）在夹紧工件时，夹紧力应尽可能大，以保证工件加工中位置稳定和防止振动。（　　）

4．简答题

（1）简述数控车床的分类情况？

（2）简述数控车床床身的几种形式是什么？

（3）简述数控车削的主要加工对象？

（4）数控车床采用通用夹具装夹工件有何优点？

（5）数控刀具选择的一般原则是什么？

第 5 章
数控车削加工工艺

学习目标
- 了解制订数控车削加工工艺的基本特点。
- 熟悉数控车削加工工艺分析方法、工艺路线设计、工序设计。
- 掌握典型工件数控车削的工艺分析。

随着现代化工业的飞速发展，虽然数控车床在普通车床的基础上发展起来，但与普通车床相比，其加工效率和加工精度更高，可加工的零件形状更加复杂，加工工件的一致性更好，这是由于数控车床是根据加工程序的指令要求自动进行，加工过程中无须人为干预。因此在整个加工过程中要将全部工艺过程及工艺参数等编制成数控加工程序，这样程序编制前的工艺分析、工艺处理、工艺装备的选用等工作就显得尤为重要。

5.1 数控车削加工工艺概述

5.1.1 数控车削加工工艺的基本特点

在数控车床上加工零件，首先应该满足所加工零件要符合数控车削的加工工艺特点，另外要考虑到数控加工本身的特点和零件编程的要求、加工零件的范围、表面形状的复杂程度、夹具的配置、工艺参数及切削方法的合理选择等，数控加工工艺基本特点如下所述：

1．编程前加工方案合理、设计周全

要充分发挥数控车床加工的自动化程度高、精度高、质量稳定、效率高的特点，除了选择适合在数控车床上加工的零件以外，还必须在编程前正确地选择最合理、最经济、最完善、最周全的工艺加工方案。

数控车床加工零件时，工序必须集中，即在一次装夹中尽可能完成所有的工序，为此在进行工序划分时。应采用"刀具集中、先内后外、先粗后精"的原则，即将零件上用同一把刀具将加工的部位全部加工完成后，再换另一把刀具来加工，先对零件内腔加工后再外轮廓加工，确定好加工路线以减少走刀、换刀次数，缩短空走刀路线行程，减少不必要的定位误差，先粗加工后精加工以提高零件的加工精度和表面粗糙度。

2．加工工艺规程规范、内容明确

为了充分发挥数控车床的高效性，除选择合适的加工工件和必须掌握的机床特性外，还必须对零件的加工部位、加工顺序、刀具配置与使用顺序、刀具轨迹、切削参数等方面都要比普通车床加工工艺中的工序内容更详细具体。加工工艺必须规范、明确，要详细到每一次走刀路线和每一个操作细节，然后由编程人员在编程时预先确定，并写入工艺文件。

3．加工工艺制订准确、设计严密

数控车床加工过程是自动连续进行的，不像普通车床那样在操作过程中出现问题随时调整具有一定的灵活性。因此在数控编程过程中，对零件图进行数学计算，要求准确无误。否则，可能会出现重大的机械事故、质量事故、甚至人身伤害等。因此要求编程人员除了具有丰富的工艺知识和实际经验外，还应具有细致、耐心、严谨的工作作风。

4．复杂曲面零件加工、精度高

数控车削加工可以加工出复杂的零件表面、特殊表面或有特殊要求的曲面，并且加工质量、加工精度及加工效率高，在零件的一次装夹中可以完成多个表面的多种加工，从而缩短了加工工艺路线。这是普通车床所无法比拟的。

5．加工工艺先进、装备精良

数控车床与普通车床相比不仅功率高、刚度高，而且数控加工中广泛采用先进的数控刀具、组合夹具等先进的工艺装备，以满足加工中的高质量、高效率和高柔性的要求。

5.1.2 确定车削加工工艺内容

数控车削加工工艺是预先在所编制的程序中体现，由机床自动实现。因此合理的车削加工工艺内容对提高数控车床的加工效率和加工精度至关重要。

（1）确定工序内容时，首先应选择适合在数控车床上加工的零件。

（2）分析加工零件的图样，明确加工内容及技术要求，确定加工方案，制订数控加工路线，如工序的划分、加工顺序的安排、零件与非数控加工工序的衔接等。设计数控加工工序，如工序的划分、刀具的选择、夹具的定位与安装、切削用量的确定、走刀路线的确定等。

（3）调整数控加工工序的程序，如对刀点、换刀点的选择、刀具的补偿等。

（4）分配数控加工工序的公差，保证零件加工后尺寸的合格。

（5）处理数控机床上部分工艺指令。

（6）填写数控加工工艺文件及后续的文件整理。

当确定某个零件要进行车削加工后，可选择其中的一部分进行数控车削加工，所以必须对零件图样进行仔细的工艺分析，确定哪些工序最合适在数控机床上加工。

相关链接

数控加工工艺的编制结果不唯一，但无论如何编写，应在满足企业实际情况的条件下，以安全、高效为原则。数控加工工艺一旦确定，零件的加工质量一般不会由于操作者的不同而受到影响。造成失误的主要原因多是加工工艺方面考虑不周，或程序的马虎大意。

5.1.3 数控车削加工工艺性分析

数控车削加工的前期工艺准备工作是加工工艺分析。工艺制定的合理与否，对程序编制、工艺参数的选取、车床的加工效率和零件的加工精度都有重要影响，因此编程前应遵循工艺制订原则并结合数控车床的特点，详细地进行加工工艺分析，从而制订好加工工艺。对数控车削零件进行加工工艺分析主要考虑以下几个方面：

1．对零件图进行工艺性分析

在数控加工零件图上，应以同一基准引注尺寸或直接标注尺寸，这种标注方法既便于编程，又有利于基准统一。保持了设计基准、工艺基准、测量基准与工件原点设置的一致性，由于零件设计人员在尺寸标注上一般较多地考虑装配及使用等特性，而采用一些局部分散的标注方法，这样就给工序安排和数控加工带来诸多不便。由于数控机床加工精度和重复定位精度都很高，不会产生较大的累积误差而破坏零件的使用特性，因此，可将局部的分散标注改为同一基准标注或直接给出坐标尺寸的标注法。

2．对零件图的完整性与正确性进行分析

手工编程时，要依据计算构成零件轮廓的每一个基点的坐标，即构成零件轮廓的几何元素（点、线、面）及其之间的相互关系（如相切、相交、垂直和平行等）都是数控编程中数值计算的主要条件。

自动编程时，要对构成零件轮廓的所有几何元素进行定义，无论哪一条件不明确，编程都无法正常进行。因此在分析零件图时，必须分析几何元素的给定条件是否充分。

3．对零件结构工艺性进行分析

零件的结构工艺性是指在满足使用要求的前提下，零件加工的可行性和经济性，即所设计的零件结构应便于加工成形，且成本低，效率高。

（1）零件的内腔与外形应尽量采用统一的几何类型和尺寸。例如，同一销轴零件上出现两个不同直径的螺纹，在可能满足要求的前提下，采用同一尺寸螺距，以避免使用两把螺纹刀。

（2）内孔退刀槽与外圆退刀槽不宜过窄。使用的切刀刀宽不能过窄，否则切削力过小，易打碎，甚至无法切削。所以在设计时刀槽一般以不小于 3 mm 为宜。

（3）定位基准的选择。数控加工尤其强调定位加工，如一个零件需两端加工，其工艺基准的统一十分重要，否则很难保证两次安装加工后两个面上的轮廓位置及尺寸的协调。如果零件上没有合适的基准，可以考虑在零件上增设工艺台或工艺孔，在加工零件完成以后再将其去掉。

4．对零件的技术要求进行分析

零件的技术要求给定的形状和位置公差是保证零件精度的重要依据。加工时，要按照其要求确定零件工艺基准（定位基准和测量基准），以便有效地控制零件的形状和位置精度。表面粗糙度是保证零件表面微观精度的重要要求，也是合理选择数控车床、刀具及确定切削用量的依据，对于粗糙度要求较高且零件直径尺寸变化较大的表面，应确定恒线速切削，如车削不能满足要求，应留加工余量，利用磨削加工。材料与热处理是选择刀具、数控车床型号、确定切削用量的依据。这些要求在保证零件使用性能的前提下，应经济合理。过高的精度和表面粗糙度要求，会使工艺过程复杂、加工困难、提高成本。

另外零件加工数量的多少，影响工件的装夹与定位、刀具的选择、工序的安排以及走刀路线的确定。例如，单件产品的加工，粗精加工使用同一把刀具，而批量生产粗精加工各用一把刀具；单件生产时需要调头零件也只用一台数控车床，而批量生产为提高效率，选用两台数控车床加工。

5．对零件加工工序进行划分

根据数控加工的特点以及零件的结构与工艺性、机床的功能、零件数控加工内容的多少、安装的次数等进行综合考虑。

（1）根据安装次数划分工序　例如，加工外形时，以内腔夹紧；加工内腔时，以外形夹紧。

（2）根据所用的刀具划分工序　例如，在加工时尽量使用同一把刀将零件所有的加工部位加工出来，以便减少换刀次数，缩短刀具的移动距离。特别是加工时使用的刀具数量超过数控车床的刀位数时，由于刀具的重新装卸和对刀，将造成零件加工时间的延长；同时因为重新对刀可能导致零件精度的下降，甚至零件的报废。

（3）根据粗、精加工划分工序　对于易变形的零件，考虑到工件加工精度、变形等因素，可按粗、精加工分开的原则来划分，即先粗后精。粗加工的那部分工艺过程为第一道工序，精加工的那部分工艺过程为第二道工序。

（4）按加工部位划分　以完成相同型面的那部分工艺为第一道工序。有些零件加工表面多而复杂，构成零件轮廓的表面结构差异大，可按照其结构特点划分多道工序。

总之，工序的划分要根据零件的结构要求、零件的安装方式、零件的加工工艺性、数控机床的性能以及加工的实际情况等因素灵活掌握，力求合理。

 拓展延伸

在确定数控工艺时，要将粗、精加工分开进行、各表面的粗加工结束后再进行精加工。这样可以使粗加工产生的加工误差及工件变形，在精加工时得到修正，有利于提高加工精度。合理使用机床，不要将粗、精加工工序交替进行，更不要在一台机床上既进行粗加工又进行精加工。

5.1.4　数控车削加工工艺路线的拟订

数控车削加工工艺路线的拟订与普通车削加工工艺路线的拟订主要区别在于它不是指从毛坯到产品的整个工艺过程，而是仅几道数控加工工序过程的具体描述。由于数控加工工序一般均穿插于零件加工的整个工艺过程中间，因此要注意它与普通加工工艺的衔接。

拟订数控车削加工路线的主要内容包括：选择各加工表面的加工方法、划分加工阶段、划分工序、安排工序的先后顺序、走刀路线及切削用量等。

1．加工工序的划分

根据数控车床加工零件的特点，应按工序集中的原则划分工序，即在一次装夹下尽可能完成大部分甚至全部表面的加工。

（1）以一次装夹加工作为一道工序　这种方法适合于加工内容不多的零件。

（2）以同一把刀具加工的内容划分工序　对于有些工件虽然能在一次装夹中加工出很多待加工表面，但考虑到程序太长，会受某些连续工作制的限制、系统检索困难等因素的限制，因此可将一个程序中一把刀具加工的内容划分为一道工序。

（3）以加工部位划分工序　对于加工内容很多的工件，可按其结构特点将加工部位分成几个部分划分几道工序。

（4）以装夹次数划分工序　以每一次装夹完成的那部分工艺过程作为一道工序，这种划分适合于加工内容不多的零件。

（5）以粗、精加工划分工序　为了保证切削加工质量、延长刀具的使用寿命，工件的加工余量往往不是一次切除，而是逐渐减少背吃刀量切除，尤其对于易发生加工变形的零件，由于粗加工后可能发生变形而需要校形，因此，一般来说凡要进行粗、精加工的零件都要将工序分开。

2．加工顺序的确定

在数控车床加工过程中，由于加工对象复杂多样，特别是轮廓曲线的形状及位置千变万化，加上材料不同、批量不同等多方面因素的影响，再结合零件的结构与毛坯状况、定位安装与夹紧的需要来综合考虑，重点是保证零件的刚度不被破坏，尽量减少变形。只有这样，才能使所制定的加工顺序合理，从而达到质量优、效率高和成本低的目的。制订零件车削加工顺序一般遵循下列原则：

（1）先粗后精原则　为了提高生产效率并保证零件的精加工质量，在切削加工过程中，应先安排粗加工工序，在较短的时间内，将精加工前大量的加工余量去掉，同时尽量满足精加工的余量均匀性要求。当粗加工后所留余量的均匀性满足不了精加工要求时，应安排半精加工作为过渡性工序，以便使精加工余量小而均匀。精加工时，零件的最终轮廓应连续加工完成，如图 5-1 所示。

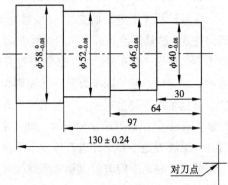

图 5-1　零件的顺序粗、精加工车削

先利用复合循环指令将整个零件的大部分余量粗车切除，再将表面精车一遍，以此来保证零件的加工精度和表面粗糙度的要求。

（2）内外交替原则　对于既有内型腔又有外表面加工的回转类零件，如果零件壁较厚，刚性相对较好，可以按照先粗后精的加工顺序进行加工；如果零件壁较薄，也就是薄壁零件，为了防止零件变形、保证零件尺寸精度，则应先进行内外表面粗加工，后进行内外表面精加工。切不可将零件上一部分表面（外表面或内表面）加工完毕后，再加工其他表面（内表面或外表面）。

（3）先近后远原则　这里的远与近，是指按加工部位相对于起刀点的距离大小而言。

在一般情况下，特别是在粗加工时，通常安排离对刀点近的部位先加工，离起刀点远的部位后加工，以便缩短刀具移动距离，减少空行程时间。对于车削加工而言，先近后远有利于保证坯件或半成品的刚性，改善切削条件。

例如，当加工图 5-2 所示的零件时，如果按 $\phi 58$ → $\phi 52$ → $\phi 46$ → $\phi 40$ 的次序安排车削，不仅会增加刀具

图 5-2　先近后远示例

返回对刀点所需的空行程时间，而且还会削弱工件的刚性，还可能使台阶的外直角处产生毛刺，对这类直径相差不大的台阶轴，所以应按 $\phi40\to\phi46\to\phi52\to\phi58$ 的次序先近后远地安排车削。

（4）先内后外原则　即先以外圆定位加工内孔，再以内孔定位加工外圆，这样可以保证高的同轴度要求，并且使用的夹具简单。

（5）基面先行原则　用做精基准的表面应优先加工出来，因为定位基准的表面越精确，装夹误差就越小。例如，数控车削零件先将中心孔加工出来，再以中心孔定位精加工外圆。

（6）保持工件刚度原则　在零件有多处需要加工时，应先加工对零件刚性破坏较小的部位，以保证零件的刚度要求。因此应该先加工与装夹部位距离较远和在后续加工中不受力或受力较小的部位。

数控车削加工工艺路线的拟订是下一步工序设计的基础，设计质量将直接影响零件的加工质量与效率，设计工艺路线时应对毛坯图、零件图详细分析并结合数控加工的特点，把数控加工工艺设计的更加合理。

5.2　数控车削加工工序的设计

数控加工工序的设计的主要任务是进一步将加工内容、刀具运动的轨迹及进给路线、工件的定位、夹紧方式、切削用量、工艺装备等确定下来，为编制加工程序做好准备。

5.2.1　刀具进给路线的确定

刀具刀位点相对于工件的运动轨迹和方向称为进给路线，即刀具从起刀点开始，直至加工结束所经过的路径，包括切削加工的路径、刀具切入、切出等空行程。

在数控加工工艺过程中，刀具时刻在数控系统的控制下，因而每一时刻都应该有明确的运动轨迹及位置。走刀路线是编写程序的依据，因此在确定进给路线时，应画工序简图，以便于程序的编写，工步的划分与安排一般可随进给路线来进行。进给路线的确定首先必须保证被加工零件的尺寸精度和表面质量，其次考虑简化数值计算、缩短走刀路线、提高效率等因素。因精加工的进给路线基本上都是沿其零件轮廓顺序进行的，因此确定进给路线的工作重点是确定粗加工及空行程的进给路线。下面将具体分析：

1. 刀具的切入、切出走刀路线

在数控机床上进行加工时，要安排好刀具的切入、切出路线，尽量使刀具沿轮廓的切线方向切入、切出，如图 5-3 所示。在车螺纹时，必须设置升速段 L_1 和降速段 L_2，这样可避免因车刀升降速而影响螺距的稳定性，防止车出不完全螺纹。一般情况 L_1 取 2～5 mm，L_2 取 1 mm，但当退刀槽比较窄时，取值要考虑螺纹退刀时，螺纹刀是否和工件退刀槽发生干涉；当使用顶尖车削螺纹时，L_1 的取值也要考虑螺纹车刀是否与顶尖发生干涉等现象。

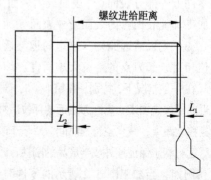

图 5-3　车螺纹时的引入升速段和降速段

2．确定最短的进给走刀路线

切削进给走刀路线短，可有效地提高生产效率，降低刀具损耗等。

在安排粗加工或半精加工的切削进给路线时，应同时兼顾到被加工零件的刚性及加工的工艺性等要求。

（1）合理设置起刀点　图 5-4 所示为采用矩形循环方式，进行粗车外圆的一般走刀路线。

图 5-4（a）所示为换刀点与起刀点重合走刀路线，其起刀点 A 的设定是考虑到精车等加工过程中需方便地换刀，故设置在离坯料较远的位置处，同时将起刀点与其换刀点重合在一起，按五刀粗车的走刀路线安排如下：

第一刀为　$A \to B \to D \to C \to A$

……

第五刀为　$A \to E \to F \to G \to A$

图 5-4（b）所示为巧用起刀点与换刀点分离，并设于图 5-4（b）所示的 B 点位置，仍按相同的切削用量进行五刀粗车，其走刀路线安排如下：

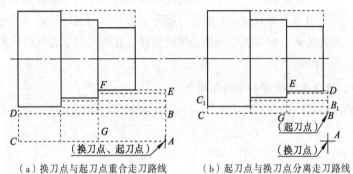

（a）换刀点与起刀点重合走刀路线　　（b）起刀点与换刀点分离走刀路线

图 5-4　合理设置起刀点

起刀点与换刀点分离的空行程为 $A \to B$…

第一刀为　$B \to B_1 \to C_1 \to C \to B$

……

第五刀为　$B \to D \to E \to G \to B$

显然，图 5-4（b）所示的走刀路线短，这种起刀点的设置同样适合与端面、螺纹等循环加工。

（2）合理设置换刀点　换刀时刀架远离工件的距离只要能保证换刀时刀具不和工件发生干涉即可。

（3）合理安排"回零"路线　在手工编制较为复杂的加工程序时，为了避免与消除机床刀架反复移动进给时产生的积累误差，刀具每加工完后要执行一次"回零"，操作时在不发生干涉的前提下，应采用 X、Z 坐标轴双向同时"回零"最短的路线指令。

3．轮廓粗车进给路线

在确定粗车进给路线时，根据最短切削进给路线的原则，同时兼顾工件的刚性和加工工艺性等要求来选择确定最合理的进给路线，如图 5-5 所示。

图 5-5（a）所示为利用数控系统具有的封闭式复合循环（又称仿形循环，适合铸锻件毛坯）功能而控制车刀沿着工件轮廓进行走刀的路线。

图 5-5（b）所示为利用其程序单一固定循环功能安排的"三角形"走刀路线。

图 5-5（c）所示为利用其棒料粗车复合循环功能而安排的"矩形"走刀路线。

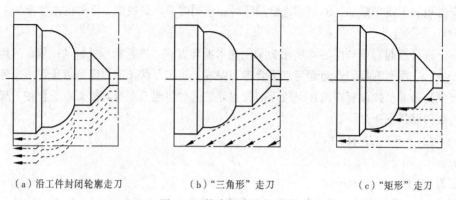

（a）沿工件封闭轮廓走刀　　　　（b）"三角形"走刀　　　　（c）"矩形"走刀

图 5-5　轮廓粗车进给路线

通过对以上三种切削进给路线，经分析和判断后可知矩形走刀进给路线的长度总和最短。因此，在同等条件下，其切削所需时间（不含空行程）为最短，刀具的损耗小。另外，棒料复合循环加工的程序段格式较简单，所以这种进给路线的安排，在制定加工方案时应用较多，但矩形循环粗车后的精车余量不够均匀。

4. 大余量铸、锻件毛坯阶梯切削进给路线

大余量铸、锻件毛坯阶梯切削进给路线，如图 5-6 所示。粗车采用沿轴向顺序车削。

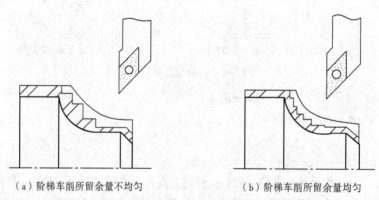

（a）阶梯车削所留余量不均匀　　　　（b）阶梯车削所留余量均匀

图 5-6　大余量铸、锻件毛坯件的阶梯切削进给路线

图 5-6（a）所示为车削所留余量不均匀的错误的阶梯切削路线，在这种情况下再精车时，主切削刃受到瞬时的重负荷冲击，不仅对影响表面质量，而且也影响到刀具的使用寿命。

图 5-6（b）为车削所留余量均匀的阶梯切削路线。

根据数控车床加工的特点，如果毛坯形状的加工余量为圆弧形，一般可不采用阶梯进给路线，常采用沿圆弧方向切削切除加工余量的方法。

5. 特殊进给路线

（1）切断刀的特殊进刀加工　利用切断刀可以完成倒角、梯形槽、长圆弧槽的各种精加工，如图 5-7 所示。但注意用切断刀车削之前必须用 35° 外圆车刀荒车，而后用切断刀精车。

图 5-7（a）所示为车削长圆弧槽时进刀路线图，车削时刀具应先贴近工件外径，如果以左刀尖对刀轴向移动进刀时，到切削点位置应加上刀宽距离为编程尺寸，即用右刀尖车右圆弧。长圆弧槽中间平走刀的轴向距离，为零件中间轴向长度减去刀宽距离为编程尺寸，用左刀尖车左圆弧。

图 5-7（b）所示为表示车削梯形槽时进刀路线图，具体方式参照长圆弧槽的车削方法。

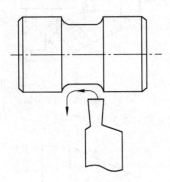
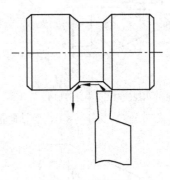

（a）切断刀对长圆弧槽的加工　　　　　　（b）切断刀对梯形槽的加工

图 5-7　切断刀的特殊进刀加工切削进给路线

相关链接

在数控车床上切槽刀加工，如果刀宽等于要求加工的槽宽，则切槽刀一次切槽到位，若以较窄的切槽刀加工较宽的槽，则应分多次切入。合理的切削路线是：先切中间，再切左右两刀，因先切中间时，刀刃两侧的负荷均等，后面的两刀，一刀是左侧负荷重，一刀是右侧负荷重，刀具的磨损还是均匀的。

（2）由车床机械装置决定进刀路线　在数控车削加工中，一般情况下，Z 坐标轴方向的进给运动都是沿着负方向进给，但有时按常规的负方向安排进给路线并不合理，甚至可能车坏工件。例如，当采用尖形车刀加工大圆弧内表面零件时，安排两种不同的进给路线，如图 5-8 所示，其结果也不相同。

图 5-8（a）所示为沿内腔轴向正方向进刀加工，即沿着正 Z 向走，吃刀抗力沿负 X 向作用时，如图 5-9 所示。当尖刀运动到圆弧的换象限处时，X 向吃刀抗力 P_x 方向与横拖板传动力方向相反，即使滚珠丝杠螺母副存在机械传动反向间隙，不会产生扎刀现象，因此，这是一种合理的走刀进给路线。

图 5-8（b）所示为沿内腔轴向负方向进刀加工，即沿着负 Z 向作用时，如图 5-10 所示。当刀尖运动到圆弧的换象限时，X 向吃刀抗力 P_x 方向与横拖板传动力方向一致，若滚珠丝杠螺母副有机械传动反向间隙，就可能使刀尖嵌入工件表面造成扎刀现象，从而大大降低零件的表面质量。

相关链接

确定走刀路线的工作重点，主要用于确定粗加工及空行程的走刀路线，因精加工切削过程的走刀路线基本上都是沿其零件轮廓顺序进行的。在保证加工质量的前提下，使加工程序具有最短的走刀路线，不仅可以节省整个加工过程的执行时间，还能减少一些不必要的刀具消耗及机床进给机构滑动部件的磨损等。

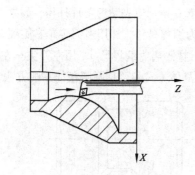

（a）内腔轴向正方向进刀加工

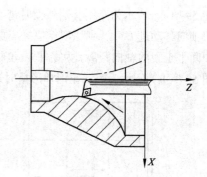

（b）内腔轴向负方向进刀加工

图 5-8　内腔轴向正、反两个方向进刀加工示意图

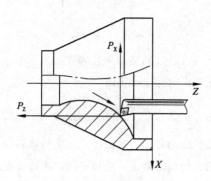

图 5-9　合理进给方式

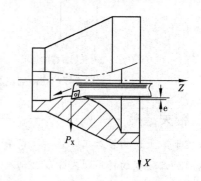

图 5-10　扎刀现象

5.2.2　车削加工路线的选择原则与优化

确定加工路线的主要任务是粗加工及空行程的走刀路线，因为精加工一般是沿零件的轮廓走刀。

1. 常用加工路线选择原则

（1）首先按已定工步顺序确定各表面加工进给路线的顺序。

（2）寻求最短加工路线，减少空走刀时间，提高加工效率。

（3）选择加工路线时应使工件加工变形最小，对横截面积小的细长零件或薄壁零件，应采用分几次走刀或对称去余量法安排进给路线。

（4）数控车削加工过程一般要经过循环切削，所以要根据毛坯的具体情况确定循环切削的进给量、背吃刀量，尽量减少循环走刀次数以提高效率。

（5）轴类零件安排走刀路线的原则是轴向走刀、径向走刀，循环切削的终点在粗加工起点附近，可减少走刀次数，避免不必要的空走刀。

（6）盘类零件安排走刀路线的原则是径向走刀、轴向走刀，循环切削的终点在起点附近，编盘类零件程序与轴类零件相反。

（7）铸锻件毛坯形状与加工后零件形状相似，留有一定的加工余量。一般可采用封闭轮廓循环指令切削加工，这样可提高效率。

2. 常用车削加工路线的优化

（1）轴类成形表面的加工路线　轴类零件（长 L 与直径 D 之比 $L/D \geqslant 1$ 的零件）采用 Z 坐标

方向切削加工，X 方向进刀、退刀的矩形循环进给路线，在数控车床上加工轴类零件方法是遵循"先粗后精，先大后小"的基本原则。先对零件进行整体粗加工，然后再半精加工、精加工。

在车削零件时先从大径处开始车削，然后依次往小直径处进行加工。在数控机床上精加工轴类零件时，一般从右端开始连续不断地完成整个零件的切削。

（2）盘类成形零件表面的加工路线　盘类零件（长 L 与直径 D 之比 $L/D \leqslant 1$ 的零件）采用径向切削加工，轴向进刀、退刀的封闭循环进给路线。

（3）余量分布较均匀的铸、锻件表面的加工路线　按零件形状逐渐接近最终尺寸指令（封闭轮廓循环指令、或子程序）采用"剥皮式"进给路线进行加工，如图 5-5（a）所示。

5.2.3　工件在数控车床上的定位

工件在机床上或夹具的定位与夹紧正确与否，直接影响到工件的加工质量。在零件的机械加工工艺过程中，合理地选择定位基准对保证工件的尺寸精度和相互位置精度有重要的作用。毛坯在开始加工时，都是以未加工的表面定位，这种基准面称为粗基准；用已加工后的表面作为定位基准面称为精基准。

1．粗基准的选择

选择粗基准时，必须要达到以下两个基本要求：首先应保证所有加工表面都有足够的加工余量；其次还要保证工件加工表面与不加工表面之间具有一定的位置精度。

（1）选择重要表面为粗基准　为保证工件上重要表面的加工余量小而均匀，应选择加工精度及表面质量要求较高的表面为粗基准。

（2）选择不加工的表面作粗基准　对于同时有加工表面与不加工表面的工件，为保证不加工表面之间的位置要求，应选择不加工表面作粗基准。图 5-11 所示为带轮粗基准选择。

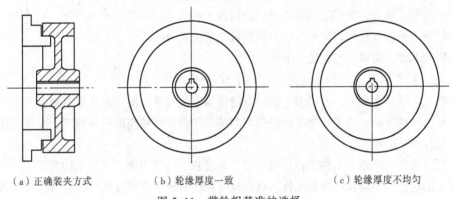

（a）正确装夹方式　　　（b）轮缘厚度一致　　　（c）轮缘厚度不均匀

图 5-11　带轮粗基准的选择

图 5-11（a）所示由于铸造时有一定的形位误差，因此第一次装夹车削时，应选择带轮内缘的不加工表面作为粗基准，加工后就能保证轮缘厚度基本相等，如图 5-11（b）所示。如果选择带轮外圆加工表面作为粗基准，加工后因铸造误差不能消除，使轮缘厚度不均匀，如图 5-11（c）所示。

（3）合理分配加工余量　对于所有表面都需加工的工件，在选择粗基准时，应考虑合理分配各加工表面的余量，选择毛坯量最小、精度高的表面作粗基准。这样不会因位置的偏移而造成余量太少的部位加工不出来。

阶梯轴为铸件毛坯 A 侧余量最小，B 侧余量最大，如图 5-12 所示。粗车找正时应以 A 侧为基准，适当兼顾 B 侧加工余量。

（4）粗基准应选择平整光滑的表面，铸件装夹时应让开浇、冒口部分。

（5）应选用工件上强度、刚性好的表面作为粗基准，以防止将毛坯夹坏或产生松动。

（6）粗基准应避免重复使用。在同一尺寸方向上，粗基准只允许使用一次，以避免产生较大的定位误差。

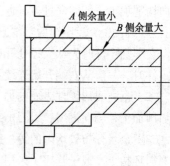

图 5-12　以加工余量小的表面找正

2．精基准的选择原则

选择精基准时主要应保证加工精度及装夹方便，夹具结构简单。选择原则如下：

（1）基准重合原则　即选择设计基准或装配基准作为定位基准，以避免产生基准不重合误差。这种基准重合的情况能使某个工序所允许出现的误差加大，使加工更容易达到精度要求，经济性更好。但是，这样往往会使夹具结构复杂，增加操作困难，例如，轴套、齿轮坯和带轮，在精加工时利用心轴以孔作为定位基准来加工外圆等，如图 5-13 所示。在车床的三爪自定心卡盘上加工法兰盘时，一般先车好法兰盘的内孔和螺纹，然后将其安装在专用的心轴上再加工凸肩、外圆和端面。即将定位基准和装配基准重合，达到装配精度要求。

（2）基准统一原则　当工件上有许多表面需要进行多道工序加工时，应尽可能在多个工序中采用同一组基准定位，即基准统一原则。例如，加工轴类零件时，采用两中心孔定位加工各外圆表面、齿轮坯和齿形加工多采用齿轮的内孔及一端面为定位基准，均属于基准统一原则。

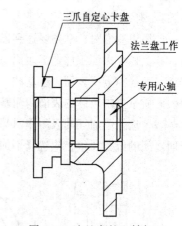

图 5-13 法兰盘的心轴加工

（3）自为基准原则　有些精加工工序为了保证加工质量，要求加工余量小而均匀，采用加工表面本身作为定位基准，即自为基准原则。

（4）互为基准原则　为了使加工面获得均匀的加工余量和较高的位置精度，可采用加工面互为基准，反复加工的原则。

（5）便于装夹的原则　工件定位要稳定，夹紧可靠，操作方便，夹具结构简单。

工件上的定位精基准，一般是工件上具有较高精度要求的重要表面，但有时为了使基准统一或定位可靠，操作方便，需人为地制造一类基准面，这些表面在零件使用中并不起作用。

5.2.4　加工余量与工艺尺寸的确定

在选择好毛坯，拟定出机械加工工艺路线之后，就可以确定加工余量并计算各工序的工序尺寸。余量大小与加工成本、质量密切相关。余量过小，会使前一道工序的缺陷得不到修正，造成废品，从而影响加工质量和成本。余量过大，不仅浪费材料，而且要增加切削工时，增大刀具的磨损与机床的负荷，从而使加工成本增加。

（1）工序余量和总余量　在机械加工过程中，为了使毛坯变为成品，而从毛坯表面上切去的金属层总厚度称为总加工余量。为完成某一工序所必须切除的一层金属称为工序余量。工序完成后的工件尺寸称为工序尺寸。对于回转表面（外圆和内孔）而言，加工余量是在直径上考虑的，即所切除的金属层厚度是加工余量的一半，称这种余量为双边余量，如图 5-14 所示。

其中网状剖面线为双边余量。端面加工所切除的金属层厚度和余量相等，称为单边余量，如图 5-15 所示。

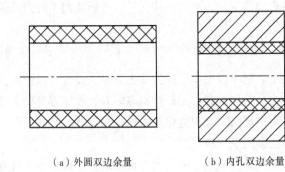

（a）外圆双边余量　　（b）内孔双边余量

图 5-14　双边余量

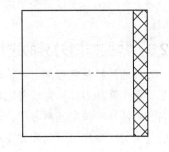

图 5-15 单边余量

（2）工序尺寸公差　由于在毛坯制造和各工序加工中都不可避免地存在误差，因而使实际的加工余量成为一个变值，如图 5-16 所示。对于外表面来说，公称余量 Z 是上工序和本工序基本尺寸（公称尺寸）之差。由手册中查出的加工余量，一般都指公称余量。最小余量 Z_{min} 是上工序最小工序尺寸和本工序最大工序尺寸之差；最大余量 Z_{max} 是上工序最大工序尺寸和本工序最小工序尺寸之差。对于内表面正好相反。工序余量的变化范围等于上工序尺寸公差 $\triangle a$ 与本工序尺寸公差 $\triangle b$ 之和。工序尺寸的公差，一般规定按"入体"原则标注。对被包容表面，基本尺寸即是最大工序尺寸；而对包容表面，基本尺寸即是最小工序尺寸，毛坯尺寸公差一般采用双向标注。

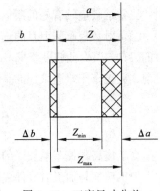

图 5-16　工序尺寸公差

🔒 **相关链接**

对轴类或盘类零件，将待加工面留足精车余量后粗车，对轴上有槽、螺纹的工件，应先加工表面，再加工槽和螺纹。先将整个零件的大部分余量切除，再精车。精加工时，零件的最终轮廓应连续加工完成。避免在连续的轮廓中安排切入、切出、换刀及停顿，以免因切削力突然变化而造成弹性变形，致使光滑连接的轮廓上产生表面划伤、形状突变或滞留刀痕等缺陷。

5.2.5　确定零件装夹方法和夹具选择

数控车床上零件安装方法与普通车床一样，要尽量选用已有的通用夹具装夹，且应注意减少装夹次数，尽量做到在一次装夹中能把零件上所有要加工表面都加工出来。零件定位基准应尽量与设计基准重合，以减少定位误差对尺寸精度的影响。

（1）数控车床通常采用三爪自定心卡盘夹持工件；轴类工件还可采用尾座顶尖支持工件。批量生产时为便于工件夹紧，多采用液压或气压动力卡盘，而且通过调整压力的大小，可改变卡盘夹紧力，以满足夹持各种薄壁和易变形工件的特殊需要。

（2）工件批量不大时，应尽量采用通用夹具、组合夹具或可调夹具，成批生产时，考虑采用专用夹具，力求结构简单，缩短生产准备时间、节省生产费用。

（3）工件的装卸要快速、方便、可靠，以缩短机床的停顿时间。

（4）夹具上各零件应不妨碍机床对工件各表面的加工，夹紧结构元件不能影响加工时刀具的进给。

5.2.6 数控车削刀具的选用

刀具的选择是数控加工工艺的重要内容之一。它不仅影响机床的加工效率，而且直接影响其加工质量。选择刀具通常要考虑机床的加工能力、工序内容、工件材料等因素。数控刀具要求精度高、刚性好、装夹调整方便、切削性能强、耐用度高。合理选用既能提高加工效率又能提高产品质量。为减少换刀时间和方便对刀，应尽可能的采用机夹刀。

（1）对数控车削刀具的要求　虽然大多数车刀与普通加工采用的刀具相同，但数控加工对刀具的要求更高。具体内容是刚度好、强度高以适应粗加工时的大背吃刀量和大进给量；高精度以适应数控加工的精度和自动换刀要求；较高的可靠性和耐用度保证加工质量和提高生产率；为使机床正常运转应具有好的断屑和排屑性能；刀具安装调整方便、选用优质刀具材料等。

（2）对数控车削刀具的选用　数控车床能兼作粗精加工，因此粗车时，选用强度高、耐磨性好的刀具，以保证精度要求。此外，为减少换刀时间和方便对刀，应尽可能采用机夹可转位刀具。目前，数控车床普遍采用的是硬质合金机夹刀具和高速钢刀具。

5.3　数控车削加工质量控制

为了提高数控车削加工的质量和精度，在进行加工时，可以采用多种方法来提高质量。

加工精度是加工后零件表面的实际尺寸、形状、位置三种几何参数与图样要求的理想几何参数的符合程度。理想的几何参数，对尺寸来说，就是平均尺寸；对表面几何形状来说，就是绝对的圆、圆柱、平面、锥面和直线等；对表面之间的相互位置来说，就是绝对的平行、垂直、同轴、对称等。零件实际几何参数与理想几何参数的偏离数值称为加工误差。

机械加工精度是指零件加工后的实际几何参数（尺寸、形状和位置）与理想几何参数相符合的程度。它们之间的差异称为加工误差。加工误差的大小反映了加工精度的高低。误差越大加工精度越低，误差越小加工精度越高。加工精度包括三个方面内容：

（1）尺寸精度　指加工后零件的实际尺寸与零件尺寸的公差带中心的相符合程度。

（2）形状精度　指加工后的零件表面的实际几何形状与理想的几何形状的相符合程度。

（3）位置精度　指加工后零件有关表面之间的实际位置与理想位置的相符合程度。

在数控车削加工中，为了保证尺寸精度，可以有以下方法：

（1）自动控制法　由测量装置、进给装置和控制系统等组成。它是将测量、进给装置和控制系统组成一个自动加工系统，加工过程依靠系统自动完成。尺寸测量、刀具补偿调整和切削加工以及机床停车等一系列工作自动完成，自动达到所要求的尺寸精度。例如，在数控机床上加工时，零件就是通过程序的各种指令控制加工顺序和加工精度。目前广泛采用按加工要求预先排的程序，由控制系统发出指令进行工作的程序控制机床（简称程控机床）或由控制系统发出数字信息指令进行工作的数字控制机床（简称数控机床），以及能适应加工过程中加工条件的变化，自动调整加工用量，按规定条件实现加工过程最佳化的适应控制机床进行自动控制加工。

（2）零件试切法　即先试切出很小部分加工表面，测量试切所得的尺寸，按照加工要求适当调刀具切削刃相对工件的位置，再试切，再测量，如此经过两三次试切和测量，当被加工尺寸达到要求后，再切削整个待加工表面。试切法通过"试切→测量→调整→再试切"，反复进行直到达到要求的尺寸精度为止。试切法达到的精度可能很高，它不需要复杂的装置，但这种方法费时（需作多次调整、试切、测量、计算），效率低，依靠操作者的技术水平和计量器具的精度，质量不稳定，所以只用于单件小批生产。

数控加工中也可以采用试切法的原理，即试切测量后改变数控加工中的参数，如刀具补偿等来提高精度。

为提高尺寸精度在进行数控加工中可以利用多种方法相结合，在加工过程中也可以调整转速，进给速度等参数。

小　结

1. 数控车削加工顺序的确定

在数控车床加工过程中，由于加工对象复杂多样，特别是轮廓曲线的形状及位置千变万化，加上受材料不同、生产批量不同等多方面因素的影响，因此在对具体零件制定加工顺序时，应该进行具体分析和区别对待，灵活处理。只有这样，才能使所制订的加工顺序更为合理，从而达到优质、高效和成本低。

2. 加工方法的选择

在数控车床上，能够完成内、外圆表面的车削、钻孔、铰孔和车螺纹等加工，具体选择时应根据零件的加工精度、表面粗糙度、材料、结构形状以及生产类型等因素，选择相应的加工方法，数控车削加工的具体方法如表 5-1 所示。

表 5-1　数控车削加工的具体方法

加工方法	尺寸公差等级范围	加工目的	加工方法
粗加工	IT12～IT11、R_a25～12.5	从毛坯上切除多余材料、使其接近零件形状	粗车、粗镗、钻孔等
半精加工	IT10～IT9、R_a6.3～3.2	进一步提高精度和降低 R_a 值，并留下合适的加工余量	半精车、半精镗、扩孔
精加工	一般精加工 IT8～IT7、R_a1.6～0.8	使一般零件的主要表面达到规定的精度和粗糙度要求，或为要求很高主要表面进行精密加工作准备	精车、精镗、粗磨粗铰等
精加工	精密精加工 IT6～IT5、R_a0.8～0.2	使一般零件的主要表面达到规定的精度和粗糙度要求，或为要求很高主要表面进行精密加工作准备	精磨、精铰、精拉等
精密加工	IT5～IT3、R_a0.1～0.08	进一步提高精加工和减少粗糙度 R_a 值（又称光整加工）	研磨、珩磨、超精加工抛光等
超精密加工	高于 IT3、R_a0.012 或更低	比精密加工更高的亚微米加工、只用于加工极个别的精密零件	金刚石刀具切削、超精密研磨和抛光等

3．刀具进给路线的确定

刀具刀位点相对于工件的运动轨迹和方向称为进给路线，即刀具从起刀点开始运动起，直至加工结束所经过的路径，包括切削路径及刀具的切入、切出的路径等。

加工路线的确定首先必须保证被加工零件的尺寸精度和表面质量，其次考虑数值计算简单、走刀路线尽量短、效率较高等。

因精加工的进给路线基本上都沿其零件轮廓顺序进行，因此确定进给路线的重点是确定粗加工及空行程的进给路线。

4．数控车削加工工艺

（1）在对零件图进行分析并确定好数控机床以后，就要确定零件的装夹定位方式、加工路线，如对刀点、换刀点、进刀退刀路线、刀具及切削用量等工艺参数（包括进给速度、主轴转速、背吃刀量等）。

（2）数控车削加工背吃刀量的一般选取量如下表 5-2 所示。

表 5-2　数控车削加工背吃刀量的一般选取量

加 工 顺 序	粗 加 工	半 精 加 工	精 加 工
背吃刀量	1～2 mm	留有 0.6 mm 左右	留有 0.4 mm 左右

（3）对于要求较小表面粗糙度值的零件，要分别进行半精加工与精加工。对于要求不高时粗加工留有 0.5 mm 左右的加工余量，半精加工与精加工合二为一、一次完成，精加工直接形成产品的最终尺寸精度和表面粗糙度。

（4）刀具、夹具的选用。

① 刀具的选择，粗车时，选用强度高、耐磨性好的刀具，以保证精度要求。此外，为减少换刀时间和方便对刀，应尽可能采用机夹刀和机夹刀片。

② 夹具的选择，一是要保证夹具的坐标方向相对固定；二是要协调工件和机床坐标系的尺寸关系。

（5）数控加工中可以采用试切法或自动控制法来保证零件的加工精度。

复 习 题

1.名词解释

粗基准、精基准、工序集中原则、基准重合原则、总加工余量、工序尺寸、工序余量

2．选择题

（1）采用下列（　　）措施不一定能缩短刀路线。

    A．减少空行程　　　　　　　　　　B．缩短切削加工路线

    C．缩短换刀路线　　　　　　　　　　D．减少程序段

（2）合理选择换刀点可以实现（　　）的优点。

    A．便于零件的测量安装　　　　　　B．便于提高零件的表面质量

    C．便于坐标的计算　　　　　　　　D．减少切削时间

（3）精基准是用（　　　）作为定位基准面。

    A. 未加工表面　　　B. 复杂表面　　　　　C. 切削量小的　　　D. 加工后的表面

（4）加工精度高、（　　　）、自动化程度高，劳动强度低、生产效率高等是数控机床加工的特点。

    A. 加工轮廓简单、生产批量又特别大的零件

    B. 对加工对象的适应性强

    C. 装夹困难或必须依靠人工找正、定位才能保证其加工精度的单件零件；

    D. 适于加工余量特别大、材质及余量都不均匀的坯件。

（5）编写数控加工工序时，采用一次装夹工位上多工序集中加工原则的主要目的是（　　　）。

    A. 减少换刀时间　　　　　　　　　　B. 减少空运行时间

    C. 减少重复定位误差　　　　　　　　D. 简化加工程序

（6）刀具的选择主要取决于工件的结构、工件的材料、工序的加工方法和（　　　）。

    A. 设备　　　　　　　　　　　　　　B. 加工余量

    C. 加工精度　　　　　　　　　　　　D. 工件被加工表面的粗糙度

（7）下列数控车床的加工顺序安排原则，（　　　）是错误的加工顺序安排原则。

    A. 基准先行　　　B. 先精后粗　　　C. 先主后次　　　D. 先近后远

（8）粗加工阶段的关键问题是（　　　）。

    A. 提高生产效率　　　　　　　　　　B. 精加工余量的确定

    C. 零件的加工精度　　　　　　　　　D. 零件的表面质量

（9）在数控加工中，选择刀具时一般应优先采用（　　　）。

    A. 标准刀具　　　B. 专用刀具　　　C. 复合刀具　　　D. 都可以

（10）先在钻床上钻孔，再到车床上对同一个孔进行镗，将这个过程称为（　　　）。

    A. 两个工步　　　B. 两道工序　　　C. 两次走刀　　　D. 一道工序两个工步

3. 填空题

（1）数控加工工序的设计的主要任务是将_____、_____、_____、_____、_____、_____、_____等确定下来，为编制加工程序做好准备。

（2）确定加工路线的主要任务是_____及_____路线。

（3）在数控车床上加工轴类零件时，应遵循_____原则。

（4）加工余量是指_____的金属层厚度。余量有_____余量和_____余量之分。

（5）一般情况下，总加工余量并非一次切除，而是分在各工序中逐渐切除，故每道工序所切除的金属层厚度称为该_____。_____是相邻两工序的工序尺寸之差，是毛坯尺寸与零件图样的设计尺寸之差。

（6）零件机械加工的工艺路线是指零件生产过程中，由_____到_____所经过的工序先后顺序。

（7）在数控加工中，刀具刀位点相对于工件运动的轨迹称为_____路线。

（8）走刀路线是指加工过程中，_____相对于工件的运动轨迹和方向。

（9）加工顺序的确定原则_____、_____、_____及_____。

（10）在零件的机械加工工艺过程中，合理地选择_____对保证工件的_____和

_____有重要的作用。

4．判断题

（1）数控加工应尽量选用组合夹具和通用夹具装夹工件，避免采用专用夹具。　（　　）

（2）进给路线的确定一是要考虑加工精度，二是要实现最短的进给路线。　（　　）

（3）机床的进给路线就是刀具的刀尖或刀具中心相对机床的运动轨迹和方向。　（　　）

（4）加工零件在数控编程时，首先应确定数控机床，然后分析加工零件的工艺特性。　（　　）

（5）数控加工中心的工艺特点之一就是"工序集中"。　（　　）

（6）同一工件，无论用数控机床加工还是用普通机床加工，其工序都一样。　（　　）

（7）零件图中的尺寸标注要求是完整、正确、清晰、合理。　（　　）

（8）加工路线的正确与否直接影响到被加工零件的精度和表面质量。　（　　）

（9）确定走刀次数的多少主要依据的是工件的尺寸。　（　　）

（10）数控车床加工过程中一般遵循先粗后精的原则。　（　　）

5．问答题

（1）工艺分析包括哪些内容？对零件材料、件数的分析有何意义？

（2）确定加工工序的常见方法有哪些？

（3）数控加工工艺包括哪些内容？

（4）确定数控机床加工路线的原则是什么？

（5）数控加工工序卡主要包括哪些内容？与普通加工工序卡有什么区别？

（6）制订零件车削加工常用顺序一般遵循哪些原则？

（7）制订数控车削加工工艺方案时应遵循哪些基本原则？

（8）在数控机床上按"工序集中"原则组织加工有何优点？

第 6 章

数控车削加工工艺应用

学习目标

- 掌握轴类、套类和盘类零件数控车削工艺分析与加工方法。
- 熟悉薄壁零件、组合零件的工艺分析与刀具参数的选择。
- 会编写复杂零件的机械加工工艺和数控加工工艺。

数控车削零件在机械加工中所占有的比例大约在 50%以上，数控车削加工工艺合理的编制对实现零件的安全、优质、高效、经济的加工具有极为重要的作用。这里主要包括机床的选用、刀具、夹具、走刀路线及切削用量等。只有选择合理、恰当的工艺参数及切削方法才能获得满意的加工效果。

6.1 轴类零件数控车削加工工艺分析

1. 分析零件图样

图 6-1 所示的零件表面由外螺纹、退刀槽、外圆柱面、外圆弧面等组成，其中多个表面在直径尺寸方向都有较高的尺寸精度要求。

零件图尺寸标注完整，符合数控加工尺寸标注。零件毛坯材料为 $\phi 35 \times 105$ 圆棒料、材料为 45 钢，切削加工性能较好，无热处理和硬度要求；左、右端面均为尺寸设计基准；无位置度要求，加工数量为单件生产。对于尺寸精度要求，主要通过准确对刀、正确设置刀补、设置磨耗和正确制订合适的加工工艺来保证。

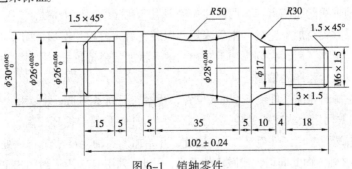

图 6-1 销轴零件

零件图样上带公差的尺寸，编程时一般取平均值。但也可取基本尺寸编程，因为后续加工时要通过调整编程尺寸获得零件的尺寸精度。但需要留有足够的精加工余量，否则粗加工的零件某些尺寸可能小于零件图样的尺寸使加工工件报废。

2．工艺准备

（1）设备选用：根据加工零件的尺寸精度和批量，选用 FANUC 0i 系统 CAK6136 型数控车床加工。

（2）刀具选用：根据加工内容所选刀具如图 6-2 所示。该零件为单件生产，粗、精加工可使用同一把刀具，45° 端面刀；外圆刀选用 90° 菱形外圆刀（即选用刀片刀尖角为 35° 的 V 型刀片，取刀具圆弧半径为 0.4mm）、刀宽为 3 mm 的机夹切槽刀、机夹 60° 螺纹刀，数控加工刀具如表 6-1 所示。

（a）45° 端面刀　　（b）90° 菱形外圆刀　　（c）切槽刀　　（d）螺纹刀

图 6-2　加工所需数控机夹刀具

表 6-1　数控加工刀具卡

序号	刀具号（H）	刀具规格名称标准	刀柄型号	刀具补偿量		刀具简图	刀片材料	备注
				刀位点	半径值地址（D）			
1		端面刀（20×20）	（略）	刀尖圆弧圆心		（见图 6-2）	硬质合金	手控
2	T01	外圆粗、精车刀（20×20）	（略）	刀尖圆弧圆心	0.4 mm	（见图 6-2）	硬质合金	自动
3	T02	切断刀 20×20	（略）	刀尖		（见图 6-2）	硬质合金	自动
4	T03	外螺纹刀（20×20）	（略）	刀尖		（见图 6-2）	硬质合金	自动

（3）量具选用：0～25 mm 外径千分尺、25～50 mm 外径千分尺、0～150 mm 游标卡尺、M16×1.5 螺纹环规。

3．车削加工工艺分析

（1）编程原点与换刀点的确定　根据编程原点的确定原则，该工件的编程原点设定在加工完成后右端面与主轴轴线的交汇点上，两次装夹换刀点选在 X100、Z100 处。

（2）制订加工方案与加工路线　本例采用两次装夹后完成粗、精加工的加工方案，先加工左端外形，完成粗、精加工后，再调头加工右端。由于粗加工余量较大，因此，粗车采用复合循环指令进行编程，以简化程序的编制。

左端加工：左端面在离工件毛坯 2 mm 位置，开始加工到 $\phi30$ mm 处结束，在 FANUC 系统上符合 X、Z 轴方向共同增大或减小的模式，因此采用 G71 矩形复合循环切削。

右端加工：右端面在离工件毛坯 2 mm 位置，开始加工到轴向尺寸 77 mm 处结束，在 FANUC 系统上不符合 X、Z 轴方向共同增大或减小的模式，因此，采用 G73 矩形封闭式轮廓复合循环切削。

（3）确定装夹方案　用三爪自定心卡盘装夹，尽量在一次装夹中能将零件上所有要加工表面都加工出来。零件定位基准应尽量与设计基准重合，以减少定位误差对尺寸精度的影响。

第一次装夹时，用三爪自动定心卡盘装夹，使工件伸出卡盘外 40 mm 完成零件左端加工（对刀时已对左端面加工，以后不需要再加工）。工件原点、装夹及精加工走刀路线如图 6-3 所示。

第二次装夹时，以 $\phi 26$ 台阶为定位面三爪卡盘夹持 $\phi 22$ 外圆。工件原点、装夹及精加工走刀路线如图 6-4 所示。

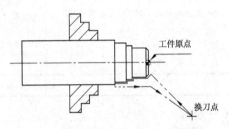

图 6-3　第一次装夹及精车走刀路线图

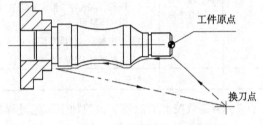

图 6-4　第二次装夹及精车走刀路线图

（4）确定加工参数　根据工件表面尺寸精度要求、刀具材料、工件材料以及机床的刚性，参考切削用量手册或根据刀具厂商提供的参数选取切削速度与每转进给量。背吃刀量的选择因粗、精加工而有所不同。粗加工时，在工艺系统刚性和机床功率允许的情况下，尽可能取较大的背吃刀量，以减少进给次数；精加工时，为保证零件表面粗糙度要求，背吃刀量一般取 0.1～0.4 mm 较为合适，数控加工切削参数如表 6-2 所示。

表 6-2　数控加工切削参数卡片

工步号	作业内容	刀具号（H）	刀具种类	刀具补偿量地址		主轴转速/（r/min）	进给量/（mm/r）	背吃刀量/mm	精加工余量/mm	
				长度	半径				X轴	Z轴
1	平 端 面	T04	端面刀	（略）		1 500	手动			
2	粗车外圆	T01	外圆刀	（略）		1 200	0.8	2	0.8	0.1
3	精车外圆					1 800	0.4	0.4		
4	切　槽	T02	切槽刀	（略）		800	0.05	3		
5	车螺纹	T03	螺纹刀	（略）		700	1.5	分层	0.2	

（5）确定加工顺序　加工顺序的确定按由粗到精、由近到远的原则，在两次装夹中尽可能加工出较多的工件表面。结合本零件的结构特征，应先加工外轮廓表面。由于该零件为单件生产，走刀路线设计不必考虑最短进给路线或最短空行程路线，精加工外轮廓表面车削走刀路线可沿零件轮廓顺序进行，如图 6-3、图 6-4 所示。

（6）编制机械加工工艺　机械加工工艺过程如表 6-3 所示。

表 6-3　机械加工工艺过程卡片

工序号	工序名称	作　业　内　容	加工设备
1	下料	ϕ35 mm×105 mm	
2	粗、精车左端面与外形	（1）三爪自定心卡盘装夹 ϕ35 外径一端，车端面， （2）用外圆刀粗、精加工左端面倒角、$\phi22_0^{+0.04}$ $\phi26_0^{+0.024}$ $\phi30_0^{+0.045}$（粗加工留 $X=$ 0.4 mm、Z=0.1 mm 精加工余量）轴向总长度到 25 mm	数控车床 CAK6136
3	粗、精车右端面与外形	（1）调头，垫铜皮用三爪自定心卡盘装夹工件左端以 $\phi22_0^{+0.04}$ 外圆台阶定位、用端面刀车削左端面、保证总长度 102±0.24 mm （2）用外圆刀粗、精加工外螺纹面、ϕ17 外圆、R30 圆弧面、$\phi28_0^{+0.04}$、R50 圆弧面、$\phi28_0^{+0.04}$（粗加工留 $X=$ 0.4 mm、Z = 0.1 mm 精加工余量）轴向到 $\phi28_0^{+0.04}$ 圆柱面结束 （3）用切槽刀车削槽为 3×1.5 mm 外槽 （4）车削螺纹 M16×1.5	
4	全件检验	检验卡	

（7）编制数控加工工艺　数控加工工艺过程如表 6-4 所示。

表 6-4　数控加工工艺卡片

数控加工工艺卡片		机床型号		零件图号			共　页
单位		产品名称		零件名称			第　页
工序		工序名称		程序编号		备注	
工步号	作　业　内　容		刀具号	刀具名称	主轴转速/（r/min）	进给速度/（mm/r）	背吃刀量 mm
	左端加工						
1	手动加工左端面			端面刀	1 500	0.8	手控
2	手动对刀（外圆刀 Z=0）				1 200	0.6	手控
3	自右向左粗加工左端外轮廓（矩形车削）		T01	外圆刀	1 000	0.8	1.5
4	自右向左精加工左端外轮廓（轮廓车削）				1 800	0.4	0.15
5	工件左端精度检验						
	右端加工						
1	调头手动加工右端面（切长度 1.02±0.24）			端面刀	1 500	0.6	手控
2	手动对刀（外圆刀、外槽刀、外螺纹刀 Z = 0）				1 200	0.6	手控
3	自右向左粗加工右端外轮廓（轮廓车削）		T01	外圆刀	1 000	0.8	1.5
4	自右向左精加工右端外轮廓（轮廓车削）				1 800	0.4	0.15
5	切槽（3×1.5）		T02	切槽刀	800	0.06	3
6	车削外螺纹（M16×1.5）		T03	螺纹刀	700		分层
7	工件整体精度检验						

6.2 套类零件数控车削加工工艺分析

1．分析零件图样

图 6-5 所示的零件由内、外表面组成，其中，内表面包括内腔、内槽、内螺纹。外表面在直径尺寸方向都有较高的尺寸精度和形位精度要求。

对于尺寸精度要求，主要通过在加工过程中的准确对刀、正确设置刀补及磨耗以及正确制定合适的加工工艺等措施来保证。

对于形位精度要求，外圆 $\phi80$ 对轴心线 A 的跳动度公差为 0.03，左端面对轴心线 A 的垂直度公差为 0.02，这两项形位精度主要通过调整机床的机械精度，制定合理的加工工艺及工件的装夹、定位与找正等措施来保证。

对于表面粗糙度，$\phi50$ 的外表面要求 $R_a0.8$ μm、$\phi30$ 的内表面要求 $R_a1.6$ μm 这两项主要通过选用合理的刀具及其几何参数，正确的粗、精加工路线，合理的切削用量及冷却等措施来保证。

零件图尺寸标注完整，符合数控加工尺寸标注。零件毛坯材料为 $\phi85×83$ 圆棒料、材料为 45 钢，切削加工性能较好，无热处理和硬度要求；右端面为尺寸设计基准，加工数量为单件生产。

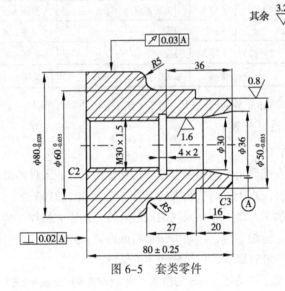

图 6-5 套类零件

2．工艺准备

（1）设备选用：根据加工零件的尺寸精度和批量，选用 FANUC 0i 系统 CAK6136 型数控车床加工。

（2）刀具选用：根据加工内容所选刀具如图 6-6 所示。

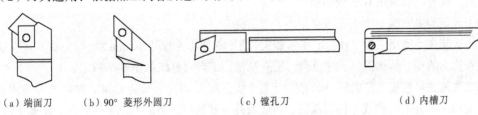

（a）端面刀　　（b）90° 菱形外圆刀　　　　（c）镗孔刀　　　　　　（d）内槽刀

图 6-6 加工所需数控机夹刀具之一

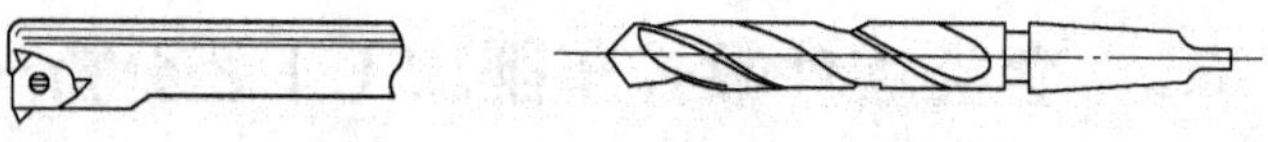

（e）内螺纹刀   （f）钻头

图 6-6　加工所需数控机夹刀具之二

　　该零件粗、精加工可使用同一把刀具 45°端面刀；外圆刀选 90°菱形外圆刀（即选用刀片刀尖角为 35°的 V 型刀片，取刀具圆弧半径为 0.4 mm）、刀宽为 4 mm 的内切槽刀、机夹 60°内螺纹刀、内镗刀、ϕ24 钻头、数控加工刀具如见表 6-5 所示。

表 6-5　数控加工刀具卡片

序号	刀具号 （H）	刀具规格、名称 及标准	刀柄 型号	刀具补偿量		刀具简图	刀片 材料	备注
				刀位点	半径值 地址（D）			
1		端面刀（20×20）	（略）	刀尖圆弧圆心		（见图6-6）	硬质合金	手控
2	T01	外圆粗、精车刀 （20×20）	（略）	刀尖圆弧圆心	0.4 mm	（见图6-6）	硬质合金	自动
3	T02	粗、精内镗刀（20×20）	（略）	刀尖圆弧圆心	0.2 mm	（见图6-6）	硬质合金	自动
4	T03	内槽刀 20×20	（略）	刀尖		（见图6-6）	硬质合金	自动
5	T04	内螺纹车刀（20×20）	（略）	刀尖		（见图6-6）	硬质合金	自动
6		钻头	锥柄	钻尖	Ø24	（见图6-6）	高速钢	手控

　　（3）量具选用：50～75 mm 外径千分尺、75～100 mm 外径千分尺、0～150 mm 游标卡尺、M30×1.5 内螺纹塞规、内径百分表。

3．车削加工工艺分析

　　（1）编程原点与换刀点的确定　根据编程原点的确定原则，该工件的编程原点设定在加工完成后右端面与主轴轴线的交汇点上；两次装夹换刀点选在 X100、Z100 处。

　　（2）制订加工方案与加工路线　本例采用两次装夹后完成粗、精加工的加工方案，先加工左端内腔、外轮廓，完成粗、精加工后，再调头加工右端内腔、外轮廓。由于粗加工余量较大，因此，粗车采用复合循环指令进行编程，以简化程序的编制。

　　左端加工：左端面在离工件毛坯 2 mm 的位置，开始轴向到 33 mm、R5 部分结束，内腔与外轮廓加工都采用 G90 简单固定循环。

　　右端加工：右端面在离工件毛坯 2 mm 的位置，开始轴向到 47 mm、R5 部分结束，内腔、外轮廓加工，在 FANUC 系统上符合 X、Z 轴方向共同增大或减小的模式，因此都采用 G71 矩形复合循环切削（或外轮廓采用 G73 轮廓循环）。

　　（3）确定装夹方案　采用三爪自定心卡盘装夹。

　　第一次装夹毛坯用三爪自动定心卡盘装夹，使工件伸出卡盘外 40 mm 左右，完成零件左端面、内腔及外轮廓的粗、精加工。工件原点、装夹及精加工走刀路线如图 6-7 所示。

　　第二次装夹以精加工完成的 ϕ80 表面定位（垫铜皮），即用卡盘装夹加工 Ø80 的外圆柱表面，伸出长度 60 mm 左右，完成零件右端面、内腔及外轮廓的粗、精加工。工件原点、装夹及精车走刀路线如图 6-8 所示。

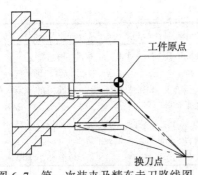

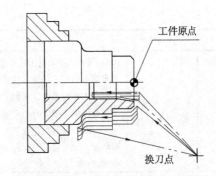

图 6-7　第一次装夹及精车走刀路线图　　　　图 6-8　第二次装夹及精车走刀路线图

（4）确定加工参数　在机床工艺系统刚性和机床功率允许的情况下，尽可能取较大的背吃刀量，以减少进给次数；精加工时，为保证零件表面粗糙度要求，背吃刀量一般取 0.1～0.4 mm 较为合适，数控加工切削参数如表 6-6 所示。

表 6-6　数控加工切削参数

工步号	作业内容	刀具号（H）	刀具种类	刀具补偿量地址		主轴转速/（r/min）	进给量/（mm/r）	背吃刀量/mm	精加工余量/mm	
				长度	半径				X轴	Z轴
1	平端面	T04	端面刀	（略）		1 500	手控			
2	粗车外圆	T01	外圆刀	（略）	0.2	1 200	0.8	1.5	0.4	0.1
3	精车外圆			（略）	0.2	1 800	0.4	0.4		
4	粗车内腔	T02	内腔刀	（略）	0.2	900	0.5	1.0	0.3	0.1
5	精车内腔			（略）	0.2	1 200	0.2	0.3		
6	切内槽	T03	切槽刀	（略）		800	0.05	4		
7	车内螺纹	T04	螺纹刀	（略）		700	1.5	分层	0.2	0
8	钻孔		钻头	（略）		500	手控			

（5）确定加工顺序　结合零件的结构特征，两次装夹加工内、外轮廓表面。由于该零件为单件生产，粗、精加工内、外轮廓表面车削走刀路线，如图 6-7、图 6-8 所示。

（6）编制机械加工工艺　机械加工工艺过程如表 6-7 所示。

表 6-7　机械加工工艺过程卡

工序号	工序名称	作　业　内　容	加工设备
1	下料	$\phi 85$ mm×85 mm	锯床
2	粗、精车左端内、外轮廓	（1）三爪自定心卡盘装夹 $\phi 85$ 外径一端，车端面 （2）钻通孔 $\phi 24$ mm （3）用内镗刀粗、精加工内腔表面、$\phi 28.5$ 内孔、内倒角（粗加工留 $X=0.3$mm、$Z=0.1$ mm 精加工余量）总轴向长度到 42 mm （4）切 4×2 内退刀槽 （5）车削 M30×1.5 内螺纹 （6）用外圆刀粗、精加工左端 $\phi 80^{0}_{-0.028}$ 外圆（粗加工留 $X=0.4$ mm、$Z=0.1$ mm 精加工余量）总轴向长度到 40 mm	数控车床 CAK6136

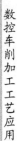

工序号	工序名称	作 业 内 容	加工设备
3	粗、精车右端内、外轮廓	（1）调头，垫铜皮用三爪自定心卡盘装夹工件右端 $\phi 80^{0}_{-0.028}$ 外圆、用端面刀车削右端面、保证总长度 80 ± 0.25 mm （2）用内镗刀粗、精加工内腔表面，$\phi 36 \sim \phi 30$ 内锥孔、$\phi 30$ 内圆柱孔（粗加工留 $X=0.3$ mm、$Z=0.1$ mm 精加工余量） （3）用外圆刀粗、精加工左端 $C3$ 倒角、$\phi 50^{0}_{-0.025}$ 外圆、$\phi 50^{0}_{-0.025} \sim \phi 60^{0}_{-0.035}$ 圆环面、$\phi 60^{0}_{-0.035}$ 圆柱面、$R5$ 凹圆弧面、$R5$ 凸圆弧面、（粗加工留 $X=0.4$ mm、$Z=0.1$ mm 精加工余量）	数控车床 CAK6136
4	全件检验	检验卡	

（7）编制数控加工工艺　数控加工工艺过程如表6-8所示。

表6-8　数控加工工艺卡片

数控加工工艺卡片		机床型号			零件图号				共　　页		
单位		产品名称			零件名称				第　　页		
工序		工序名称			程序编号			备注			
工步号	作 业 内 容			刀具号	刀具名称	主轴转速/（r/min）	进给速度/（mm/r）	背吃刀量/mm			
	左端加工										
1	手动加工左端面				端面刀	1 500	0.6	手控			
2	手动钻 $\phi 24$ 通孔				钻头	800	0.7	手控			
3	手动对刀（镗刀、槽刀、外圆、螺纹刀 $Z=0$）					1 500	0.5	手控			
4	自右向左粗加工左端内轮廓（矩形车削）			T02	内镗刀	1 000	0.5	1.5			
5	自右向左精加工左端内轮廓（轮廓车削）					1 800	0.2	0.15			
6	切内槽（4×2）			T03	内槽刀	800	0.06	4			
7	车削内螺纹（M30×1.5）			T04	螺纹刀	700	1.5	分层			
8	自右向左粗加工左端外轮廓（矩形车削）			T01	外圆刀	1 000	0.8	1.5			
9	自右向左精加工左端外轮廓（轮廓车削）					1 800	0.4	0.15			
10	右端工件精度检验										
	右端加工										
1	调头手动加工右端面（切长度 80 ± 0.25）				端面刀	1 500	0.5	手控			
2	手动对刀（内镗刀、外圆刀 $Z=0$）						0.8	手控			
3	粗加工右端内轮廓（矩形车削）			T02	内镗刀	1 000	0.5	1.5			
4	精加工右端内轮廓（轮廓车削）					1 800	0.2	0.15			
5	粗加工右端外轮廓（矩形车削）			T01	外圆刀	1 000	0.8	1.5			
6	精加工右端外轮廓（轮廓车削）					1 800	0.4	0.15			
7	右端工件精度检验										

6.3　薄壁零件数控车削加工工艺分析

6.3.1　单件生产加工工艺分析一

1．分析零件图样

图 6-9 所示为薄壁零件，零件图尺寸标注完整，符合数控加工尺寸标注。零件毛坯材料为锡青铜铸件，外形、内孔已铸出，无热处理和硬度要求，加工数量为批量生产。由于在切削过程中，薄壁受切削力的作用，易变形，从而导致呈微略三角形现象，另外薄壁套管由于加工时散热性差，极易产生热变形，出现尺寸和形位误差，从而达不到图样要求。

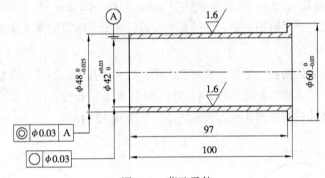

图 6-9　薄壁零件

如何减小切削力对工件变形的影响是车削中的首要问题。为保证零件的加工质量，应充分考虑加工工艺对零件质量的影响，为此可着重对工件的装夹、刀具几何参数进行合理设计，从而有效克服薄壁零件加工过程中出现的变形，以保证加工精度。

对于形位精度要求，外圆柱度 $\phi0.03$ mm、圆度 $\phi0.03$ mm 要求比较高，由于是单件生产，因此需要设计一专用护轴（心轴外径 $\phi42^{0}_{-0.03}$ mm）与开缝套筒（内径 $\phi52^{+0.03}_{0}$ mm）共同装夹，目的是减少工件变形、防止振动以及切断时掉下碰伤工件。制定合理的加工工艺及工件的装夹、定位与找正等措施来保证。为了使工件能一次性加工完毕，毛坯应留轴向夹位量和切断余量。

2．单件加工装夹分析

（1）薄壁零件加工　先装夹工件毛坯（长度为 130 mm）中间偏右部位，粗、精车左端外圆 $\phi52^{0}_{-0.03}$ mm（毛坯外径约 $\phi55$ mm），长 50 mm 为装夹定位做准备，调头用开缝套筒重新装夹工件 $\phi52$ 的外圆，车内孔，当内孔粗、精加工完后，以内孔 $\phi42^{+0.03}_{0}$ mm 为定位基准，将工件以过渡配合形式套在护轴上，将左端部轴向装夹位量于开缝套中夹紧。再用前后顶尖固定护轴，使薄壁零件在不变形的情况下加工薄壁零件外圆，车削薄壁零件装夹，如图 6-10 所示。

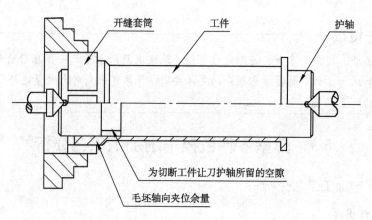

图 6-10　车削薄壁类零件装夹示意图

（2）用护轴、开缝套筒加工。

① 加工护轴材料用 45 钢、车端面、开两端 B 型顶尖孔，长度 150±0.5 mm、粗车外圆，留精车余量 0.8 mm，最后内径精车到 $\phi 42_{0}^{0}{}_{-0.03}$ mm 尺寸。

② 开缝套筒材料紫铜、内径精车至 $\phi 52_{0}^{+0.03}$ mm、外径 $\phi 62$ mm、长 20 mm，并开缝 2～3 mm 宽，为提高加工内孔、外壁时的质量，保持尺寸，需浇注充分的切削液，减少工件的热变形。

3．车孔的关键技术

（1）增加内孔车刀的刚性　增加刀柄的截面积，通常内孔车刀的刀尖位于刀柄的上面，这样刀柄的截面积较少，还不到孔截面积的 1/4，如图 6-11 所示。若使内孔车刀的刀尖位于刀柄的中心线上，那么刀柄在孔中的截面积可大大地增加，如图 6-12 所示。

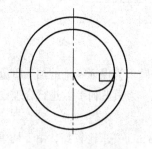

图 6-11　刀柄原始截面

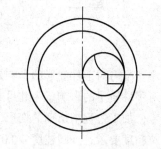

图 6-12　刀柄增加截面

（2）镗刀几何参数的选择　精车薄壁零件时，刀柄的刚度要求高，车刀的修光刃不宜过长，一般取 0.2～0.3 mm，刃口要锋利。车刀几何参数可参考如下：

① 外圆精车刀：$K_r=90°～93°$　$K_r'=15°$　$\alpha_0=14°～16°$　$\alpha_{01}=15°$　γ_0 应适当大。

② 内孔精车刀：$K_r=60°$　$K_r'=30°$　$\gamma_0=30°$　$\alpha_0=14°～16°$　$\alpha_{01}=6°～8°$　$\lambda_0=5°～6°$

4．工艺准备

（1）设备选用：选用 FANUC 0i 系统 CAK6136 型数控车床加工。

（2）量具选用：25～50 mm 外径千分尺、0～150 mm 游标卡尺、25～50 mm 内径千分尺、35～50 mm 内径百分表。

（3）刀具选用：根据加工内容所选刀具如图 6-13 所示。

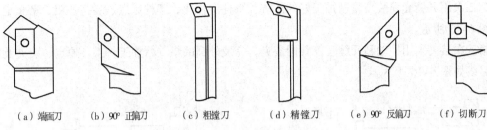

（a）端面刀　（b）90° 正偏刀　（c）粗镗刀　（d）精镗刀　（e）90° 反偏刀　（f）切断刀

图 6-13　加工所需数控机夹刀具

该零件外圆粗、精加工可使用同一把 90° 反偏刀与同一把 90° 正偏刀、45° 端面刀、刀宽为 4 mm 的切断刀、粗、精加工内镗刀、数控加工刀具如表 6-9 所示。

表 6-9　数控加工刀具卡片

序号	刀具号（H）	刀具规格、名称及标准	刀柄型号	刀具补偿量		刀具简图	刀片材料	备注
				刀位点	半径值地址（D）			
1		端面刀（20×20）	（略）	刀尖圆弧圆心		（见图 6-13）	硬质合金	手控
2	T01	90° 正偏刀（20×20）	（略）	刀尖圆弧圆心	0.4 mm	（见图 6-13）	硬质合金	自动
3	T02	粗内镗刀（20×20）	（略）	刀尖圆弧圆心	0.4 mm	（见图 6-13）	硬质合金	自动
4	T03	精内镗刀（20×20）	（略）	刀尖圆弧圆心	0.2 mm	（见图 6-13）	硬质合金	自动
5	T04	90° 反偏刀（20×20）	（略）	刀尖圆弧圆心	0.2 mm	（见图 6-13）	硬质合金	自动
6	T01	切断刀	（略）	左刀尖		（见图 6-13）	硬质合金	自动

5．车削加工工艺分析

（1）编程原点与换刀点的确定　根据编程原点的确定原则，该工件的编程原点设定在加工完成后右端面与主轴轴线的交汇点上；两次装夹换刀点选在 $X100$、$Z100$ 处。

（2）制订加工方案与加工路线　单件生产加工采用三次装夹后完成整个工件的粗、精加工加工，先加工右端定位圆柱面，再调头用开缝套筒装夹（防夹伤外表面）左端，加工右端面、完成内腔粗、精加工后，上护轴用开缝套筒装夹、完成外圆的粗、精加工。由于粗加工余量较小，因此可采用简单循环指令 G90 进行编程。

左端加工：左端面在离工件毛坯 2 mm 的位置，开始手动车削轴向约 40 mm。

右端加工：右端面加工包括径向走刀端面加工和内通孔加工，可采用 G90 内孔简单循环、端面采用 G94 端面循环指令。

（3）确定装夹方案　第一次装夹以毛坯外径定位，用三爪自动定心卡盘夹紧外圆，使工件伸出卡盘外 50 mm 左右，完成零件左端定位面的粗、精加工。装夹及精车走刀路线如图 6-14 所示。

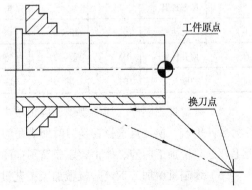

工件原点

换刀点

图 6-14　第一次装夹及精车走刀路线图

第二次用开缝套筒装夹将已加工好的左端外圆柱定位面，工件原点、装夹及粗、精车走刀路线如图 6-15 所示。

第三次装夹采用护轴和开缝套筒共同装夹、完成外圆的粗、精加工。工件原点、装夹及精车走刀路线如图 6-16 所示。

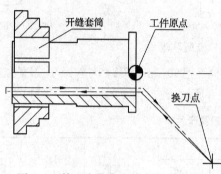 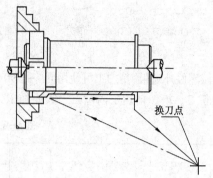

图 6-15 第二次装夹及精车走刀路线图　　　图 6-16 第三次装夹及精车走刀路线图

（4）确定加工参数　根据实际加工经验、工件的加工精度、表面粗糙度及表面质量、刀具材料、工件材料以及机床的刚性等进行选取，粗加工时，在工艺系统刚性和机床功率允许的情况下，尽可能取较大的背吃刀量，以减少进给次数；精加工时，为保证零件表面粗糙度要求，背吃刀量一般取 0.1～0.4 mm 较为合适。数控加工切削参数如表 6-10 所示。

表 6-10　数控加工切削参数卡片

工步号	作业内容	刀具号（H）	刀具种类	刀具补偿量地址		主轴转速/（r/min）	进给量/（mm/r）	背吃刀量/mm	精加工余量/mm	
				长度	半径				X轴	Z轴
1	平端面	T04	端面刀	（略）	0.4	1 500	手控	手控		
2	粗车外圆	T01	正偏刀	（略）	0.2	1 200	0.8	1.2	0.4	0.1
3	精车外圆			（略）	0.2	1 800	0.4	0.4		
4	粗车外圆	T01	反偏刀	（略）	0.2	1 200	0.8	1.2	0.4	0.1
5	精车外圆			（略）	0.2	1 800	0.4	0.4		
6	内孔粗镗	T02	粗镗刀	（略）	0.2	800	0.5	1.0	0.3	0.1
7	内孔精镗	T03	精镗刀	（略）	0.2	1 200	0.2	0.3		
8	切断	T04	切断刀	（略）		800		4		

（5）确定加工顺序　加工顺序的确定按由粗到精的原则，结合本零件的结构特征，由于该零件为单件生产，换刀点选择在换刀时能满足刀具和工件不发生干涉处即可，循环点也要选择在接近毛坯处。精加工内腔、外轮廓表面简图如图 6-15、图 6-16 所示。

（6）编制机械加工工艺　机械加工工艺过程如表 6-11 所示。

表 6-11　机械加工工艺过程卡

工序号	工序名称	作　业　内　容	加工设备
1	下料	铸件（外形、内孔已铸出）	
2	粗、精车左端定位面	（1）用三爪自定心卡盘装夹毛坯外径中间偏右部位，车端面 （2）粗、精加工左端外圆定位面、$\phi 52_{-0.03}^{0}$ mm 长度 50 mm	数控车床 CAK6136
3	粗、精车内孔壁	（1）三爪自定心卡盘内镶开缝套筒装夹 $\phi 52$ 工件外圆、车端面 （2）用内镗刀粗、精加工内腔表面即 $\phi 42_{0}^{+0.03}$ mm 内孔（粗加工留 $X=0.3$ mm、$Z=0.1$ mm 精加工余量）	
3	粗、精车左端面与外形	（1）重新装夹，将零件插入护轴至前顶尖，用尾座顶尖按长度要求配合开缝套筒夹紧工件 （2）用 90°反偏刀粗、精加工外圆 $\phi 48_{-0.03}^{0}$ mm 台阶面 $\phi 60_{-0.05}^{0}$ mm（粗加工留 $X=0.4$ mm、$Z=0.1$ mm 精加工余量） （3）用切断刀切掉夹位置，保证总长度 100 ± 0.26 mm	数控车床 CAK6136
4	全件检验	检验卡	

（7）编制数控加工工艺　数控加工工艺过程如表 6-12 所示。

表 6-12　数控加工工艺卡片

数控加工工艺卡片		机床型号		零件图号			共　页	
单位		产品名称		零件名称			第　页	
工序		工序名称		程序编号		备注		
工步号	作　业　内　容		刀具号	刀具名称	主轴转速/（r/min）	进给速度/（mm/r）	背吃刀量/mm	
	加工左端面、外圆							
1	手动加工左端面			端面刀	1 500	0.5	手控	
2	手动对刀（正偏刀 $Z=0$）				1 200	0.5	0.15	
3	自右向左粗加工左端外轮廓（矩形车削）		T01	正偏刀	1 000	0.8	1.5	
4	自右向左精加工左端外轮廓（轮廓车削）				1 800	0.4	0.15	
5	工件左端精度检验							
	加工右端面、镗内孔							
1	调头手动加工右端面			端面刀	1 500	0.5	手控	
2	手动对刀（粗、精内镗刀 $Z=0$）				800	0.5	手控	
3	自右向左粗加工内轮廓（轮廓车削）		T02	粗内镗刀	1 000	0.5	1.5	
4	自右向左精加工内轮廓（轮廓车削）		T03	精内镗刀	1 800	0.2	0.15	
5	工件内孔精度检验							
	以内孔定位重新装夹							
1	手动对刀（反偏刀、切断刀 $Z=0$）				1 500	0.5	手控	
2	自左向右粗加工外轮廓（轮廓车削）		T01	反偏刀	1 000	0.8	1.5	
3	自左向右精加工外轮廓（轮廓车削）				1 800	0.4	0.15	
4	切断（自动切长度 100 mm）		T04		800	0.06	4	
5	工件整体精度检验							

相关链接

　　车削薄壁零件时，为了保证零件的加工精度要求，应安排其合理加工工艺，由于工件的刚性不足，为防止夹紧时产生变形，影响工件的尺寸精度、形状精度和表面粗糙度，一般可采用轴向夹紧专用夹具、弹性胀心夹具、自制护轴或者采用径向增加工艺筋、开缝套筒等加工方法。

6.3.2　批量生产加工工艺分析二

1．分析零件图样（参照工艺分析一）

2．批量生产装夹分析

　　（1）薄壁零件加工　先装夹毛坯外圆中间偏左部位，粗、精车右端面及内孔 ϕ42h8 作为最终加工，为外圆加工定位做准备。

　　（2）可胀心轴装夹。以 ϕ42h8 内孔为定位面，使薄壁零件在不变形的情况下加工外圆，如图 6-17 所示，由于可胀心轴装卸方便，精度较高，因此可用于大批量生产。

　　（3）镗刀几何参数的选择（参照工艺分析一）。

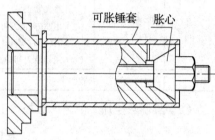

图 6-17　可胀心轴装夹

3．工艺准备

　　（1）设备选用：选用 FANUC 0i 系统 CAK6136 型数控车床加工。

　　（2）量具选用：25～50 mm 外径千分尺、0～150 mm 游标卡尺、25～50 mm 内径千分尺、35～50 mm 内径百分表。

　　（3）刀具选用：根据加工内容所选刀具如图 6-18 所示。

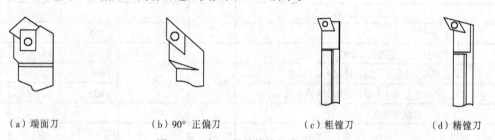

| （a）端面刀 | （b）90°正偏刀 | （c）粗镗刀 | （d）精镗刀 |

图 6-18　加工所需数控机夹刀具

　　该零件端面加工采用 45°端面刀、外圆粗、精加工可使用同一把 90°正偏刀、内孔粗、精加工采用粗镗刀与精镗刀，数控加工刀具如表 6-13 所示。

表 6-13　数控加工刀具卡片

序号	刀具号 （H）	刀具规格、名称 及标准	刀柄 型号	刀具补偿量		刀具简图	刀片 材料	备注
				刀位点	半径值 地址（D）			
1		端面刀（20×20）	（略）	刀尖圆弧圆心		（见图6-18）	硬质合金	手控
2	T01	90°正偏刀（20×20）	（略）	刀尖圆弧圆心	0.4 mm	（见图6-18）	硬质合金	自动
3	T02	粗内镗刀（20×20）	（略）	刀尖圆弧圆心	0.4 mm	（见图6-18）	硬质合金	自动
4	T03	精内镗刀（20×20）	（略）	刀尖圆弧圆心	0.2 mm	（见图6-18）	硬质合金	自动

4．车削加工工艺分析

（1）编程原点与换刀点的确定　根据编程原点的确定原则，该工件的编程原点设定在加工完成后右端面与主轴轴线的交汇点上；两次装夹换刀点均选在 X100、Z100 处。

（2）制订加工方案与加工路线　批量生产加工采用两次装夹后完成整个工件的粗、精加工加工，先加工右端面和内孔面，再调头用可胀心轴内孔定位装夹，完成零件长度切削，外轮廓切削。

右端加工：右端面端面采用 G94 端面循环指令，内孔采用 G90 内孔简单循环指令。

左端加工：左端面端面采用 G94 端面循环指令，外轮廓采用 G90 简单循环指令。

（3）确定装夹方案。

① 第一次装夹以工件毛坯外径定位用三爪自动定心卡盘夹紧外圆，使工件伸出卡盘外 50 mm 左右，粗、精车右端面及内孔 $\phi 42$ 作为最终加工，为外圆加工定位做准备，工件原点及粗、精车走刀路线如图 6-19 所示。

② 第二次装夹以 $\phi 42$ 内孔为定位面，将其装夹在可胀心轴上，使薄壁零件在不变形的情况下加工外圆。工件原点及粗、精车走刀路线如图 6-20 所示。由于可胀心轴装卸方便，精度较高，因此，可用于大批量生产。

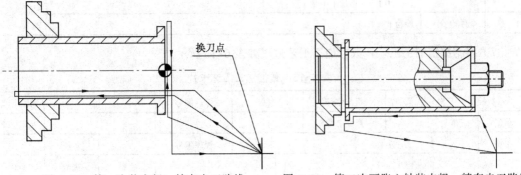

图 6-19　第一次装夹粗、精车走刀路线　　图 6-20　第二次可胀心轴装夹粗、精车走刀路线

（4）确定加工参数　根据实际加工经验、工件的加工精度、表面粗糙度及表面质量、刀具材料、工件材料以及机床的刚性等进行选取，粗加工时，在工艺系统刚性和机床功率允许的情况下，尽可能取较大的背吃刀量，以减少进给次数；精加工时，为保证零件表面粗糙度要求，背吃刀量一般取 0.1～0.4 mm 较为合适。数控加工切削参数如表 6-14 所示。

表 6-14　数控加工切削参数卡片

工步号	作业内容	刀具号（H）	刀具种类	刀具补偿量地址		主轴转速/（r/min）	进给量/（mm/r）	背吃刀量/mm	精加工余量/mm	
				长度	半径				X轴	Z轴
1	平端面	T04	端面刀	（略）	0.4	1 500	0.5	1.0	0.2	0.2
2	粗镗内孔	T02	粗镗刀精镗刀	（略）	0.2	800	0.5	1.0	0.3	0.1
3	精镗内孔	T03		（略）		1 200	0.2	0.3		
4	粗车外圆	T01	正偏刀	（略）	0.2	1 200	0.8	1.2	0.4	0.1
5	精车外圆			（略）		1 800	0.4	0.4		

一般情况，由于外圆车刀的刚性相对比内孔镗刀高，因此外轮廓切削参数要比内孔切削参数略大一些。

（5）确定加工顺序　加工顺序的确定按由粗到精的原则，结合本零件的结构特征，由于该零件为批量生产，走刀路线设计必须考虑最短进给路线或最短空行程路线，换刀点选择在换刀时能满足刀具和工件不发生干涉处即可，不必设在离工件太远处，循环点也要选择在接近毛坯处。粗、精加工端面、内腔；外轮廓表面简图如图 6-19、图 6-20 所示。

（6）编制机械加工工艺　机械加工工艺过程如表 6-15 所示。

表 6-15　机械加工工艺过程卡

工序号	工序名称	作业内容	加工设备
1	下料	铸件（外形、内孔已铸出）	
2	粗、精车右端面、内孔	（1）用三爪自定心卡盘装夹毛坯外径中间偏右部位，车右端面 （2）粗、精加工内腔表面 $\phi42^{0}_{+0.03}$ 内孔表面	
3	粗、精车左端面、外轮廓	（1）将工件以 $\phi42^{0}_{+0.03}$ 内孔作为定位面，装夹在三爪自定心卡盘夹紧的可胀心轴上， （2）用 90° 正偏刀粗、精加工外圆 $\phi48^{0}_{-0.03}$ 台阶面 $\phi60^{0}_{-0.05}$（粗加工留 X=0.4 mm、Z=0.1 mm 精加工余量）	数控车床 CAK6136
4	全件检验	检验卡	

（7）编制数控加工工艺。数控加工工艺过程如表 6-16 所示。

表 6-16　数控加工工艺卡片

数控加工工艺卡片		机床型号		零件图号		共　页
单位		产品名称		零件名称		第　页
工序		工序名称		程序编号	备注	

工步号	作业内容	刀具号	刀具名称	主轴转速/（r/min）	进给速度/（mm/r）	背吃刀量/mm
	右端加工					
1	手动对端面刀	T04	端面刀	800	0.8	手控
2	手动对粗、精内镗刀	T01	内镗刀	800	0.5	手控
3	自外径向中心粗加工右端面（矩形车削）	T04	端面刀	1 200	0.8	0.8
4	自外径向中心精加工右端面（轮廓车削）			1 800	0.4	0.2
5	自右向左粗加工内轮廓（矩形车削）	T02	粗内镗刀	1 000	0.5	0.6
6	自右向左精加工内轮廓（轮廓车削）	T03	精内镗刀	1 800	0.2	0.2
7	工件右端面、内孔精度检验					
	调头左端加工					
1	手动对端面刀（Z=0）	T04	端面刀	800	0.5	手控
2	手动对粗、精车外圆刀（Z=0）			1 000	0.8	手控
3	自右向左粗加工外轮廓（轮廓车削）	T01	外圆刀	1 200	0.8	1.0
4	自右向左精加工外轮廓（轮廓车削）			1 800	0.4	0.15
5	工件整体精度检验					

6.4 盘类零件数控车削加工工艺分析

6.4.1 单件生产加工工艺分析一

1．分析零件图样

图 6-21 所示为盘类零件，由内外圆柱面、退刀槽、圆弧面及外螺纹等表面组成，其中多个表面在径向尺寸和轴向尺寸都有较高的尺寸精度，$\phi54^{0}_{-0.04}$ 内圆柱表面粗糙度为 $R_a1.6$，其余加工表面粗糙度为 $R_a3.2$，毛坯材料为铸铝，零件孔部分在铸造时已经成型，零件图尺寸标注完整，符合数控加工尺寸标注要求，轮廓描述清楚完整；为单件加工生产。

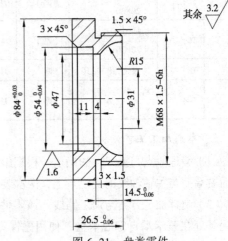

图 6-21 盘类零件

采取工艺措施如下：

（1）公差的尺寸。由于公差带大小不一致，编程时取中偏差值。加工时可以通过调整刀具磨损补偿来获得零件的尺寸精度。

（2）毛坯为铸件，加工余量均匀，为了防止"误差复映"现象，影响加工尺寸精度，采用两次精车车削。

（3）由于铸铝件加工性能好，刀具磨损也较小，因此粗、精加工采用同一把刀具。

2．工艺准备

（1）设备选用：根据加工零件的尺寸精度和批量，选用 FANUC 0i 系统 CAK6136 型数控车床加工。

（2）量具选用：25～50 mm 外径千分尺、75～100 mm 外径千分尺、0～150 mm 游标卡尺、螺纹千分尺、内径百分表。

（3）刀具选用：根据加工内容所选刀具如图 6-22 所示。

（a）端面刀　　　（b）外圆刀　　　（c）切槽刀　　　（d）螺纹刀　　　（e）内镗刀

图 6-22 加工所需数控机夹刀具

该零件端面加工采用 45°端面刀、外圆粗、精加工可采用同一把 90°外圆刀、切槽为 3 mm 的切断刀、内腔用同一把粗、精加工内镗刀，数控加工刀具如表 6-17 所示。

表 6-17　数控加工刀具卡片

| 序号 | 刀具号（H） | 刀具规格、名称及标准 | 刀柄型号 | 刀具补偿量 | | 刀具简图 | 刀片材料 | 备注 |
				刀位点	半径值地址（D）			
1		端面刀（20×20）	（略）	刀尖圆弧圆心		（见图 6-22）	硬质合金	手控
2	T01	外圆粗、精车刀（20×20）	（略）	刀尖圆弧圆心	0.4 mm	（见图 6-22）	硬质合金	自动
3	T02	切槽刀（20×20）	（略）	左刀尖		（见图 6-22）	硬质合金	自动
4	T03	外螺纹刀（20×20）	（略）	刀尖		（见图 6-22）	硬质合金	自动
5	T04	粗、精内镗刀（20×20）	（略）	刀尖圆弧圆心	0.2 mm	（见图 6-22）	硬质合金	自动

3．车削加工工艺分析

（1）编程原点与换刀点的确定　根据编程原点的确定原则，该工件的编程原点设定在加工完成后右端面与主轴轴线的交汇点上，两次装夹换刀点选在 $X10$、$Z150$ 处。

（2）制订加工方案与加工路线　该零件为单件生产，毛坯为铸铝件，第一次以 M68×1.5 外圆毛坯处在三卡爪自定心卡盘，使用磁性座百分表找正装夹（找正达到使工件加工后壁厚均匀一致），完成对 $\phi84$ 外圆的粗、精加工。

工件原点（工件右端面与主轴中心线交点处）。工件装夹以及精车走刀路线如图 6-23 所示。

第二次将已加好的 $\phi84$ 外圆垫铜皮装夹在三卡爪自定心卡盘上，粗、精加工右端面、其余未加工的内、外表面、退刀槽及螺纹等。工件原点、工件装夹以及精加工走刀路线如图 6-24 所示。

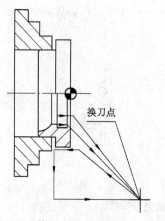
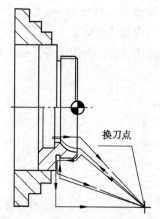

图 6-23　第一次装夹及精车走刀路线　　　图 6-24　第二次装夹及精车走刀路线

（3）确定加工参数　根据实际加工经验、工件的加工精度、表面粗糙度及表面质量、刀具材料、工件材料以及机床的刚性等进行选取，数控加工切削参数如表 6-18 所示。

表 6-18　数控加工切削参数卡片

工步号	作业内容	刀具号（H）	刀具种类	刀具补偿量地址		主轴转速/（r/min）	进给量/（mm/r）	背吃刀量/mm	精加工余量/mm	
				长度	半径				X轴	Z轴
1	平端面	T04	端面刀	（略）	0.4	1 500	手控	手控		
2	粗车外圆	T01	正偏刀	（略）	0.2	1 200	0.8	1.2	0.4	0.1
3	精车外圆			（略）	0.2	1 800	0.4	0.4		
4	切槽	T02	切槽刀	（略）		800	0.08	3.0		
5	车螺纹	T03	螺纹刀	（略）		800	1.5	分层	0.2	
6	内孔粗镗	T04	粗镗刀	（略）	0.2	800	0.5	1.0	0.3	0.1
7	内孔精镗		精镗刀	（略）	0.2	1 200	0.2	0.3		

一般来说，高转速切削螺纹的效果比低速切削表面质量好，但螺纹切削转速的制定还要考虑到所选用的数控车床车削螺纹时是否会发生超速的现象。

（4）确定加工顺序　加工顺序的确定按由粗到精、由近到远的原则，结合本零件的结构特征，由于该零件为单件生产，换刀点选择在换刀时能满足刀具和工件不发生干涉处即可，单件加工在参考点处换刀也无妨，如图 6-23、图 6-24 所示。

（5）编制机械加工工艺　机械加工工艺过程如表 6-19 所示。

表 6-19　机械加工工艺过程卡片

工序号	工序名称	作　业　内　容	加工设备
1	下料	铸件（外形、内孔已铸出）	
2	粗、精车左端面、内、外轮廓	（1）以 M68×1.5 mm 毛坯外圆处在三爪自定心卡盘装夹，车端面。 （2）用内镗刀粗、精加工内腔 3×45° 倒角、$\phi 54_{-0.04}^{0}$ mm 内圆柱面（粗加工留 X=0.3 mm、Z=0.1 mm 精加工余量） （3）用外圆刀粗、精加工左端面（粗加工留 X=0.4 mm、Z=0.1 mm 精加工余量）	数控车床 CAK6136
3	粗、精车右端面、内腔、外形、退刀槽、外螺纹	（1）调头以加工好的 ϕ84 mm 外圆垫铜皮在三爪自定心卡盘装夹，平端面保证零件总长度 $26.5_{-0.06}^{0}$ mm （2）用内镗刀粗、精加工内腔 R15 mm 内圆弧面及 ϕ47 mm 内圆柱面（粗加工留 X=0.3 mm、Z=0.1 mm 精加工余量） （3）用外圆刀粗、精加工右端外螺纹面、圆环面（粗加工留 X=0.4 mm、Z=0.1 mm 精加工余量） （4）切 3×1.5 退刀槽 （5）车削 M68×1.5 外螺纹	
4	全件检验	检验卡	

第 6 章　数控车削加工工艺应用

（6）编制数控加工工艺　数控加工工艺过程如表6-20所示。

表 6-20　数控加工工艺卡片

数控加工工艺卡片			机床型号		零件图号		合同号	共　页
单位			产品名称		零件名称			第　页
工序			工序名称		程序编号		备注	
工步号	作业内容			刀具号	刀具名称	主轴转速/（r/min）	进给速度/（mm/min）	背吃刀量/mm
	加工左端外圆、内腔							
	手动加工左端面				端面刀	1 500	0.8	手控
	手动对内镗刀、外圆刀					1 000	0.4	手控
1	自右向左粗加工内轮廓（矩形车削）			T04	内镗刀	1 000	100	1.5
2	自右向左精加工内轮廓（轮廓车削）					1 800	50	0.2
3	自右向左粗加工左端外轮廓（矩形车削）			T01	外圆刀	1 000	100	1.5
4	自右向左精加工左端外轮廓（轮廓车削）					1 800	50	0.15
5	工件内孔精度检验							
	调头加工右端面、外轮廓及右端内腔							
	手动加工右端面				端面刀	1 500	0.8	手控
	手动对刀（外圆刀、槽刀、螺纹刀及内镗刀）					1 000	0.4	手控
1	自右向左粗加工内轮廓（矩形车削）			T04	内镗刀	1 000	100	1.5
2	自右向左精加工内轮廓（轮廓车削）					1 800	50	0.2
3	自右向左粗加工左端外轮廓（矩形车削）			T01	外圆刀	1 000	100	1.5
4	自右向左精加工左端外轮廓（轮廓车削）					1 800	50	0.15
5	切退刀槽			T02	切槽刀	800	0.15	3.0
6	车削外螺纹			T03	螺纹刀	700		分层
7	工件左端精度检验							

6.4.2　批量生产加工工艺分析二

1. 分析零件图样（参照工艺分析一）

2. 工艺准备

（1）设备选用：根据加工零件的尺寸精度和批量，选用 FANUC 0i 系统 CAK6136 型数控车床加工。

（2）量具选用：25～50 mm 外径千分尺、75～100 mm 外径千分尺、0～150 mm 游标卡尺、螺纹千分尺、内径百分表。

（3）刀具选用：根据加工内容所选刀具如图 6-25 所示。

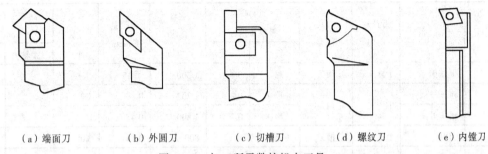

（a）端面刀　（b）外圆刀　（c）切槽刀　（d）螺纹刀　（e）内镗刀

图 6-25　加工所需数控机夹刀具

该零件端面加工采用 45° 端面刀、外圆粗、精加工可采用同一把 90° 外圆刀、切槽为 3 mm 的切断刀、内腔用同一把粗、精加工内镗刀，数控加工刀具如表 6-21 所示。

表 6-21　数控加工刀具卡片

序号	刀具号（H）	刀具规格名称及标准	刀柄型号	刀具补偿量		刀具简图	刀片材料	备注
				刀位点	半径值地址（D）			
1		端面刀（20×20）	（略）	刀尖圆弧圆心		（见图 6-25）	硬质合金	手控
2	T01	外圆粗、精车刀（20×20）	（略）	刀尖圆弧圆心	0.4 mm	（见图 6-25）	硬质合金	自动
3	T02	切槽刀（20×20）	（略）	左刀尖		（见图 6-25）	硬质合金	自动
4	T03	外螺纹刀（20×20）	（略）	刀尖		（见图 6-25）	硬质合金	自动
5	T04	粗、精内镗刀（20×20）	（略）	刀尖圆弧圆心	0.2 mm	（见图 6-25）	硬质合金	自动

2．车削加工工艺分析

（1）编程原点与换刀点的确定　根据编程原点确定原则，该工件的编程原点设定在加工完成后右端面与主轴轴线的交汇点上，两次装夹换刀点选在 X10、Z150 处。

（2）制作螺纹夹具体　用 45 钢 $\phi85$ 圆棒料加工，钻 $\phi30$ 通孔后进行内镗加工、切内孔刀槽，最后加工 M68×1.5 内螺纹。

（3）制订加工方案与加工路线　该零件为批量生产，毛坯为铸铝件，第一次以 $\phi84$ 外圆毛坯处在专用卡爪装夹，完成零件右端面、退刀槽和 M68×1.5-6h 螺纹加工。同时完成 R15 内圆弧面、$\phi47$ 内圆柱面的加工。第一个工件原点（工件右端面与主轴中心线交点处）。工件装夹以及精车走刀路线如图 6-26 所示。第二次在螺纹夹具体内定位，将已加工好的零件旋入螺纹套中，定位、旋紧、对刀，粗、精工其余未加工的内、外表面。工件装夹以及精加工走刀路线如图 6-27 所示。

（4）确定加工参数　根据实际加工经验、工件的加工精度、表面粗糙度及表面质量、刀具材料、工件材料以及机床的刚性等进行选取，数控加工切削参数如表 6-22 所示。

表 6-22　数控加工切削参数卡片

工步号	作业内容	刀具号（H）	刀具种类	刀具补偿量地址		主轴转速/（r/min）	进给量（mm/r）	背吃刀量/mm	精加工余量/mm	
				长度	半径				X轴	Z轴
1	平端面	T04	端面刀	（略）	0.4	1 500	手控	手控		
2	粗车外圆	T01	正偏刀	（略）	0.2	1 200	0.8	1.2	0.4	0.1
3	精车外圆			（略）	0.2	1 800	0.4	0.4		
4	切槽	T02	切槽刀	（略）		800	0.15	3.0		
5	车螺纹	T03	螺纹刀	（略）		800	1.5	4		
6	内孔粗镗	T04	粗镗刀	（略）	0.2	800	0.5	1.0	0.3	0.1
7	内孔精镗		精镗刀	（略）	0.2	1 200	0.2	0.3		

（5）确定加工顺序　加工顺序的确定按由粗到精、由近到远的原则，结合本零件的结构特征，由于该零件为批量生产，走刀路线设计必须考虑最短进给路线或最短空行程路线，换刀点选择在换刀时能满足刀具和工件不发生干涉处即可，如图 6-26、图 6-27 所示。

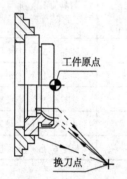

图 6-26　第一次装夹及精车走刀路线

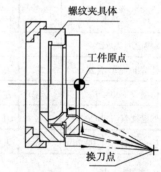

图 6-27　第二次装夹及精车走刀路线

（6）编制机械加工工艺　机械加工工艺过程如表 6-23 所示。

表 6-23　机械加工工艺过程卡片

工序号	工序名称	作业内容	加工设备
1	下料	铸件（外形、内孔已铸出）	
2	粗、精车右端面、内腔、外形、退刀槽、外螺纹	（1）以 ϕ84 mm 外圆毛坯处在专用卡爪装夹外径一端，车端面 （2）用内镗刀粗、精加工内腔 R15 mm 内圆弧面及 ϕ47 mm 内圆柱面（粗加工留 X=0.3 mm、Z=0.1 mm 精加工余量） （3）用外圆刀粗、精加工右端外螺纹面、圆环面（粗加工留 X=0.4 mm、Z=0.1 mm 精加工余量） （4）切 3×1.5 退刀槽 （5）车削 M68×1.5 外螺纹	数控车床 CAK6136
3	粗、精车左端面与外形	（1）调头在螺纹夹具体内定位重新装夹，平端面保证零件总长度 $26.5_{-0.06}^{0}$ mm （2）用内镗刀粗、精加工内腔 3×45° 倒角、$\phi54_{-0.04}^{0}$ mm 内圆柱面（粗加工留 X=0.3 mm、Z=0.1 mm 精加工余量）	
4	全件检验	检验卡	

126

（7）编制数控加工工艺　数控加工工艺过程如表6-24所示。

表6-24　数控加工工艺卡片

数控加工工艺卡片		机床型号		零件图号		合同号	共　页
单位		产品名称		零件名称			第　页
工序		工序名称		程序编号		备注	
工步号	作业内容		刀具号	刀具名称	主轴转速/（r/min）	进给速度/（mm/r）	背吃刀量/mm
右端外轮廓、内腔加工							
1	手动加工右端面			端面刀	1 500	0.8	手控
2	手动对刀（外圆刀、内镗刀 Z=0）						手控
3	自右向左粗加工内轮廓（矩形车削）		T04	内镗刀	1 000	0.5	1.5
4	自右向左精加工内轮廓（轮廓车削）				1 800	0.2	0.2
5	自右向左粗加工右端外轮廓（矩形车削）		T01	外圆刀	1 000	0.8	1.5
6	自右向左精加工右端外轮廓（轮廓车削）				1 800	0.4	0.15
7	工件内孔精度检验						
左端外轮廓、内腔加工							
1	调头手动加工左端面			端面刀	1 500	0.8	手控
2	手动对刀（外圆、槽、螺纹及内镗刀 Z=0）						手控
3	自右向左粗加工左端外轮廓（矩形车削）		T01	外圆刀	1 000	0.8	1.5
4	自右向左精加工左端外轮廓（轮廓车削）				1 800	0.4	0.15
5	切槽		T02	切槽刀	800	0.15	3.0
6	车削外螺纹		T03	螺纹刀	700	1.5	分层
7	自右向左粗加工内轮廓（矩形车削）		T04	内镗刀	1 000	0.5	1.5
8	自右向左精加工内轮廓（轮廓车削）				1 800	0.2	0.2
9	工件左端精度检验						

6.5　配合零件数控车削加工工艺分析

1．分析零件图样

图6-28所示为配合零件，零件图尺寸标注完整，符合数控加工尺寸标注。零件毛坯材料为45钢圆棒料，无热处理和硬度要求，加工数量为批量生产。零件由内、外表面组成，其中内表面包括内柱面、内槽、内螺纹；外表面在直径尺寸方向都有较高的尺寸精度和两项内、外形位精度要求。

配合件难点在于保证各项配合精度。为此在加工时应注意以下几点：

（1）在加工前明确"件一"与"件二"各端面的加工顺序，在加工时，要考虑加工精度、组合件的配合精度（圆环面、圆柱及螺纹配合松紧应适中）及工件装夹与校正等方面因素。

（2）对于 R5 圆弧槽应用圆弧刀单独加工。

（3）"件一"外圆 ϕ56mm 轴心线 A 对右端面的垂直度公差为 0.08mm，对圆柱度公差为 ϕ0.05mm，这两项形位精度主要通过调整数控机床精度，制定合理的加工工艺及工件的装夹、定位与找正等措施来保证。

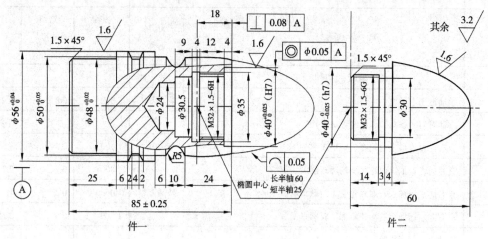

图 6-28　配合零件

2. 工艺准备

（1）设备选用：选用 FANUC 0i 系统 CAK6136 型数控车床加工。

（2）刀具选用：根据加工内容所选刀具如图 6-29 所示。

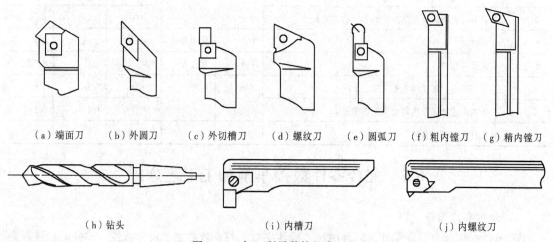

（a）端面刀　　（b）外圆刀　　（c）外切槽刀　　（d）螺纹刀　　（e）圆弧刀　　（f）粗内镗刀　　（g）精内镗刀

（h）钻头　　　　　　　　（i）内槽刀　　　　　　　　（j）内螺纹刀

图 6-29　加工所需数控机夹刀具

该零件为单件生产，粗、精加工可使用同一把刀具，45° 端面刀；外圆刀选用 90° 菱形外圆刀（即选用刀片刀尖角为 35° 的 V 型刀片，取刀具圆弧半径为 0.4 mm）、刀宽为 3 mm 的机夹切槽刀、机夹 60° 螺纹刀，数控加工刀具如表 6-25 所示。

表 6-25　数控加工刀具卡

序号	刀具号（H）	刀具规格名称标准	刀柄型号	刀具补偿量		刀具简图	刀片材料	备注
				刀位点	半径值地址（D）			
1		端面刀（20×20）	（略）	刀尖圆弧圆心		（见图 6-29）	硬质合金	手控
2	T01	外圆粗、精车刀（20×20）	（略）	刀尖圆弧圆心	0.4 mm	（见图 6-29）	硬质合金	自动
3	T02	切断刀 20×20	（略）	刀尖		（见图 6-29）	硬质合金	自动
4	T03	外螺纹刀（20×20）	（略）	刀尖		（见图 6-29）	硬质合金	自动
5	T04	圆弧刀（20×20）	（略）	刀刃圆弧圆心	2.5 mm	（见图 6-29）	硬质合金	自动
6	T02	粗内镗刀（配 20×20 刀夹）	（略）	刀尖圆弧圆心	0.2 mm	（见图 6-29）	硬质合金	自动
7	T03	精内镗刀（配 20×20 刀夹）	（略）	刀尖圆弧圆心	0.2 mm	（见图 6-29）	硬质合金	自动
8	T04	内槽刀（配 20×20 刀夹）	（略）	右刀尖		（见图 6-29）	硬质合金	自动
9	T01	内螺纹刀（配 20×20 刀夹）	（略）	刀尖		（见图 6-29）	硬质合金	自动
10		钻头				（见图 6-29）	高速钢	手控

（3）量具选用：0～25 mm 外径千分尺、25～50 mm 外径千分尺、0～150 mm 游标卡尺。

3. 车削加工工艺分析

（1）编程原点与换刀点的确定　根据编程原点的确定原则，该工件的编程原点设定在加工完成后右端面与主轴轴线的交汇点上，两次装夹换刀点选在 X100、Z100 处。

（2）制订加工方案与加工路线　本例件一装夹一次完成左端粗、精加工，件二两次装夹，先加工左端外形，粗、精加工完成后，再调头加工右端内腔，然后将件一旋入件二，统一加工椭圆、圆弧槽。由于粗加工余量较大，因此，粗车采用复合循环指令进行编程。

（3）制订加工方案与加工路线　该零件为单件生产，毛坯尺寸"件一"为 ϕ60 mm × 88 mm、件二为 ϕ45 mm × 64 mm，均采用三爪自定心卡盘装夹。

第一次装夹加工"件二"以 ϕ45 mm 外圆毛坯装夹，完成零件左端面及外轮廓的加工，工件装夹以及精车走刀路线如图 6-30 所示。

第二次装夹加工"件一"以 ϕ60 mm 外圆毛坯装夹，完成零件左端面及外轮廓的加工，工件装夹以及精车走刀路线如图 6-31 所示。

第三次装夹加工"件一"，以加工好的 ϕ48 外圆定位装夹，完成"件一"右端面内腔加工，工件装夹以及精车走刀路线如图 6-32 所示。

第四次配合件加工，将已加工好的"件二"旋入"件一"，完成合件外形加工。加工及精车走刀路线如图 6-33 所示。

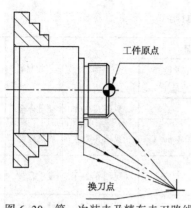

图 6-30　第一次装夹及精车走刀路线

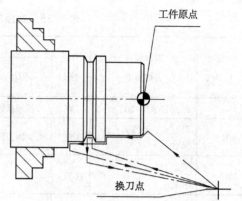

图 6-31　第二次装夹及精车走刀路线

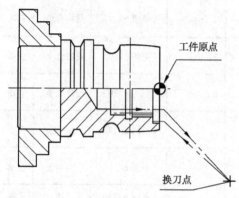

图 6-32　第三次装夹及精车走刀路线

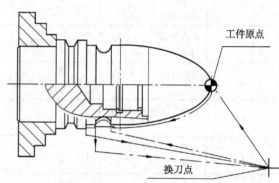

图 6-33　第四次配合件加工及精车走刀路线

（4）确定加工参数　根据实际加工经验、工件的加工精度、表面粗糙度及表面质量、刀具材料、工件材料以及机床的刚性等进行选取，数控加工切削参数如表 6-26 所示。

表 6-26　数控加工切削参数卡片

工步号	作业内容	刀具号 (H)	刀具种类	刀具补偿量地址		主轴转速/ (r/min)	进给量/ (mm/r)	背吃刀量/ mm	精加工余量/ mm	
				长度	半径				X 轴	Z 轴
1	平端面	T04	端面刀	（略）	0.4	1 500	手控	手控		
2	粗车外圆	T01	正偏刀	（略）	0.2	1 200	0.8	1.2	0.4	0.1
3	精车外圆			（略）	0.2	1 800	0.4	0.4		
4	切外槽	T02	切槽刀	（略）		800	0.15	3.0		
5	车外螺纹	T03	螺纹刀	（略）		800	1.5	分层	0.2	
6	车圆弧	T04	圆弧刀	（略）		600	0.2			
7	内孔粗镗	T03	粗镗刀	（略）	0.2	800	0.5	1.0	0.3	0.1
8	内孔精镗		精镗刀	（略）	0.2	1 200	0.2	0.3		
9	车内槽	T04	内槽刀	（略）		600	0.08	4.0		
10	车内螺纹	T01	螺纹刀	（略）		800	1.5	分层	0.2	
11	钻孔		钻头	（略）		12	600			

（5）确定加工顺序　加工顺序的确定按由粗到精、由近到远的原则，结合本零件的结构特征，

由于该零件为单件生产，走刀路线设计不必考虑最短进给路线或最短空行程路线，换刀点选择在换刀时能满足刀具和工件不发生干涉处，但不必设在离工件太远处。

（6）编制机械加工工艺　机械加工工艺过程如表 6-27 所示。

表 6-27　机械加工工艺过程卡片

工序号	工序名称	作 业 内 容	加工设备
1	下料	$\varnothing45$ mm × 64 mm	锯床
2	加工件二粗、精车左端外轮廓	（1）三爪自定心卡盘装夹毛坯 $\phi60$ mm × 64 mm 外圆、伸出 24 mm 车端面 （2）用外圆刀粗、精加工左端倒角、$\phi32$ 外螺纹面、圆环面、$\phi40^{0}_{-0.025}$ 圆柱面（粗加工留 $X=0.4$ mm、$Z=0.1$ mm 精加工余量） （3）切 3×1.5 退刀槽 （4）车削 M32×1.5 外螺纹	数控车床 CAK6136
3	下料	$\phi60$ mm × 90 mm	锯床
4	加工件一粗、精车左端面与外形	（1）三爪自定心卡盘装夹毛坯 $\phi60$ mm × 88 mm 外圆、伸出 50 mm 车端面 （2）用外圆刀粗、精加工左端倒角、$\phi48^{0}_{+0.02}$ 外圆柱面、圆环面、$\phi56^{0}_{+0.04}$ 圆柱面（粗加工留 $X=0.4$ mm、$Z=0.1$ mm 精加工余量） （3）用外切槽刀直切后再左、右切削梯形槽	数控车床 CAK6136
5	粗、精车右端面与内腔	（1）调头垫铜皮，重新装夹件一已加工好的 $\phi48^{0}_{+0.02}$ 外圆柱面并以台阶面为定位基准，平端面保证零件总长度 85 ± 0.25 mm （2）钻 $\phi24$ 深 35 mm 盲孔 （3）用内镗刀粗、精加工内腔 $\phi40^{0}_{-0.025}$ 内圆柱、内螺纹面 $\phi30.5$ mm（粗加工留 $X=0.3$ mm、$Z=0.1$ mm 精加工余量） （4）用宽 4 mm 内槽刀车削 $\phi35$ mm 内槽 （5）车削 M32×1.5 内螺纹	
6	旋合	将件二旋入件一，平端面保证零件总长度 145 ± 0.25 mm	
7	加工合件	（1）用外圆刀粗、精加工右端椭圆面、$\phi50^{0}_{-0.02}$ 圆柱面（粗加工留 $X=0.4$ mm、$Z=0.1$ mm 精加工余量） （2）用圆弧刀加工 $R5$ 圆弧面	数控车床 CAK6136
8	全件检验	检验卡	

用内镗刀粗、精加工内腔 $R15$ mm、内圆弧面及 $\phi47$ mm 内圆柱面（粗加工留 $X=0.3$ mm、$Z=0.1$ mm 精加工余量）。

（7）编制数控加工工艺　数控加工工艺过程如表 6-28 所示。

表 6-28　数控加工工艺卡片

数控加工工艺卡片		机床型号		零件图号		合同号	共　页	
单位		产品名称		零件名称			第　页	
工序		工序名称		程序编号		备注		
工步号		作 业 内 容	刀具号	刀具名称	主轴转速/ （r/min）	进给速度/ （mm/r）	背吃刀量/ mm	
		加工"件二"左端						
1		手动加工左端面		端面刀	1 500	0.8	手控	

数控加工工艺卡片		机床型号		零件图号		合同号		共　页
单位		产品名称		零件名称				第　页
工序		工序名称		程序编号		备注		
工步号	作 业 内 容		刀具号	刀具名称	主轴转速/（r/min）	进给速度/（mm/r）	背吃刀量/mm	
	加工"件二"左端							
2	手动对刀（外圆刀、外槽刀、螺纹刀）						手控	
3	自右向左粗加工右端外轮廓（矩形车削）		T01	外圆刀	1 000	0.8	1.5	
4	自右向左精加工右端外轮廓（轮廓车削）				1 800	0.4	0.15	
5	切外槽		T02	切槽刀	800	0.1	3.0	
6	车削外螺纹		T03	螺纹刀	700	1.5	分层	
7	"件二"左端精度检验							
	加工"件一"左端							
1	手动加工左端面			端面刀	1 500	0.8	手控	
2	手动对刀（外圆刀、外槽刀）							
3	自右向左粗加工右端外轮廓（矩形车削）		T01	外圆刀	1 000	0.8	1.5	
4	自右向左精加工右端外轮廓（轮廓车削）				1 800	0.4	0.15	
5	车削梯形槽		T02	切槽刀	800	0.15	3.0	
6	工件左端精度检验							
	加工"件一"右端							
1	调头手动加工左端面			端面刀	1 500	0.7	手控	
2	手动对刀（内镗刀）				800	0.4	手控	
3	自右向左粗加工内轮廓（矩形车削）		T02	粗内镗刀	1 000	0.5	1.5	
4	自右向左精加工内轮廓（轮廓车削）		T03	精内镗刀	1 800	0.2	0.2	
5	车削内槽		T04	内槽刀	1 000	0.08	4.0	
6	车削内螺纹		T01	内螺纹刀	800	1.5	分层	
7	工件内孔精度检验							
	加工配合件							
1	手动加工左端面			端面刀	1 500	0.7	手控	
2	手动对刀（外圆刀、圆弧刀）							
3	自右向左粗加工右端外轮廓（矩形车削）		T01	外圆刀	1 000	0.8	1.5	
4	自右向左精加工右端外轮廓（轮廓车削）				1 800	0.4	0.15	
5	车削圆弧槽		T04	圆弧刀	800	0.10		
6	整件精度检验							

小　结

1. 轴类零件数控车削加工工艺分析

车削轴类零件应先看零件的轴向长短是否属于细杆件，如果是细长类零件，应采用顶尖装夹、附加跟刀架等工艺措施加工。粗车选择切削用量时应将背吃刀量放在首位，尽可能大。其次是进给量，最后是切削速度。用硬质合金车刀精车时，尽量提高切削速度和较小的背吃刀量，若零件需要磨削，只做粗车和半精车，不必精车。

2. 套类零件数控车削加工工艺分析

套类零件一般都要求具有较高的尺寸精度，较小的表面粗糙度和较高的形位精度，由于刀具回旋空间小，刀具进退刀空间狭小；受到孔径和孔深的限制，刀杆细而长，刚性又差，因此对在车削加工的切削用量选择上，进给量和背吃刀量应比切外圆稍小。内腔切削液不易进入切削区域，切屑不易排出，切削温度可能会较高，镗深孔时可采用工艺性退刀，以促进切屑排出，另外切削区域不易观察，加工精度不易控制，应多安排一些测量次数。

3. 薄壁零件数控车削加工工艺分析

薄壁零件的刚性一般较差，装夹时应选好定位基准，一般批量生产时采用专用夹具、控制夹紧力大小，以防止工件变形，保证加工精度。因内孔切削条件差于外轮廓切削，故内孔切削用量较切削外轮廓时选取小些（小 30%～50%），因孔直径较外廓直径小，实际主轴转速可能会比切外轮廓时大。

4. 盘类零件数控车削加工工艺分析

盘类零件一般铸件较多，内孔铸出，加工工艺常采用粗镗→精镗，镗削内腔时，注意循环加工的退刀量不要设定过大，防止刀杆碰撞孔壁，另外镗削内孔时还要注意内镗刀具的应用，为了达到尺寸精度和表面粗糙度的要求一般要选择尽可能大的直径刀具，以增强刀具的刚性，防止刀杆颤抖。换刀点的确定要考虑镗刀刀杆的方向和长度，以免换刀时刀具与工件、尾架发生干涉。

5. 配合零件数控车削加工工艺分析

一般配合零件的加工要比单件复杂得多，应根据零件的形状特点、技术要求、工件数量和安装方法综合考虑。

复杂的零件一端加工难以完成时，要经过两端加工进行两次装夹，由于对刀及刀架刀位的限制一般应将第一端粗、精车全部完成后再调头，调头装夹时注意应采用垫铜皮、开缝套筒或软卡爪。切削内沟槽时，进刀工艺采用从孔中心先进 $-Z$ 方向，后进 $+X$ 方向，退刀时先退少量 X，后退 $+Z$ 方向，为防止干涉，退 X 方向时退刀尺寸必要时需计算。

复 习 题

1. 问答题

（1）数控车削用量的选择原则是什么？

（2）数控车削加工工序的划分原则是什么？

第 6 章　数控车削加工工艺应用

（3）工步顺序安排的一般原则是什么？

（4）确定进给路线时应注意哪些问题？

2. 编写图 6-34、图 6-35、图 6-36 所示的单件生产套类零件的数控加工工艺。

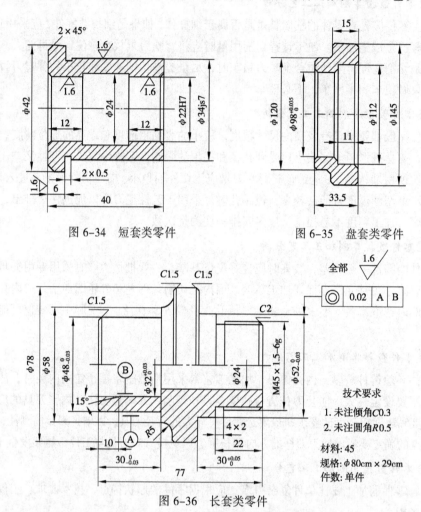

图 6-34　短套类零件

图 6-35　盘套类零件

图 6-36　长套类零件

技术要求

1. 未注倾角C0.3

2. 未注圆角R0.5

材料：45

规格：φ80cm×29cm

件数：单件

3. 编写图 6-37、图 6-38 所示的单件生产轴类零件的数控加工工艺。

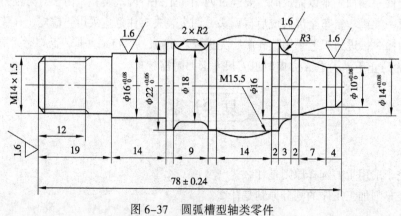

图 6-37　圆弧槽型轴类零件

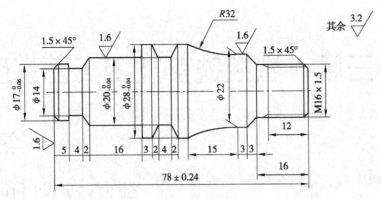

图 6-38　梯形槽销轴零件

4. 编写图 6-39 所示的内梯形螺纹椭圆零件的数控加工工艺。

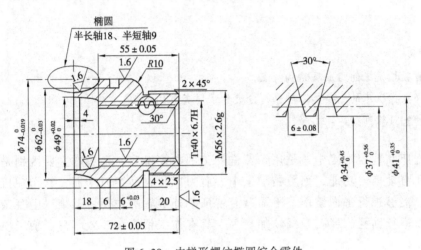

图 6-39　内梯形螺纹椭圆综合零件

第三篇 数控铣削加工工艺基础

第7章

数控铣削加工概述

学习目标

- 了解数控铣床的组成及结构特点。
- 掌握数控铣床的主要加工对象、分类和常用夹具的结构。
- 正确制订铣削加工工艺路线。

数控铣床和数控加工中心是用于镗铣加工的数控机床，两者的主要区别是数控铣床没有刀库和自动换刀功能，而数控加工中心有刀库和自动换刀功能。它们在机床设备中应用很广，能够进行平面铣削、平面型腔铣削、外形轮廓铣削、三维以上复杂型腔面铣削，还可以进行钻孔、镗孔及螺纹加工等，具有加工精度高、效率高、加工质量稳定等优点。

7.1 数控铣床的基本知识

7.1.1 数控铣床的分类

1. 数控铣床按主轴结构形式分类

（1）立式数控铣床 立式数控铣床是数控铣床中数量最多的一种，其主轴轴线垂直于水平面，应用范围最广，如图7-1所示，从机床数控系统控制的坐标数量来看，目前三坐标数控立铣床占大多数。一般可进行三坐标联动加工，小型数控立式铣床的 X、Y 方向的移动一般都由工作台完成，Z 方向的移动一般都由主轴箱完成，主运动为主轴旋转。

（2）卧式数控铣床 其外形结构与普通卧式铣床相似，其主轴呈水平布置，为了扩大机床的加工范围和扩充功能，常采用增加数控转盘或万能数控转盘来实现四、五坐标加工，这样不但工件侧面上的连续回转轮廓可以加工出来，而且可以实现在一次安装中，通过转盘改变工位，进行四面加工，其外形结构如图7-2所示。

图 7-1　立式数控铣床

图 7-2　卧式数控铣床

（3）龙门数控铣床　大型数控铣床多采用双柱龙门结构，这类数控铣床主轴可以在龙门架的横向与垂直上下做进给运动，而龙门架则沿床身作纵向运动。大型数控铣床因要考虑到扩大行程，缩小占地面积及刚性等技术上的问题，往往采用龙门架移动式，其外形结构如图 7-3 所示。

（4）立、卧两用数控铣床　其主轴轴线方向可以变换，能达到在一台机床上既可以进行立式加工，又可以进行卧式加工，同时具备两类机床的功能，这类铣床适应性更强，适用范围广，选择加工对象的余地更大，生产成本低。该机床可以靠手动和自动两种方式更换主轴方向，有些立、卧两用式数控铣床采用主轴头可以任意方向转换的万能数控主轴头，使其可以加工出与水平面成不同角度的工件表面。另外还可以在这类铣床的工作台上增设数控转盘，以实现对零件的"五面加工"。

图 7-3　龙门数控铣床

2.按控制功能分类

（1）经济型数控铣床　此类数控铣床属于低、中档数控铣床，多采用开环控制，成本低、功能少，主轴转速与进给速度比较低，主要用于精度要求不高的简单平面、曲面加工，如图 7-4 所示。

这类数控铣床工作台可以纵向和横向移动实现 X、Y 方面进给运动，主轴垂直上下做 Z 方向进给运动，主轴头升降式数控铣床在精度保持、承载重量、系统构成等方面具有很多优点，已成为数控铣床的主流。

（2）全功能型数控铣床　这类数控铣床主轴采用调速的直流电机或交流主轴控制单元来驱动，进给采用伺服电动机，半闭环或全闭环控制，属于高档数控铣床，如图 7-5 所示。系统功能强、加工适用性强，一般可实现四坐标轴或四坐标轴以上的联动。

（3）高速数控铣床　主轴转速可在 8 000～40 000 r/mm，进给速度可达 10～30 m/mm 采用全新的机床结构、电主轴、直线电动机驱动进给及强大的数控系统，并配以加工性能优越的刀具系统，可实现高速、高效、高质量加工。

图 7-4　经济型数控铣床　　　　　　图 7-5　全功能型数控铣床

7.1.2　数控铣床的基本结构

数控铣床是在普通铣床的基础上发展起来的，两者加工工艺基本相同，机床外形相似，但数控铣床是靠程序控制的自动加工机床，因此，其基本结构也与普通铣床有很大区别。

数控铣床一般由铣床主机、数控系统、主传动系统、进给伺服系统、辅助装置、控制面板、冷却润滑系统等几大部分组成。

1. 铣床主机

铣床主机是数控铣床的机械部件，包括主轴箱及主轴传动系统、横梁、立柱、底座、工作台和进给机构等，它是整个机床的基础和框架。

（1）主轴箱体及主轴传动系统，用于装夹刀具并带动刀具旋转。

（2）横梁安装在立柱上并置于底座上，它是整个机床的基础和框架，用于安装机床各部件。

（3）工作台有多种形式，常用的有矩形工作台用于直线坐标进给、回转式工作台（常见的包括方形回转、圆形回转及万能倾斜回转等）用于回转坐标进给。

① 矩形工作台　矩形式作台使用最多，以表面上的 T 形槽与工件、附件等连接，基准一般设在中间，如图 7-6 所示。

② 回转工作台　方形回转工作台用于卧式铣床，表面以众多分布的螺纹孔安装工件；圆形回转工作台可作任意角度的回转和分度，表面 T 形槽呈放射状分布，如图 7-7 所示；万能倾斜回转工作台，如图 7-8 所示，它能使机床增加一个或两个回转坐标，从而使三坐标机床实现四轴、五轴加工功能。

图 7-6　矩形工作台　　　　图 7-7　圆形回转工作台　　　　图 7-8　万能倾斜回转工作台

2. 数控系统（CNC 装置）

数控系统是数控铣床运动控制的核心，执行数控加工程序以控制机床对零件进行切削加工。

3．进给伺服系统

进给伺服系统是数控铣床执行机构的驱动部件，包括主轴电动机、进给伺服电机和进给执行机构组成，按照程序设定的进给速度实现刀具和工件之间的相对运动，包括直线进给运动和旋转运动。

4．控制面板（操纵台）

操纵台上有 CRT 显示器、机床操作按钮和各种开关、指示灯及倍率旋钮等。数控程序可以通过操作面板上的 MDI 键盘，用手动方式直接输入，还可以利用 CAD／CAM 软件在计算机上进行自动编程，然后通过机床与计算机直接通信的方式将程序传送到数控装置。

5．辅助装置

辅助装置如液压、气动、润滑、冷却系统、排屑和防护等。

7.1.3　数控铣削的主要加工对象

数控铣床具有多坐标轴联动功能，主要包括平面铣削、轮廓铣削和曲面铣削，也可以对零件进行钻、扩、铰、镗、锪等加工，主要适合于下述零件。

1．平面类零件

平面类零件是指加工面平行或垂直于水平面，或加工面与水平面的夹角为定角的零件，这类加工面可展开为平面，这些平面类零件只需用三轴联动数控铣床或两轴半联动就可将其直接加工出来，平面类零件是数控铣削加工中最简单的常见零件。

（1）内腔曲线轮廓面　如图 7-9 所示，该曲线轮廓 *A* 面展开后为平面，由于它与水平面垂直，因此加工时只需水平放置工作台上装夹、钻铣刀垂直安装即可加工。

（2）斜筋轮廓面　如图 7-10 所示，该斜筋轮廓 *B* 面，一般可以用专用角度铣刀来加工，省时、易加工、成本低，如采用五坐标轴控制摆角数控铣床加工反而不经济。

（3）平斜面　如图 7-11 所示，该斜面 *C* 当斜面不大时，可根据零件斜度的大小用垫铁将其垫平后进行加工，若机床主轴可摆动，则将其摆成适当角度进行加工；当零件的尺寸很大而其斜度又较小时，常用行切法加工，但会在加工面上留下叠刀锋残痕，需要钳修法加以清除。加工斜面的最佳方法是在五坐标摆动铣头式数控机床上利用铣头摆动功能加工。

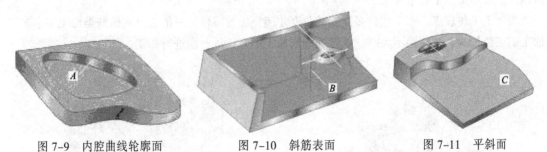

图 7-9　内腔曲线轮廓面　　　　图 7-10　斜筋表面　　　　图 7-11　平斜面

2．变斜角类零件

变斜角类零件如图 7-12 所示。该变斜角面 *D* 与水平面的夹角呈连续变化，此类零件多为飞机零件，如梁、框、筋条、缘条等，检验夹具与装配型架也属于变斜角类零件。由于变斜角加工面不能展开为平面。但在加工时，加工面与铣刀圆周接触的瞬间为一条线。

因此最好采用四坐标或五坐标数控铣床摆角加工，如图 7–13 所示。其中，图 7–13（a）所示为四轴，即 X、Y、Z、A 联动数控铣床加工；图 7–13（b）所示为五轴，即 X、Y、Z、A、B 联动数控铣床加工。当工件精度要求不高时，也可以采用三轴数控铣床或两轴半数控铣床近似加工。

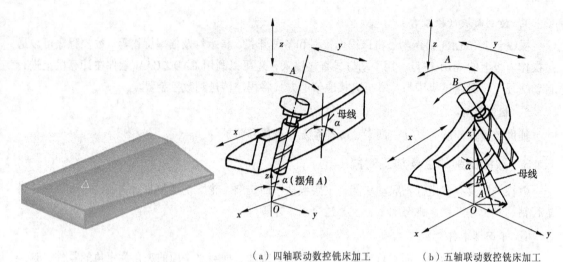

（a）四轴联动数控铣床加工　　　　（b）五轴联动数控铣床加工

图 7–12　变斜角平面　　　　　　　图 7–13　数控铣床加工变斜角零件

3. 曲面类零件

加工面为空间曲面的零件称为曲面类零件，如图 7–14 所示的汽轮机芯叶片，又如模具、螺旋桨等都属于曲面类零件。加工特点是加工面不能展成平面，且加工过程中的加工面和铣刀始终保持点接触。常采用球头铣刀利用三坐标数控铣床进行加工，当加工曲面较复杂时，要采用四轴或五轴数控铣床加工，以免在加工曲面时产生干涉现象而铣伤邻近表面。

4. 箱体类零件

箱体类零件一般是指具有一个以上孔系，内部有一定型腔或空腔，在长、宽、高方向有一定比例的零件，如图 7–15 所示。箱体类零件的加工可以采用数控铣床加工，但因为用到的刀具较多，所以一般采用加工中心来加工。

当加工工位较多，需工作台多次旋转角度才能完成的零件，一般选卧式镗铣类加工中心。当加工的工位较少，且跨距不大时，也可选立式加工中心，从一端进行加工。

图 7–14　曲面类零件

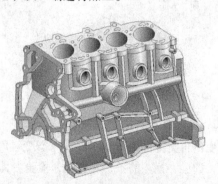

图 7–15　箱体类零件

拓展延伸

一般的箱体、箱盖、平面凸轮、样板、形状复杂的平面或立体零件及模具的内、外型腔等适合于在数控立式铣床和立式加工中心上加工。

复杂的箱体类零件、泵体、阀体、壳体等，适合于在卧式数控铣床和卧式加工中心上加工。

超复杂的曲线、曲面等，适合于在多轴联动卧式加工中心上加工。

7.2　数控铣削常用夹具

在机械制造过程中用来固定加工对象，使同一工序中所有工件都能在夹具中占有正确的位置，以保证机械加工的正常进行。在数控铣床上常用的装夹方法：

（1）使用机用平口钳装夹工件。

（2）使用压板、弯板、V型块、T型螺栓装夹工件。

（3）工件通过托盘装夹在工作台上。

（4）使用组合夹具、专用夹具装夹工件。

7.2.1　机床夹具的组成

数控铣床上铣连杆槽的夹具如图 7-16 所示。工件在夹具中的位置靠夹具体 1 的上平面、圆柱销 11 和菱形销 10 保证。夹紧时，转动螺母 7 压下压板 2，压板 2 的一端压着夹具体，另一端压紧工件，保证工件的正确位置不变。由此可以看出，数控机床夹具由以下几部分组成：

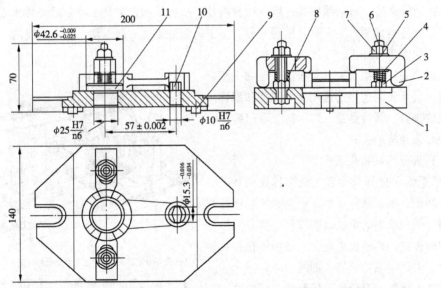

1—夹具体　2—压板　3,7—螺母　4,5—垫片　6—螺栓　8—弹簧　9—定位键　10—菱形销　11—圆柱销

图 7-16　连杆铣槽结构

（1）定位装置　由定位元件及其组合而构成。它用于确定工件在夹具中的正确位置。图 7-16 所示的圆柱销 11 和菱形销 10 等都是定位元件。

（2）夹紧装置　用于保证工件在夹具中的夹紧，使其在外力作用下不会产生移动。它包括夹紧元件、传动元件以及动力元件等。图 7-16 所示的压板 2、螺母 3 和螺母 7、垫片 4 和垫片 5、螺栓 6 及弹簧 8 等元件组成的装置都是夹紧装置。

（3）夹具体　用于连接夹具上每个元件以及装置，使其成为一个整体的基础件，以保证夹具的精度和刚度，如图 7-16 所示的夹具体 1，夹具体常为铸件、锻件及焊接件结构。

（4）其他元件及装置　是指夹具中因特殊需要而设置的装置或元件。为方便、准确地定位，常设置预定位装置、分度装置等；对于大型夹具，常设置吊装元件、平衡块、启动或液压操纵机构等。

7.2.2　机床夹具的分类

机床夹具的种类繁多，可以从不同的角度对机床夹具进行分类，分类方法如下：

1．按夹具的通用特性分类

（1）通用夹具　通用工具是指结构、尺寸已经规格化，且具有一定通用性的夹具，如数控铣床上常用的机用平口钳、万能分度头、回转工作台、电磁吸盘等。其特点是适用性强、使用时不用调整或稍加调整即可，但加工精度不高、效率低、不适合形状复杂工件的装夹。

（2）专用夹具　专用工具是针对某一工件的某一工序的加工要求而专门设计制造的夹具。其特点是针对性强、无通用性，但在大批量生产中能获得相对稳定的加工精度及较高的效率。

（3）可调夹具　可调夹具是针对通用夹具和专用夹具的缺陷而发展起来的一类新型夹具，对不同类型和尺寸的工件，只需调整或更换原有夹具上个别定位元件和夹紧元件即可使用。可分为通用可调夹具和成组夹具两种。

（4）自动线夹具　自动线夹具一般可以分两种：一种是固定夹具，与专用夹具使用相似固定在一个工位上进行加工；另一种是随行夹具，加工时随着工件一起运动，从自动线的一个工位移到另一个工位上进行加工。

（5）组合夹具　组合夹具是按照一定的工艺要求，由一套预先制造好的通用标准元件和部件组合而成的夹具。其特点是：可拆卸、可组装，它是一种较为经济的夹具。

组合夹具分槽系和孔系两类。

① 槽系组合夹具　槽系组合夹具是靠基础板上标准间距、相互平行及相互垂直的 T 形槽或键槽，通过键在槽中的定位就能准确定位各元件在夹具中的位置，再通过螺栓的连接而组合在一起，分大、中、小三种规格，如图 7-17 所示。分基础件如支承件、定位件、压紧件、导向件、紧固件、合件及其他件等八大类进行组合。

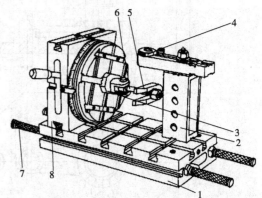

1—长方形基础板　2—正方形支承件　3—菱形定位盘
4—钻套　5—叉形压板　6—螺栓　7—手柄杆　8—分度合件

图 7-17　槽系组合夹具

② 孔系组合夹具　孔系组合夹具是指夹具元件之间的相互位置由孔和定位销来决定，元件之间由螺栓连接，在使用时能够快速地组装成机床夹具，如图7-18所示。其特点是结构简单、刚性好、组装方便、定位精度高。

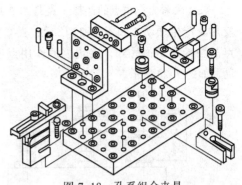

图7-18　孔系组合夹具

2．按夹紧的动力源分类

夹具按夹紧的动力源可分为手动夹具、气动夹具、液压夹具、电磁夹具以及真空夹具等。

3．按夹具使用的机床分类

按使用的机床分类可分为车床夹具、铣床夹具、钻床夹具、镗床夹具、磨床夹具、齿轮机床夹具、数控机床夹具等。

7.2.3　工件在夹具中的夹紧

在工件的加工过程中，工件受到切削力、离心力、惯性力等的作用，为了保证工件在加工时能有一个正确的加工位置而不至于发生振动或偏移，夹具中应设置夹紧工件装置。

1．夹紧装置的基本要求

夹紧力的大小应适中，不使工件变形、夹紧力的方向有助于定位、夹紧加力时工件不移位、工件加工时不松动、夹具工艺性好、结构尽量简单、便于制造、操作方便、生产效率高。

2．夹紧力三要素的确定

力的大小、方向和作用点构成夹紧力的三要素，它主要对夹紧机构的设计起着决定性的作用。

（1）夹紧力方向的确定　夹紧力方向应有助于定位，如图7-19、图7-20所示；指向定位基准，不破坏定位有助于定位的稳定；其次，夹紧力方向应有利于减小夹紧力，在保证夹紧可靠的情况下，夹紧力减小可以使夹紧机构轻便、紧凑，减少工件变形；另外，夹紧力方向应选在工件刚性较好的一面，如图7-21所示。

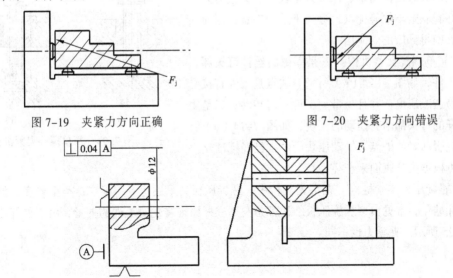

图7-19　夹紧力方向正确　　　　　　　图7-20　夹紧力方向错误

图7-21　夹紧力方向应指向定位基准

（2）夹紧力作用点的选择　夹紧力作用点应落到工件刚度较好的部位，以防止或减小工件变形及产生振动，如图7-22所示；夹紧力的作用点还应靠近加工表面，以减小切削力对夹紧点的翻转力矩；另外，夹紧力的作用点还应落在定位的支撑范围内，否则会使工件倾斜或移动，如图7-23所示。

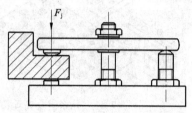

图7-22　夹紧力作用点的正确位置图

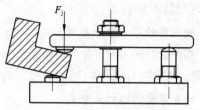

图7-23　夹紧力作用点的错误位置

（3）夹紧力大小的确定　夹紧力的大小对工件安装的可靠性、工件和夹具的变形、夹紧机构的复杂程度等有很大关系。夹紧力大小要适当，过大会使工件变形，过小则在加工时工件会松动，造成报废甚至发生事故。

相关链接

　　夹紧力三要素的确定是一个综合性问题。必须全面考虑工件的结构特点、工艺方法、定位元件的结构和布置等多种因素，才能最后确定并具体设计出较为理想的夹紧机构。

3．基本夹紧机构

　　夹紧力是通过夹紧机构来实现，在数控铣床上的夹紧机构常用螺旋夹紧机构、杠杆旋压板夹紧机构、斜楔夹紧机构。

　　（1）螺旋夹紧机构　采用螺旋直接夹紧或螺杆作中间传力元件组合实现夹紧的机构称为螺旋夹紧机构。螺旋夹紧机构具有结构简单、螺旋升角较小、夹紧力大、自锁性好和制造方便等优点，适用于手动夹紧，因而在机床夹具中得到广泛的应用。

　　① 简单螺旋夹紧机构　一是用螺旋丝杆钉头部直接压紧工件，如图 7-24（a）所示。缺点是工件直接受压表面易造成压痕，并且易带动工件一起转动；二是用螺旋丝杆的钉头部附有摆动的压块，如图 7-24（b）所示，可克服前者的缺点。摆动压块的结构已经标准化，使用时可根据夹紧表面来选择。

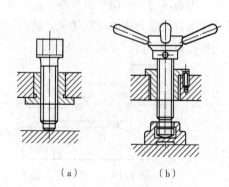

（a）　　　　　　（b）

图7-24　简单螺旋夹紧机构

　　② 螺旋压板夹紧机构　在夹紧机构中，螺旋压板夹紧机构应用很广，类型繁多，但结构尺寸均已标准化，常见典型螺旋压板结构都是利用杠杆原理实现对工件的夹紧，由于杠杆比不同，如图7-25所示。夹紧力也不同。

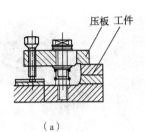
（a）

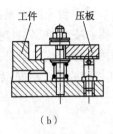
（b）

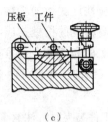
（c）

图 7-25　杠杆螺旋压板夹紧机构

（2）斜楔夹紧机构　利用斜面直接或间接夹紧工件的机构称为斜楔夹紧机构，它是夹紧机构中最基本的一种形式。图 7-26 所示为常用斜楔夹紧机构的形式。其特点是楔块夹紧的自锁性强、可靠性高、结构简单，但夹紧力和楔块夹紧行程小、操作不便。通常用于机动夹紧或组合夹紧机构中。

（3）其他夹紧机构。

① 定心夹紧机构　定心夹紧机构是一种同时实现对工件定心、定位和夹紧的夹紧机构。即在夹紧过程中，能使工件相对于某一对称面保持对称性。当被加工面以中心要素为工序基准时，为了使基准重合以减少定位误差，常采用定心夹紧机构。定心夹紧机构具有定心和夹紧两种功能，如典型实例为安装在铣床工作台台上的三爪自定心卡盘夹紧工件，两个 V 型块配合平钳口装夹圆棒料，如图 7-27 所示。

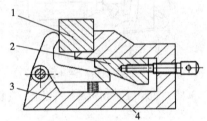

1—工件　2—斜楔块　3—夹具体　4—复位弹簧

图 7-26　斜楔夹紧机构

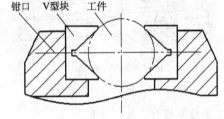

图 7-27　定心夹紧机构

② 联动夹紧机构　联动夹紧机构是操作一个手柄或用一个动力装置在几个夹紧位置上同时夹紧一个工件（单件多位夹紧）或夹紧几个工件（多件多位夹紧）的夹紧机构。根据工件的特点和要求，为了减少工件装夹时间，提高生产率，简化结构，常采用联动夹紧机构。

③ 气、液压传动夹紧机构　通过手工对夹具传力机构施加力使工件夹紧称为手动夹紧。而现代高效率的夹具，大多采用机动夹紧，其动力包括气动、液压、电动、电磁等。数控铣床常用气动和液压传动装置。

④ 气压传动夹紧机构　气压传动夹紧机构以压缩空气为动力的气压夹紧，动作迅速，压力可调，污染小，设备维护简单，夹紧刚性稍差。

⑤ 液压传动夹紧机构　液压传动夹紧机构以压力油作为介质，其工作原理与气压传动相似。但与气压传动装置相比，具有夹紧力大，夹紧刚性好，夹紧可靠，液压缸体积小及噪声小等优点。

7.2.4　数控铣床机床常用夹具的使用

1. 机用平口钳的使用

对于形状比较规则的零件在铣削时，常用机用平口钳装夹，如图 7-28 所示。使用方便、灵

145

第 7 章　数控铣削加工概述

活，适应性广。当加工精度要求较高，需要较大的夹紧力时，可采用较高精度的机械式或液压式平口钳。安装机用平口钳时，必须先将底面和工作台面擦拭干净，利用百分表校正钳口，使钳口与横向或纵向工作台方向平行，以保证铣削的加工精度，如图7-29所示。

图7-28 机用平口钳

在工件装夹时，注意事项：

（1）工件应当紧固在钳口中间的位置。

（2）工件被加工部分要高出钳口，以避免刀具与钳口发生干涉。在工件的下面垫上比工件窄、厚度适当，且要求尺寸精度较高的等高垫块，然后将工件夹紧。为了使工件紧密地靠在垫块上，应用铜锤或木锤轻轻的敲击工件，直到用手不能轻易推动等高垫块时，最后再将工件夹紧在平口钳内，如图7-30所示。

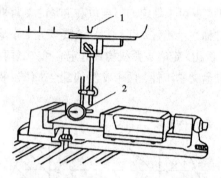

1—主轴头 2—百分表

图7-29 机用平口钳的校正

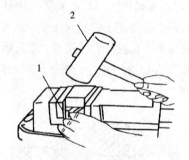

1—平行块 2—木锤

图7-30 工件在机用平口钳上的安装

2．T型槽及螺钉压板的使用

如果工件比较大，则常采用压板直接利用 T 形槽螺栓和压板将工件固定在机床工作台上即可。

装夹工件时，需根据工件装夹精度要求，用百分表等找正工件。对于体积较大的工件大都用组合压板来装夹，根据图样的加工要求，可将工件直接压在工作台面上，如图 7-31（a）所示，这种装夹方法不能进行贯通的挖槽或钻孔等加工；也可在工件下垫上等高垫铁后将其压紧，如图 7-31（b）所示，这种装夹方法可进行贯通的挖槽或钻孔加工。

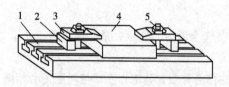
（a）工件直接装夹在工作台上

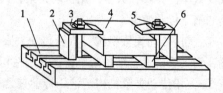
（b）工件下垫等高垫铁装夹在工作台上

1—工作台 2—支承块 3—压板 4—工件 5—双头螺柱 6—等高垫块

图 7-31 安装工件的方法

3．卡盘的使用

数控铣床常用的卡盘为机用三爪自定心卡盘，如图 7-32 所示；机用四爪单动卡盘，如图 7-33 所示。

图 7-32　铣床机用三爪卡盘

图 7-33　铣床机用四爪卡盘

4．V 型块的使用

装夹轴类工件时需使用 V 型块，如图 7-34 所示。常见的 V 型块夹角分为 90°和 120°两种槽形。无论使用哪一种轴件的定位表面一定与 V 型块的形面相切，根据轴的定位直径选择 V 型块口宽 B 的尺寸：

$$B > d \cos \alpha / 2$$

式中　B—V 型槽的槽口尺寸；

　　　d—工件直径；

　　　α—V 型槽的 V 形角。

当 $\alpha= 90°$ 时，$B > 0.707\ d$；

当 $\alpha= 120°$ 时，$B > 0.5\ d$。

选用较大的 V 形角有利于提高在 V 型槽内的定位精度。

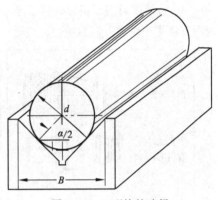

图 7-34　V 型块的选择

7.2.5　常用夹具夹紧力大小的估算

夹紧力的大小与工件安装的可靠性、工件和夹具的变形、夹紧机构的复杂程度等有很大关系。加工过程中，工件受到切削力、离心力、惯性力和工件自身重力等的作用。一般情况下，加工中、小工件时，切削力（矩）起决定性的作用。

夹紧力大小要适当，过大会使工件变形，过小则在加工时工件会松动，造成报废甚至发生事故。采用手动夹紧时，可凭人力来控制夹紧力的大小，一般不需要算出所需夹紧力的确切数值，只是必要时进行概略的估算。

机动夹紧装置（如气动、液压、电动等）根据压力表确定，压力表分为三个区域：黄色区、绿色区和红色区，一般可以将压力表指针调到绿色区中即可。

🔒 **相关链接**

一般情况下，单件生产时采用通用夹具，对于尺寸小外形规整的四方形工件常采用机用平口钳装夹，而对于大型工件一般采用压板和螺栓装夹，小型圆盘类零件也可以采用机用三爪卡盘进行装夹；批量生产时尽量选用组合夹具和专用夹具。另外，在使用夹具时，要注意夹具的精度一定要和零件的定位精度一致。

7.3 数控铣削常用刀具

数控铣削刀具必须适应数控机床高速、高效和自动化程度高的特点，这就要求其刀具本身应具有高效率、高精度、高可靠性和专业化的特点，广泛应用于高速切削、精密和超精密加工、干切削、硬切削和难加工材料的加工等先进制造技术领域。

7.3.1 数控铣削刀具组成

铣削刀具由两个部分组成，即刀柄和刃具，刀柄要求规定铣床配备相应的刀柄及拉钉的标准、尺寸和规格，否则无法安装；刃具包括钻头、铣刀、铰刀、丝锥、镗刀等。

1．刀柄的结构形式

刀柄有整体式刀柄与模块式刀柄两种形式。

（1）整体式刀柄　指刃具直接与刀柄连接在一起，刚性好，一般用于刀具装配中装夹不改变，或不宜使用模块式刀柄的场合，如图 7–35 所示。

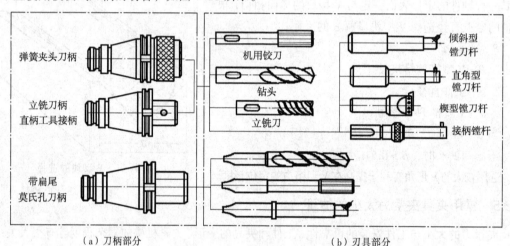

（a）刀柄部分　　　　　　　　　　（b）刃具部分

图 7–35 数控铣削整体式刀柄、刃具对应连接示意图

（2）模块式刀柄　指刃具通过中体间接与刀柄连接在一起，但对连接精度、刚性、强度的要求高，否则将降低零件的加工精度，如图 7–36 所示。

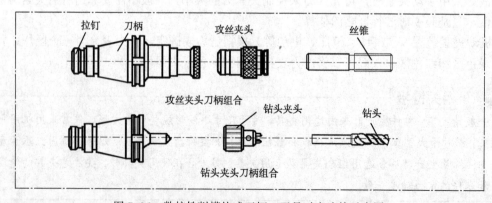

图 7–36 数控铣削模块式刀柄、刃具对应连接示意图

2．刀具典型安装实例

直径小于φ20的铣刀多为直柄，采用弹簧夹头刀柄安装，如图7-37所示。方法如下：

（1）根据铣刀直径选择相应的弹簧套，并将弹簧套装入锁紧螺母。

（2）将铣刀杆装入弹簧套孔内，并控制刀具伸出量。

（3）用专用扳手顺时针锁紧螺母。

（4）检查，将刀柄装上主轴。

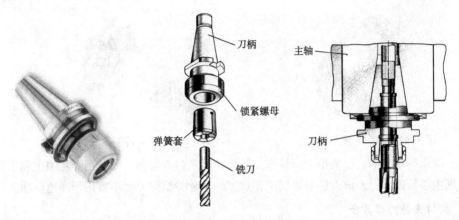

图 7-37　弹簧夹头刀柄安装

7.3.2　数控铣削刀柄的分类

数控铣床使用的刀具通过刀柄与主轴相连，刀柄通过拉钉和主轴内的拉刀装置固定在主轴上，刀柄的锥体在拉杆轴向拉力的作用下，紧密与主轴的内锥面接触，由刀柄夹持传递转速、扭矩。因此刀柄的强度、刚性、耐磨性、制造精度以及夹紧力等对加工有直接影响。

常用的刀柄与主轴的配合锥面一般采用7：24的锥柄，因为这种锥柄的优点是不自锁，可以实现快速装卸刀具。目前，刀柄与拉钉的结构和尺寸均已标准化和系列化。我国广泛应用的是 HB40 和 BT50 系列刀柄和拉钉。

1．按刀具夹紧方式可分

（1）弹簧夹头刀柄　常用的弹簧夹头刀柄主要有 ER 型弹簧夹头刀柄和 KM 型强力弹簧夹头刀柄两种，使用时根据刀具直径更换相应的卡簧，如图7-38所示。强力弹簧夹头刀柄，采用 KM 型夹套，可以提供较大夹紧力，适合于强力铣削，如图7-39所示。

图 7-38　弹簧夹头刀柄及卡簧

图 7-39　强力铣刀柄及卡簧

（2）侧固式刀柄　侧固式刀柄采用侧向夹紧，适用于切削力大的加工，但一种尺寸的刀具需对应配备一种刀柄，规格较多。该类型刀柄不适用于高速切削，如图 7-40 所示。

（3）冷缩夹紧刀柄　冷缩夹紧刀柄刀柄采用热胀冷缩夹紧，即加热装刀冷却至室温紧固，该刀柄刚度极高，刀柄和刃具具有整体特性，夹紧力大，同轴度好适合于高速铣削，如图 7-41 所示。

图 7-40　侧固式铣刀柄　　　　　图 7-41　冷缩夹紧式刀柄

（4）液压夹紧刀柄。该类型的刀柄专门被设计用于强力切削，尤其用于粗加工和半精加工操作。根据主轴转速不同，该刀柄也可用于精加工。这种类型的刀柄不宜用于高速铣削。

2．按所夹持的刃具分

（1）圆柱铣刀刀柄　该刀柄用于夹持圆柱铣刀，如图 7-42 所示。

（2）面铣刀刀柄　该刀柄用于与面铣刀盘配套使用，如图 7-43 所示。

（3）丝锥刀柄　该刀柄刀柄由夹头柄部和丝锥夹套两部分组成，攻螺纹时能自动补偿螺距，攻螺纹夹套有转矩过载保护装置，以防止机攻时丝锥折断，如图 7-44 所示。

图 7-42　圆柱铣刀刀柄　　　　图 7-43　面铣刀刀柄　　　　图 7-43　丝锥刀柄

（4）直柄钻头刀柄　该刀柄有整体式和分离式两种，用于装夹直径在 13mm 以下的中心钻、直柄麻花钻等，如图 7-45 所示。

（5）锥柄钻头刀柄　该刀柄用于夹持莫氏锥度刀杆的钻头、铰刀等，带有扁尾槽及装卸槽，如图 7-46 所示，

（6）镗刀刀柄　该刀柄用于各种尺寸孔的镗削加工，有单刃、双刃以及重切削等类型。在孔加工刀具中占有较大比重，是孔精加工的主要手段，其性能要求也很高，如图 7-47 所示。

图 7-45　钻夹头刀柄

图 7-46　锥柄钻头刀柄

图 7-47　镗刀刀柄

7.3.3　数控铣削刀柄的型号

1．刀柄及拉钉的结构

我国数控刀柄结构（国家标准 GB/T 10944.1—2006）与国家标准 ISO 7388–1:1983 规定的结构基本相同，应用的是 BT40 和 BT50 系列刀柄和拉钉，外形如图 7-48 所示。其中，BT 表示采用日本标准 MAS403 的刀柄，其后数字为相应的 ISO 锥度号 25、30、40、50 和 60 等。例如，50 和 40 分别代表大端直径 ϕ69.85 和 ϕ44.45 及锥度为 7：42 的刀柄，25、30 适合于高速轻型机床，50、60 适合于重型机床。

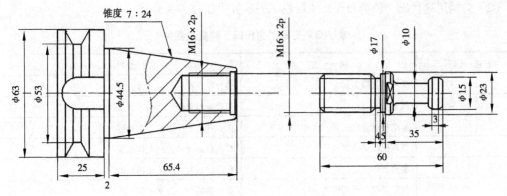
图 7-48　BT40 型刀柄与拉钉

2．刀柄型号组成及表示法

刀柄型号由汉语拼音字母和数字进行编码。整个刀柄型号分前、后两段，在两段之间用"—"号隔开，刀柄型号组成如表 7-1 所示。

表 7-1　刀柄型号的组成和表示法

刀柄型号的组成	前　　　段		后　　　段	
表示方法	字母表示	数字表示	字母表示	数字表示
符号意义	刀柄部形式	柄部尺寸	刀柄用途代码、种类及规格	工具规格
举例	JT	50	KH	40—80
表达格式	JT50—KH40—80			

例如，牌号为 JT50—KH40—80 的刀辅具。

前段：JT—表示工具刀柄部形式，即加工中心机床用锥柄部，详细形式如表 7-2 所示；

　　　　50—表示 7：24 锥度的 50 号锥柄。

后段：KH—表示工具用途、种类或结构形式，即刀柄部带锥柄接杆形式，如表 7-3 所示；

40—表示锥柄中有 7：24 锥度的 40 号快换夹头锥孔；

80—表示刀柄的工作长度，即外锥大端至螺母尺寸为 80 mm。

（1）刀柄部的形式（前段）工具系统型号表示方法如表 7-2 所示。

表 7-2 刀柄部的形式

柄部代码	代 码 的 含 义	
JT	加工中心机床用锥柄部（带机械手夹执持槽）	ISO 锥度号
XT	一般镗床用工具柄部	ISO 锥度号
ST	一般数控机床用锥柄柄部（无机械手夹执持槽）	ISO 锥度号
BT	加工中心机床用锥柄部（带机械手夹执持槽）	ISO 锥度号
MT	带扁尾莫氏圆锥工具柄	莫氏锥度号
MW（MTW）	无扁尾莫氏圆锥工具柄	莫氏锥度号
ZB	直柄工具柄	直径尺寸
KH	带椎柄接杆	锥柄的锥度号

（2）刀柄用途代码、种类及规格（后段）表示方法如表 7-3 所示。

表 7-3 刀柄用途代码、种类及规格

用 途 代 号	用 途	规格参数表示的内容
J	装直柄接杆工具	装接杆直径—刀柄工作长度
Q	弹簧夹头	最大夹持直径—刀柄工作长度
XP	装削平型直柄工具	装刀孔直径—刀柄工作长度
Z	装莫氏短锥钻夹头	莫氏短锥号—刀柄工作长度
ZJ	装莫氏锥度钻夹头	莫氏锥柄号—刀柄工作长度
M	装带扁尾莫氏圆锥柄工具	莫氏锥柄号—刀柄工作长度
MW	装无扁尾莫氏圆锥柄工具	莫氏锥柄号—刀柄工作长度
MD	装短莫氏圆锥柄工具	莫氏锥柄号—刀柄工作长度
JF	装浮动绞刀	绞刀直径—刀柄工作长度
G	攻丝夹头	最大攻丝规格—刀柄工作长度
TQW	倾斜型微调镗刀	最小镗孔直径—刀柄工作长
TS	双刃镗刀	最小镗刀直径—刀柄工作长度
TZC	直角型粗镗刀	最小镗刀直径—刀柄工作长度
TQC	倾斜型粗镗刀	最小镗孔直径—刀柄工作长度
TF	复合镗刀	小孔直径/大孔直径—孔工作长度
TK	可调镗刀头	装刀孔直径—刀柄工作长度
XS	装三面刃铣刀	刀具内孔直径—刀柄工作长度
XL	装套式立铣刀	刀具内孔直径—刀柄工作长度
XMA	装 A 类面铣刀	刀具内孔直径—刀柄工作长度
XMB	装 B 类面铣刀	刀具内孔直径—刀柄工作长度

用 途 代 号	用 途	规格参数表示的内容
XMC	装 C 类面铣刀	刀具内孔直径—刀柄工作长度
KJ	装扩孔钻和铰刀	1:30 圆锥大端直径—刀柄工作长度
KH	装带锥柄接杆刀	7:24 锥柄的锥度号

7.3.4　拉钉

　　拉钉是带螺纹的零件，通过螺纹连接与刀柄相连，机床通过拉紧拉钉将刀柄与刀具固定在主轴上。根据各个机床生产厂的出厂标准不同，机床刀柄拉紧机构也不统一，如图 7-49 所示。尺寸已标准化。ISO 和 GB 规定了 A 型和 B 型两种形式的拉钉，其中 A 型用于不带钢球的拉紧装置，B 型用于带钢球的拉紧装置，其具体尺寸可查阅有关标准。

　　目前，拉钉的标准系列主要有 ISO 标准、DIN 标准、日本标准、美国标准等系列。

7.3.5　卡簧

　　在装配数控铣刀时，卡簧装在刀柄与刃具之间，从而可以实现一种规格的刀柄装配出多种尺寸的刀具，分为普通 ER 卡簧和强力 KM 卡簧两种，如图 7-50 所示。

图 7-49　拉钉　　　　　　图 7-50　卡簧

相关链接

　　HSK 刀柄被誉为"21 世纪刀柄"，是一种新型的高速锥型刀柄，其接口采用锥面和端面两面同时定位，刀柄为中空，锥体长度较短，有利于实现换刀轻型化及高速化。由于采用端面定位，完全消除了轴向定位误差，使高速、高精度加工成为可能。这种刀柄在高速加工中心上广泛应用，它与传统铣床主轴端部结构和刀柄不兼容，不能直接用于传统的机床。

7.3.6　数控铣削刀具

1. 数控铣削刀具的分类

　　在数控铣床上使用的刀具主要是铣刀，铣刀是刀齿分布在旋转表面或端面上的多刃刀具，其几何形状较复杂，种类较多。

　　（1）按铣刀切削部分的材料分为高速钢铣刀、硬质合金铣刀。

　　（2）按铣刀结构形式分为整体式铣刀、镶齿式铣刀、可转位式铣刀。

　　（3）按铣刀的安装方法分为带孔铣刀、带柄铣刀。

（4）按铣刀的形状和用途又可分为端铣刀、立铣刀、球头铣刀、三面刃盘铣刀、环形铣刀、圆柱铣刀、钻头键槽铣刀及镗刀等。

（5）按加工方式分为铣削刀具、钻削刀具、镗削刀具、铰削刀具、螺纹加工刀具等。

（6）按孔加工方式分为麻花钻、锪钻、铰刀、镗刀、丝锥等。

2．数控铣削常用刀具

针对不同的加工要求，铣削刀具常用的有形式有圆柱铣刀、端铣刀、键槽铣刀、立铣刀、模具铣刀、半圆键槽铣刀、三面刃铣刀、角度铣刀、锯片铣刀等，如图 7-51 所示。

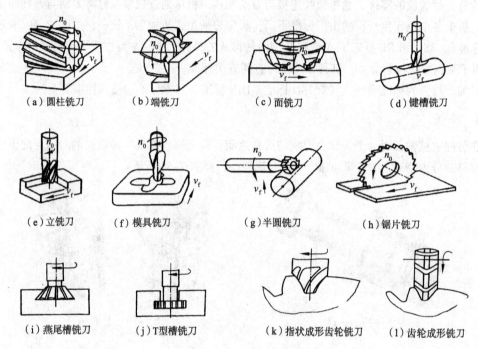

（a）圆柱铣刀　　（b）端铣刀　　（c）面铣刀　　（d）键槽铣刀

（e）立铣刀　　（f）模具铣刀　　（g）半圆铣刀　　（h）锯片铣刀

（i）燕尾槽铣刀　　（j）T 型槽铣刀　　（k）指状成形齿轮铣刀　　（l）齿轮成形铣刀

图 7-51　常见铣刀的种类

（1）机夹可转位圆柱（玉米）立铣刀　机夹圆柱立铣刀的刀片呈螺旋线排列，加工中同时参与切削的刃口增加，切削力平稳，排屑流畅，一刀多用。广泛应用于各种的粗加工、半精加工，如模具型腔粗加工，铣削较宽、较深的槽时有显著优势，如图 7-52、图 7-53 所示。

图 7-52　机夹圆柱立铣刀

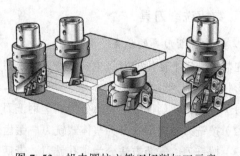

图 7-53　机夹圆柱立铣刀切削加工示意

（2）整体硬质合金（高速钢）立铣刀 整体硬质合金立铣刀是数控铣床上应用较多的一种铣刀，主要分通用立铣刀、键槽立铣刀和球状立铣刀。

① 通用立铣刀 其主切削刃分布在铣刀的圆柱面上，且顶端面中心有顶尖孔，副切削刃分布在铣刀的顶端面上，因此铣削时一般不能沿铣刀轴向进给，只能沿铣刀径向做进给运动。粗齿铣刀齿数为3～6个，适用于粗加工；细齿铣刀齿数为5～10个，适用于半精加工，直径范围为$\phi 2 \sim \phi 80$，柄部有直柄、莫氏锥柄等形式，如图 7-54 所示。平底立铣刀应用较广，但切削效率低，主要用于平面轮廓零件的加工。

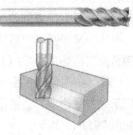

图 7-54 平底立铣刀

② 键槽立铣刀 其主要用于立式铣床上加工圆头封闭键槽等，该铣刀外形和端面立铣刀相似，但端面无顶尖孔，端面刀齿从外圆直至轴心，且螺旋角较小，增强了端面刀齿强度。端面刀齿上的切削刃为主切削刃，圆柱面上的切削刃为副切削刃。加工键槽时，每次先沿铣刀轴向进给较小的量，然后再沿径向进给，这样反复多次，就可完成键槽的加工，如图 7-55 所示。键槽铣刀直径范围为 $\phi 2mm \sim \phi 65mm$。

③ 球状立铣刀 其刀具的端面不是平面，而是带切削刃的球面，刀体形状有圆柱形和圆锥形两种，又分为整体式和机夹式。球头铣刀主要用于模具的曲面铣削加工，加工时一般采用三坐标联动，铣削时不仅能沿铣刀轴向进给，也能沿铣刀径向进给，刀具与工件的接触往往为一点。可加工出各种形状复杂的成形表面，如图 7-56 所示。

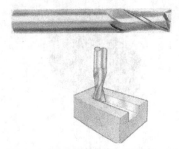

图 7-55 键槽立铣刀

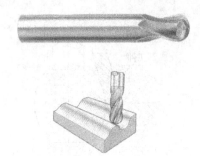

图 7-56 球头立铣刀

相关链接

平底立铣刀与键槽铣刀外形相似，有直柄、锥柄之分，但用法不同，平底立铣刀有三个或三个以上的刀齿，圆周切削刃是主切削刃，用于加工内、外轮廓面，且只能沿刀具径向作进给运动。而键槽铣刀仅有两个刀齿，端面铣削刃为主切削刃，强度较高，圆周切削刃是副切削刃，专门用于加工圆头封闭槽，可沿刀具轴线或径向作进给运动。

（3）机夹可转位面铣刀 面铣刀的圆周表面和端面上都有切削刃，端部切削刃为副切削刃，多制成套式镶齿结构和刀片机夹可转位结构，可分为 R 型面铣刀、45°面铣刀与 90°面铣刀三种形式。由于面铣刀刀体重量轻、容屑空间大，排屑流畅，切削轻快，通用性好，因此可以用于粗加工也可以用于精加工。

① R型面铣刀　该铣刀刀具的每个刀齿均有一个较大圆角半径,具备类似球头铣刀的切削功能,可多次转位、切削刃强度高、铣削效率高,随切深不同,其主偏角和切屑负载均会变化,切屑很薄,适合于螺旋差补铣、坡走铣和曲面铣等,如图7-57(a)所示。

② 45°面铣刀　该铣刀为一般加工首选,背向力大,约等于进给力。适用于各种面铣加工及倒角加工,如图7-57(b)所示。

③ 90°面铣刀　由于刀轴向方向的力很小,适用于薄壁零件的面铣、方肩侧壁铣削,也可以用于一些开槽加工;进给力等于切削力,进给抗力大,易振动,要求机床具有较大功率和刚性,如图7-57(c)所示。

（a）R型面铣刀　　　　（b）45°面铣刀　　　　（c）90°面铣刀

图7-57　机夹可转位面铣刀

（4）鼓形铣刀　用与数控铣床和加工中心加工立体曲面,可加工由负到正的不同斜角表面,加工时控制铣刀的上下位置,以改变刀刃的切削部位,如图7-58所示。

（5）机夹可转位三面刃直槽铣刀　该铣刀主要用来加工直沟槽或台阶面,其圆周上是主切削刃,两侧面是副切削刃,如图7-59所示。

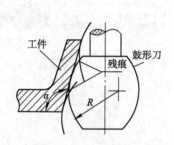 

图7-58　鼓形铣刀　　　　　　　图7-59　机夹可转位三面刃直槽铣刀

（6）成形铣刀　一般都是为特定的工件或加工内容专门设计制造的专用刀具,适用于加工平面类零件的特定形状的孔、角度面、凹槽面等,也适用于特形孔或台,常用于模型面的加工,几种常见成形刀铣刀的外形如图7-60所示。

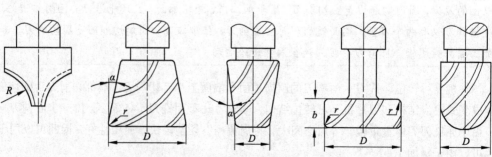

图7-60　几种常见成形刀铣刀

（7）钻头　钻孔是在工件上进行加工孔，一般作为扩孔、铰孔前的粗加工或加工螺纹底孔等。数控铣床钻孔用刀具主要是标准麻花钻。麻花钻由工作部分、颈部和柄部组成。工作部分包括切削部分和导向部分，前者起切削作用，后者起导向、修光和排屑作用。柄部有莫氏锥柄和圆柱柄两种，材料常用高速钢和硬质合金，如图 7-61 所示。

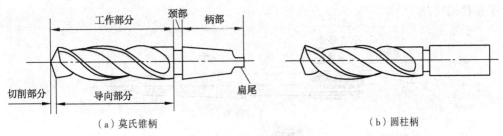

（a）莫氏锥柄　　　　　　　　　　　　　　　（b）圆柱柄

图 7-61　麻花钻的结构

（8）机用丝锥　数控铣床上常用机用丝锥进行攻螺纹加工，如图 7-62 所示。机用丝锥由切削部分、柄部组成。切削部分前端磨出切削锥角，使切削负荷分布在几个刀齿上，切削省力。校正部分带有倒锥，可减少与孔径的摩擦及所攻螺纹的扩张量。

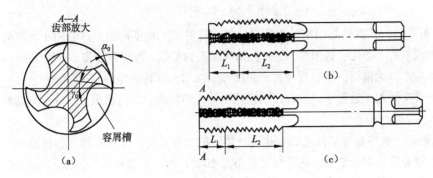

图 7-62　机用丝锥

（9）机夹螺纹铣刀　对于较大直径如 D>25mm内、外螺纹加工，一般采用铣削方式完成，如图 7-63 所示。切削螺纹刀片既可以是单面、也可以是双面。特点是刀片易于制造，价格较低，可以加工具有相同螺距的任意螺纹直径，可以按所需公差要求加工，螺纹尺寸是由加工循环控制；不受加工材料的限制，那些无法用传统方法加工的材料可以用螺纹铣刀进行加工；但抗冲击性能较整体螺纹铣刀稍差。

（10）铰孔刀具　铰孔是对已有孔进行微量切削的一种精加工方法。柄部分锥柄和直柄两种，材料常用高速钢、硬质合金和金刚石铰刀，标准机用铰刀如图 7-64 所示，有 4～12 齿，铰刀由工作部分、颈部和柄部三部分组成。

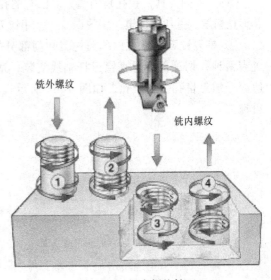

铣外螺纹

铣内螺纹

图 7-63　机夹螺纹铣刀

工作部分包括切削部分和校准部分。

切削部分为锥形，担负主要切削任务，校准部分包括圆柱和倒锥两部分。圆柱部分主要起导向、孔的校准和修光作用，倒锥部分可减少铰刀与孔壁的摩擦，防止孔径扩大。

选用时要根据生产条件及加工要求来定，单件或小批量生产时，选用手用铰刀；大批量生产时，采用机用铰刀。

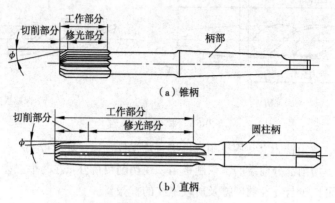

图 7-64　机用铰刀

（11）扩孔钻　扩孔钻是用来扩大孔径、提高孔的加工精度的刀具。它用于精度要求不高孔的最终加工或铰孔、磨孔前的预加工。扩孔钻与麻花钻相似，但齿数较多，一般有 3～4 齿。主切削刃不通过中心，无横刃，钻心直径大，强度和刚性均比麻花钻好。

另外，在实际加工过程中，可以用铣孔达到扩孔的目的，铣孔比用扩孔能更好地修正孔的垂直度。

（12）锪钻　锪钻是对工件上已有孔进行加工的一种刀具，即用来加工各种锥形、圆柱形沉头孔及锪平端面等。锥面锪钻，适于加工锥角为 60°、90°、120° 的沉头螺钉的沉头座。

端面锪钻，这种锪钻只有端面上有切削齿，以刀杆来导向，保证加工平面与孔垂直。

（13）镗削刀具　镗孔是用镗刀对已有的孔进行进一步加工，以精确地保证孔系的尺寸精度和形位精度，并纠正上道工序的误差。常用镗刀有单刃镗刀、双刃镗刀。

① 单刃镗刀　常见的单刃镗刀切削部分的形状与车刀相似。切削部分在刀杆上的安装位置有两种：切削部分垂直镗刀杆轴线安装，适合加工通孔，切削部分倾斜镗刀杆轴线安装，适合于加工盲孔、台阶孔，如图 7-65 所示。对于小直径孔的镗削，可以使用图 7-66 所示单刃镗刀。

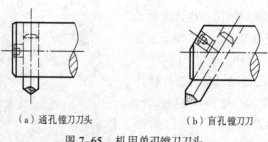

（a）通孔镗刀刀头　　　　（b）盲孔镗刀刀

图 7-65　机用单刃镗刀刀头

② 双刃镗刀　双刃镗刀是指镗刀的两端有一对称的切削刃同时参与切削，其优点是平衡性好，可以消除径向力对镗杆的影响，可以用较大的切削用量，对刀杆刚度要求低，不易振动，所以切削效率高，如图 7-67 所示。

图 7-66　单刃镗刀　　　　　　　　　　图 7-67　双刃镗刀

相关链接

　　复合刀具是由两把或两把以上的同类型或不同类型的刀具组合在一个刀体上使用的刀具。同类型如复合铰刀、复合镗刀、复合钻头、复合扩孔钻、复合丝锥等；不同类型如钻—镗复合刀具、钻—扩—铰复合刀具、钻—扩、钻—铰、钻—攻螺纹、镗—锪、钻—扩—锪等复合刀具。在组合机床及其自动线上复合扩孔钻应用的很多，结构形式也有多种。

7.3.7　铣刀的选择

　　在数控铣削加工中针对各种加工表面，如各类平面、垂直面、直角面、直槽、曲底直槽、型腔、斜面、斜槽、曲底斜槽、曲面等。由于可转位铣刀结构各异、规格繁多，选用时都会对刀具形式（整体、机夹）、刀具形状（刀具类型、刀片形状及刀槽形状）、刀具直径大小、刀具材料等方面作出选择，选用的正确与否将直接关系到零件的加工精度、加工效率等。

　　（1）根据加工表面形状和尺寸选择各种刀具的类型　选择面铣刀加工大平面；选择立铣刀加工凸台、凹槽及平面曲线轮廓；选择硬质合金立铣刀加工毛坯平面；选用球状立铣刀加工模具型腔；选择键槽铣刀加工键槽；选用成形铣刀加工各种圆弧形凹槽、斜角面及特殊孔等。

　　（2）根据加工表面特点及切削条件选择面铣刀形式　在加工平面时，选择 90°面铣刀加工台阶面；选择 R 型面铣刀切削刃强度高，随切深不同，其主偏角和切屑负载均会变化，切屑很薄，最适合加工耐热合金及对敞开平面的加工；选择负前角铣刀强力间断切削加工铸件、锻件表层；选择正前角加工碳素钢等软性钢材表面；选择 45°面铣刀加工倒角过渡面等。

　　（3）根据加工零件尺寸选择立铣刀合理的刀具参数　立铣刀是数控加工刀具中常用的刀具，立铣刀加工时所涉及的参数，选择直径主要考虑工件内腔加工尺寸的要求；选择端面刃圆角半径一般应与零件图样底面圆角相等，但端面刃圆角半径越大，刀具的铣削平面能力越差，效率越低，加工时应保证刀具所需功率在机床额定功率范围以内；选用小直径立铣刀，还要考虑机床的最高转速能否达到刀具的最低切削速度要求。

　　（4）根据加工条件选取最大背吃刀量　对于各种不同系列的可转位铣刀都有着相应的最大背吃刀量，一般来说，刀片的尺寸越大，允许的背吃刀量越大，价格越高，相应成本越高。因此在选取最大背吃刀量时，应按所配备刀片的尺寸规格、质量、试切精度、加工经验、机床的额定功率和刚性进行综合判断。

7.3.8 铣刀片在刀体上的安装

铣刀片在刀体上的安装直接影响到刀具的精度、刀片的刚度、受力，从而直接影响刀具工作质量。

1. 铣刀片的安装方式

铣刀片的结构形式有多种，安装时要看刀片在刀体上的排列方式，常用有径向安装方式，如图 7-68（a）所示，即刀片沿着刀体的径向插入，也称平装方式，该刀体的结构工艺型好，容易加工，采用无孔刀片，缺点是容屑空间小，一般用于轻型和重型的铣削加工；轴向安装方式，即刀片沿着刀体的轴向插入也称立装方式，如图 7-68（b）所示。该刀体结构简单，转位方便，刀具零件少，容屑空间大，可进行大切深、能承受较大的冲击力和大进给量切削，缺点是刀体加工难度大，一般用于重型的铣削加工。

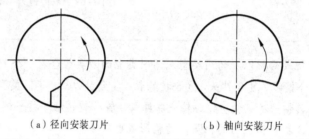

（a）径向安装刀片　　　　（b）轴向安装刀片

图 7-68　铣刀刀片安装方式

2. 铣刀片的夹紧

可转位铣刀片有多种刀片夹紧方式，目前应用最多的是侧压式和上压式两种。

（1）侧压式　面铣刀及单刃铰刀等少数可转位铣刀片，采用侧压式夹紧机构。图 7-69 所示为单刃铰刀结构。一般利用刀片本身的斜面，由楔块（楔块套）和螺钉从刀片一面来夹紧刀片。其特点是刀片采用径向安装，对刀槽制造精度的要求可适当降低，刀片用钝后重换另一面。

（2）上压式　上压式是一种通过刀片螺钉来压紧刀片的机夹可转位铣刀，如图 7-70 所示。其特点是结构简单，夹固牢靠，使用方便，刀片平装，用钝后卸下刀片换角度重新紧固，是加工中应用最多的一种。

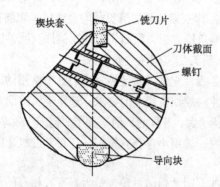

图 7-69　单刃铰刀、楔块套夹紧机构

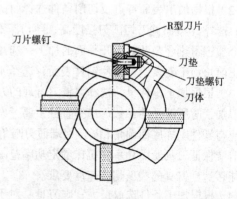

图 7-70　R 型面铣刀、上压式夹紧机构

3．在安装可转位刀片时需注意的问题：

（1）选择的刀片的精度符合零件加工要求。

（2）刀体的选择亦应符合精度要求，刀片与刀体规格应配套。

（3）检查安装面、刀槽的清洁与完好程度、有无灰尘、切屑等，特别是更换刀片或转刀刃时，更应注意刀槽是否由于加工而破损、划伤。

（4）按规定选择对应的工具，如扳手的大小、长短等。

（5）严格的操作规程，按规定顺序、步骤、方法进行，如扳手的垂直度或倾斜度，用力大小，操作顺序等。

7.3.9　数控铣床常用对刀工具

1．X、Y轴寻边器与Z轴设定器对刀

X、Y轴寻边器和Z轴设定器都是用于对刀的专用工具，其外形如图7-71所示。它们分别用于X、Y向对刀和Z向对刀。

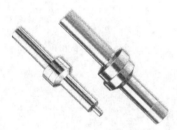

（a）机械（偏心）式寻边器　　（b）光电（偶合）式寻边器　　（c）Z轴设定器

图7-71　寻边器

（1）机械（偏心）式寻边器　如图7-71（a）所示，X、Y向对刀，将偏心式寻边器装到主轴上，启动主轴，在X方向手动控制机床使寻边器缓慢靠近被测表面，直至寻边器上下两部分由不平衡状态（见图7-72（a））达到同轴平衡状态（见图7-72（b））。记下寻边器在零件相对两侧面机床当前X坐标值X_1、X_2，则X向对称中心在机床坐标系下的坐标为$(X_1+X_2)/2$。同理可测得Y坐标值。

（2）光电（偶合）式寻边器　如图7-71（b）所示，光电式寻边器也是用于确定工件坐标系原点在机床坐标系中的X、Y的坐标值，计算方法和测试过程与机械式寻边器相同，但测试原理不同，它的测头一般为10mm的钢球作为触头，当它碰到工件时可以退让，触头和柄部之间有一个固定电位差，当触头与金属工件接触时，即通过床身形成回路电流，寻边器上的指示灯亮起红光并发出响声，逐步降低步进量，使触头与工件表面处于极限接触，这时进一步即点亮，退一步则熄灭，即认为定位到工件表面的位置处，其精度很高。

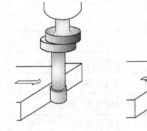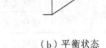

（a）不平衡状态　　　　（b）平衡状态

图7-72　机械式寻边仪工作状态

（3）Z轴设定器　如图7-71（c）所示，将刀具装在主轴上，将Z向定位器放置在工件上表面，手动移动刀具慢慢靠近Z向定位器，使铣刀的底刃与定位器的上表面轻微接触，通过仪器上的指针来判别刀具到工件上表面的准确距离，Z 轴设定器高度一般为 50~100mm。将此时机床坐标系下的 Z 值减去定位器的高度值，即得到工件坐标原点的 Z 值。

2．块规对刀

块规的对刀过程与试切法对刀一样，只是对刀过程中主轴不能旋转，装在机床主轴上的对刀工具可以是铣刀或标准的验棒。对刀时，使对刀工具逐渐接近工件，使块规在对刀工具和工件之间移动，如果感觉松紧合适，则记下此时位置的机床坐标值。

拓展延伸

对于表面是未经过加工的毛坯表面，可以用铣刀直接试切对刀，但如果对于是已经加工过的表面，而且在后序加工中不能被破坏的表面，则需要用寻边器进行对刀，两者的对刀原理一样，都需要找正毛坯件的正对两侧面。

小　结

1．常见数控铣床、结构、夹具

常见数控铣床、结构、夹具如表 7-4 所示。

表 7-4　常见数控铣床、结构、夹具

铣床	按主轴结构形式分类	（1）卧式数控铣床　主轴轴线平行于水平面的数控铣床
		（2）立式数控铣床　主轴轴线垂直于水平面的数控铣床
		（3）立、卧两用铣床　主轴轴线可以变换，同时具备立、卧铣床两种功能
		（4）龙门数控铣床　同时具备两个主轴头，既可横向铣又可纵向铣
	按控制功能分类	（1）经济型　属于低、中档铣床，多为开环控制，成本低
		（2）全功能型　加工适用性强、功能强，可实现四坐标或以上的联动
		（3）高速型　数控系统功能强大、配性能优越的刀具系统
结构	1．铣床主机	包括主轴箱、主轴传动系统、横梁、立柱、底座、工作台和进给机构等
	2．数控系统（CNC 装置）	是数控铣床运动控制的核心，执行数控加工程序实现控制机床的加工
	3．进给伺服系统	包括主轴电动机、进给伺服电机和进给执行机构等
	4．控制面板（操纵台）	包括操纵台上 CRT 显示器、操作控制按键和各种开关及指示灯等
	5．辅助装置	包括液压、气动、润滑、冷却系统、排屑和防护等装置
夹具	1．通用夹具	是指结构、尺寸已经规格化，且具有一定通用性的夹具
	2．专用夹具	是针对某一工件的某一工序的加工要求而专门设计制造的夹具
	3．可调夹具	是针对通用夹具和专用夹具的缺陷而发展起来的一类新型夹具
	4．自动线夹具	（1）固定夹具　与专用夹具使用相似，固定在一个工位进行加工
		（2）随行夹具　加工时随工件从一个工位移到另一个工位进行加工
	5．组合夹具	（3）槽系组合夹具　通过基础板上键来定位，再通过螺栓的连接而组合
		（4）孔系组合夹具　元件之间的位置由孔和销定位，再由螺栓连接

刀具	1. 圆柱（玉米）立铣刀	应用于各种的粗加工、半精加工，如模具型腔粗加工
	2. 立铣刀	（1）通用立铣刀　应用较广，但切削效率低，用于平面轮廓零件的加工
		（2）键槽立铣刀　用于立式铣床上加工圆头封闭键槽等，
		（3）球状立铣刀　可加工出各种形状复杂的成形表面。
	3. 面铣刀	（1）R型面铣刀　适合于螺旋差补铣、坡走铣和曲面铣等
		（2）45°面铣刀　适用于各种面铣加工及倒角加工
		（3）90°面铣刀　适用于一些开槽加工，进给抗力大但易振动
	4. 鼓形铣刀	可对由负到正的不同斜角表面的加工
	5. 三面刃直槽铣刀	主要用来加工直沟槽或台阶面等
	6. 成形铣刀	适用于加工平面类零件的特定形状的孔、角度面、凹槽面等
	7. 钻头	一般作为扩孔、铰孔前的粗加工或加工螺纹底孔等
	8. 丝锥	对于直径小于 20 mm 的内螺纹，可用丝锥进行攻螺纹加工
	9. 机夹螺纹铣刀	对于直径大于 25mm 的内、外螺纹，可用机夹螺纹铣刀加工
	10. 铰孔刀具	单件、小批量生产时，选用手用铰刀；大批量生产时，采用机用铰刀
	11. 扩孔钻	用来扩大孔径、提高孔的加工精度的刀具
	12. 锪钻	用来加工各种锥形、圆柱形沉头孔及锪平端面等
	13. 镗削刀具	对已有的孔进行进一步加工，以精确地保证孔系的尺寸精度和形位精度

2．夹紧力三要素的确定

力的大小、方向和作用点构成夹紧力的三要素，它主要对夹紧机构的设计起着决定性的作用。

3．数控车床常用刀柄分类

数控车床常用刀柄如表 7-5 所示。

表 7-5　数控车床常用刀柄

按刀具夹紧方式可分	（1）弹簧夹头刀柄　分有弹簧夹头 ER 型和强力 KM 型两种，KM 型紧夹力大，适合于强力铣削	
	（2）侧固式刀柄　采用侧向夹紧，适用于切削力大的加工	
	（3）冷缩夹紧刀柄　刀柄采用热胀冷缩夹紧刀柄和刀具具有整体特性，夹紧力大，同轴度好	
	（4）液压夹紧刀柄　将刀柄专门设计成强力切削型，用于粗加工和半精加工	
按所夹持的刃具分	（1）圆柱铣刀刀柄　用于夹持圆柱铣刀	
	（2）面铣刀刀柄　用于与面铣刀盘配套使用	
	（3）丝锥刀柄　刀柄由夹头柄部和丝锥夹套两部分组成，攻螺纹时能自动补偿螺距，攻螺纹夹套有转矩过载保护装置	
	（4）直柄钻头刀柄　有整体式和分离式两种，用于装夹直径在13mm 以下的中心钻、直柄麻花钻等	
	（5）锥柄钻头刀柄　用于夹持莫氏锥度刀杆的钻头、铰刀等，带有扁尾槽及装卸槽	
	（6）镗刀刀柄　用于各种尺寸孔的镗削加工，有单刃与双刃及重切削刀柄之分	

163

第7章　数控铣削加工概述

1. 选择题

（1）以直径 12 mm 的端铣刀铣削 5 mm 深的孔，结果孔径为 12.55 mm，其主要原因是（　　）。

    A. 工件松动　　　　B. 刀具松动　　　　C. 平口钳松动　　　　D. 刀具夹头的中心偏置

（2）加工中心与数控铣床的主要区别是（　　）。

    A. 数控系统复杂程度不同　　　　B. 机床精度不同　　　　C. 有无自动换刀系统

（3）数控铣床的基本控制轴数是（　　）。

    A. 一轴　　　　B. 二轴　　　　C. 三轴　　　　D. 四轴

（4）使用压板固定工件时，压板螺栓的位置应靠近（　　）。

    A. 压板中央处　　　　B. 顶块　　　　C. 工件　　　　D. 任意位置

（5）形状复杂且体积较大的工件，一般都采用（　　）。

    A. 直接夹持于床台上　　　　B. 用虎钳夹持　　　　C. 工件本身重不必夹持

（6）工件尽可能夹持于平口钳口的（　　）。

    A. 右方　　　　B. 左方　　　　C. 中央　　　　D. 任意位置

（7）数控铣床成功地解决了（　　）生产自动化问题并提高了生产效率。

    A. 单件　　　　B. 大量　　　　C. 中、小批

（8）数控升降台铣床的升降台上下运动坐标轴是（　　）。

    A. X 轴　　　　B. Y 轴　　　　C. Z 轴

（9）数控铣床与普通铣床相比，在结构上差别最大的部件是（　　）。

    A. 主轴箱　　　　B. 工作台　　　　C. 床身　　　　D. 进给传动

（10）用端铣刀铣削时，下述（　　）不是产生异常振动现象的原因。

    A. 刀具伸出长度过长　　　　　　B. 刀具伸出长度较短

    C. 刀柄刚性不足　　　　　　　　D. 刀柄过细

2. 填空题

（1）铣刀按切削部分材料分类，可分为＿＿＿＿＿＿铣刀和＿＿＿＿＿＿铣刀。

（2）铣刀若按结构分类，可分为整体铣刀、镶齿铣刀和＿＿＿＿＿＿铣刀。

（3）数控铣床具有多坐标轴联动功能，铣削主要包括＿＿＿＿＿、＿＿＿＿＿和＿＿＿＿＿，也可以对零件进行＿＿＿＿＿、＿＿＿＿＿、＿＿＿＿＿、＿＿＿＿＿等加工。

（4）铣削宽度为 100 mm 的平面，切除效率较高的铣刀为＿＿＿＿＿铣刀。

（5）数控铣床一般由＿＿＿＿＿、＿＿＿＿＿、＿＿＿＿＿、＿＿＿＿＿、＿＿＿＿＿、＿＿＿＿＿和＿＿＿＿＿等几大部分组成。

（6）组合夹具的特点为＿＿＿＿＿、＿＿＿＿＿，它是理想的经济型夹具。

（7）夹紧力三要素是＿＿＿＿＿、＿＿＿＿＿和＿＿＿＿＿。

（8）整体立铣刀主要分为＿＿＿＿＿、＿＿＿＿＿和＿＿＿＿＿三种形式。

（9）数控铣刀刀柄的标准锥度是＿＿＿＿＿。

（10）机夹可转位面铣刀可分为＿＿＿＿＿、＿＿＿＿＿与＿＿＿＿＿三种形式。

3. 判断题

（1）数控铣床属于直线控制系统机床。 （　　）

（2）弹簧夹头刀柄用于夹持直柄铣刀，亦可用于夹持斜柄铣刀。 （　　）

（3）除两刃式端铣刀外，一般端铣刀端面中心无切削作用。 （　　）

（4）铣削时，可以利用三爪卡盘夹持圆形工件。 （　　）

（5）球形端铣刀适用于模具的型腔加工。 （　　）

（6）在可能情况下，铣削平面宜尽量采用较大直径铣刀。 （　　）

（7）用键槽铣刀和立铣刀铣封闭式沟槽时，都需要事先钻好落刀孔。 （　　）

（8）鼓形铣刀加工时可以控制铣刀的上下位置，以改变刀刃的切削部位。 （　　）

（9）扩孔比铣孔能更好地修正孔的垂直度。 （　　）

（10）端铣刀不仅可用端面刀刃铣削，亦可用柱面刀刃铣削。 （　　）

4. 简答题

（1）数控铣削适合加工什么样的零件？

（2）立式数控铣床和卧式数控铣床分别适合加工什么样的零件？

（3）数控铣削夹具选择的一般原则是什么？

（4）数控铣削的主要加工对象有哪些？

（5）数控铣床由哪些部分组成？数控装置的作用是什么？

第1章 数控铣削加工概述

第 8 章
数控铣削加工工艺

学习目标

- 了解数控铣削加工的特点及加工的主要内容。
- 掌握零件数控铣削工艺性分析、铣削方式及切削用量的选择。
- 会制订数控铣削加工工艺的进、退刀路径、进刀方式及切削走刀路线。

随着社会生产和科学技术的不断发展，机械产品日趋精密复杂，尤其在航空航天、军事、造船等领域所需求的各种曲线、曲面零件，其精度要求越来越高、形状越来越复杂、对质量和生产率也提出了高要求。

为此，对零件制订出严密的数控铣削加工工艺是一项首要工作。数控铣削加工工艺制订的合理与否，直接影响到零件的精度、加工质量、生产率和加工成本。

8.1　数控铣削加工工艺概述

8.1.1　数控铣削加工特点

（1）加工对象适应性强　数控铣床能实现多个坐标的联动，能完成复杂曲线、曲面的加工，特别是对于可用数学模型和坐标点表示的形状复杂的零件。

（2）加工精度高　数控机床有较高的加工精度，加工误差一般在 0.005～0.01mm 之间。数控机床的加工精度不受零件复杂程度的影响，通过数控装置自动进行补偿，其定位精度高。

（3）自动化程度高　尤其加工中心不仅能自动交换刀具，还能实现自动交换工作台。

（4）加工效率高　数控铣刀采用多刀多刃切削，切削刃的总长度大，有利于提高刀具耐用度和生产率。

（5）加工质量稳定　对于同一批零件，由于使用同一机床和刀具及同一加工程序，由程序控制自动进行加工，避免人为的误差，因此零件加工的一致性好且质量稳定。

（6）工序高度集中　加工中心一次装夹后，几乎可以完成零件的全部加工工序，减少了装夹误差，节省工序之间周转运输、测量和装夹等辅助时间。

8.1.2　确定铣削加工主要内容

数控铣削的加工范围比普通铣床宽，但价格要远比普通铣床高，因此在选择数控铣削加工内容时，应充分发挥数控铣床的优势和关键作用。主要选择的加工内容有：

（1）工件上的曲线轮廓，特别是由数学表达式给出的非圆曲线与列表曲线等曲线轮廓。

（2）已给出数学模型的空间曲面。

（3）形状复杂、尺寸繁多、划线与检测困难的部位。

（4）用通用铣床加工时难以观察、测量和控制进给的内外凹槽。

（5）以尺寸协调的高精度孔和面。

（6）能在一次安装中顺带铣出来的简单表面或形状。

（7）用数控铣削方式加工后，能成倍提高生产率，大大减轻劳动强度的一般加工内容。

8.2　数控铣削加工工艺性分析

数控铣削加工工艺性分析是编程前的重要工艺准备工作之一，工艺制定的合理与否，对程序编制、机床加工效率和零件加工精度都有重要影响。因此，应遵循一般的工艺原则并结合数控铣床的特点，认真详细地制定好数控铣削的加工工艺。它所涉及的主要内容包括以下几个方面：

8.2.1　对零件图尺寸公差和尺寸进行工艺性分析

1．对零件图尺寸的有关公差进行调整

由于加工程序是以准确的坐标点来编制，因此，各图形几何元素间的相互关系（如相切、相交、垂直和平行等）应明确，各种几何元素的条件要充分，应无引起矛盾的多余尺寸或者影响工序安排的封闭尺寸等。

例如，零件在用同一把铣刀、同一个刀具半径补偿值编程加工时，由于零件轮廓各处尺寸公差带不同（见图 8-1），中间孔在镗削加工时，很难同时保证两个尺寸在尺寸公差范围内。这时一般采取的方法是兼顾两处尺寸公差，在编程计算时需改变尺寸并移动公差带，改为对称公差，采用同一把铣刀和同一个刀具半径补偿值加工，对其公差带均作了相应改变，计算与编程时用括号内尺寸进行。

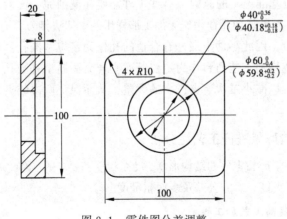

图 8-1　零件图公差调整

2．对零件图内圆弧的有关尺寸进行调整

由于加工轮廓上内壁圆弧的尺寸往往限制刀具的尺寸。

（1）内壁转接圆弧半径 R　如图8-2所示，当工件的被加工轮廓高度 H 较小，内壁接圆弧半径 R 较大时，则可采用刀具切削刃长度 L 较小，直径 D 较大的铣刀加工。这样，底面的走刀次数较少，工艺性好且加工表面质量高。反之，铣削工艺性则较差。通常当 $R<0.2H$ 时，则属工艺性较差。

（2）内壁与底面转接圆弧半径 r　如图8-3所示，当铣刀直径 D 一定时，若工件的内壁与底面转接圆弧半径 r 越小，则铣刀与铣削平面接触的最大直径 $d=D-2r$ 也越大，铣刀端刃铣削平面的面积越大，则加工平面的能力越强，因而，铣削工艺性越好。反之，工艺性越差，当底面铣削面积大，转接圆弧半径 r 也较大时，只能先用一把 r 较小的铣刀加工，再用符合转接圆弧半径 r 铣刀加工，需分两次完成切削，否则只用一把符合转接圆弧半径 r 铣刀加工效率低下，甚至无法完成铣削加工。因此，转接圆弧半径尺寸大小要力求合理，半径尺寸尽可能一致，以改善铣削工艺性。

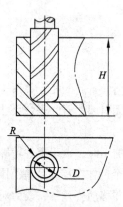

图8-2　内壁高度与内壁转接圆弧对
零件铣削工艺性的影响

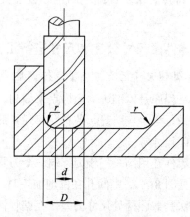

图8-3　零件底面与内壁转接圆弧对
零件铣削工艺性的影响

（3）保证零件定位基准统一的原则　有些工件需要在铣削完一面后，再重新安装铣削另一面，由于数控铣削时，不能像使用通用铣床加工那样用的试切法接刀，为了减小两次装夹误差，最好采用统一基准定位，因此零件上最好有合适的孔作为定位基准孔。若没有定位基准孔，也可以专门设置工艺孔或增加工艺凸台作为定位基准。若无法制出基准孔，起码也要用经过精加工的面作为统一基准，以减小二次装夹产生的误差，从而保证两次装夹加工后其相对位置的正确性。

8.2.2　对零件的结构形状进行工艺性分析

零件加工工艺取决于产品零件的结构形状、尺寸和技术要求等。因此对零件结构的局部调整，有利于提高零件的加工精度、尺寸公差及表面粗糙度。

1．改进零件结构提高工艺加工性

（1）采用对称结构，简化编程，如图8-4所示。

（2）改进内壁形状增强其结构刚性　采用大直径、高刚性的刀具加工，如图8-5所示。

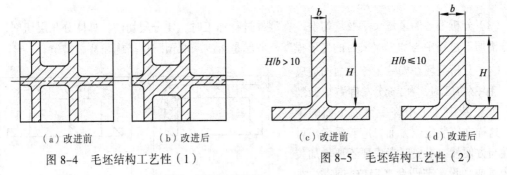

（a）改进前　　　　（b）改进后　　　　　　（c）改进前　　　　　（d）改进后

图8-4　毛坯结构工艺性（1）　　　　　　　　图8-5　毛坯结构工艺性（2）

（3）改进零件几何形状　斜面筋代替阶梯筋，简化编程提高效率，如图8-6所示。

（4）统一圆弧尺寸　减少刀具数量和更换刀具次数，以降低辅助时间，如图8-7所示。

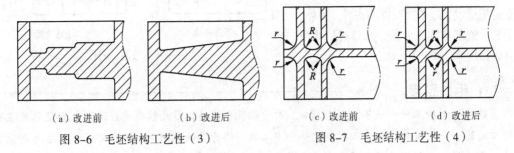

（a）改进前　　　　　（b）改进后　　　　　（c）改进前　　　　（d）改进后

图8-6　毛坯结构工艺性（3）　　　　　　　　图8-7　毛坯结构工艺性（4）

2．分析零件的变形情况，保证获得要求的加工精度

铣削工件在加工时的变形，将影响加工质量。这时，可采用常规方法如粗、精加工分开及对称去余量法等，当面积较大的薄板厚度小于3mm时，切削力及薄板的弹性退让极易产生切削面的振动，使薄板厚度尺寸公差和表面粗糙度难以保证，应改进的工件装夹方式，采用合理的加工顺序和刀具切削参数进行加工。也可采用热处理的方法，如对钢件进行调质处理，对铸铝件进行退火处理等。

8.2.3　对零件的毛坯进行工艺性分析

结合数控铣削的特点，对经常使用的铸件、模锻件、板料等毛坯进行工艺性分析，若毛坯不适合于数控铣削，则加工将很难进行下去，它所涉及的内容包括以下几个方面：

（1）毛坯的加工余量是否充分　毛坯主要指锻、铸件，由于模锻时，欠压量与允许的错模量会造成余量多少不均等，铸造时，因砂型误差、收缩量及金属液体的流动性差，不能充满型腔等造成余量不均等。另外，毛坯的翘曲与扭曲变形量的不同也会造成加工余量不充分、不稳定，这样在数控铣削加工时，由于加工过程的自动化，要求加工面均应有较充分的余量。因此应事先对毛坯的设计进行必要更改或在设计时就加以充分考虑，即在零件图样注明的非加工面处要适当增加余量。

（2）批量生产时的毛坯余量是否稳定　在通用铣削加工中，批量生产也是采用单件划线串位借料的方法来解决批量毛坯余量不稳定问题。但是采用数控铣削时，没有划线工序，一次定位装夹即对工件进行自动加工。这样如果批量毛坯余量不稳定将造成大量废件。因此，除板料外，不管是锻件、铸件还是型材，只要准备采用数控铣削加工，其加工面均应有较充分的余量。

（3）分析毛坯的余量大小及均匀性　在零件进行加工时，要分层切削，具体分几层切削，还要分析加工过程中与加工完成后的变形程度，考虑是否应采取预防性措施和补救措施。

（4）分析毛坯在安装定位方面的适应性　毛坯在加工时，为了充分发挥数控铣削在一次安装中加工出许多待加工面的特点，这样在安装定位方面，应着重考虑可靠性与方便性，必要时考虑要不要增加装夹余量或增设工艺凸台来定位与夹紧，如图8-8所示。改进前安装定位不好，改进后增设两边工艺凸耳，以利于装夹如果凸耳不受装配影响，加工后可以不去掉。另外，为了减少铣削被加工面积，两排螺钉孔位置可以凸出来。

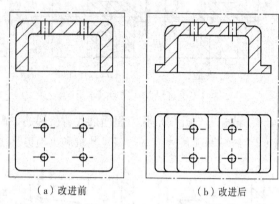

(a) 改进前　　　　(b) 改进后

图 8-8　毛坯工艺性

🔒 **相关链接**

在数控铣削加工中一般不采用钻模板，由于钻孔刚度差，因此钻孔前应选用大直径钻头在孔的中心处锪一个锥坑或选用中心钻，钻一个中心孔，作为钻头切入时的定心锥面，然后再用钻头钻孔。最后在加工时，孔的表面一定要与钻头的中心线垂直。

8.3　数控铣削加工工艺路线的制订

数控铣削加工中进给路线对零件的加工精度与表面质量有直接影响，因此，确定好进给路线是保证铣削加工精度和表面质量的一项重要工艺措施。

8.3.1　零件内、外轮廓铣削的进、退刀路线

铣削的进、退刀路线是指数控加工过程中刀具刀位点（对于立铣刀和端面铣刀来说，刀位点是刀具底面的中心；对球头铣刀来说，刀位点是球头的中心）相对于被加工零件的切入、切出方式，各种零件的进、退刀方式多种多样，设计时应遵循的原则是从对刀点快进到切入点下刀工进沿切向切入工件，轮廓切削后刀具向上抬起退离工件并快速返回对刀点。

1. 外轮廓进给路线

在铣削外轮廓表面时一般采用立铣刀侧面刃口进行切削。为了保证工件的外形光滑，减少接刀痕迹，保证零件表面质量，提高刀具使用寿命，对刀具的切入和切出路线需要精心设计。铣削外表面轮廓时，有拐点的应在拐点处切入切出，如图8-9所示。对于圆形，如图8-11（a）所示；无拐点的应沿零件轮廓曲线圆弧切入切出，如图8-10所示，或在轮廓曲线的切线上切入和切出，如图 8-11（b）所示。由于刀具和主轴系统刚性的原因，不应沿法向直接切入和切出，保证零件轮廓光滑，以避免加工表面产生划痕。

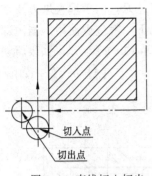

图8-9　直线切入切出

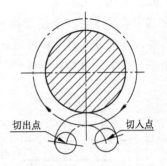

图8-10　圆弧切入切出

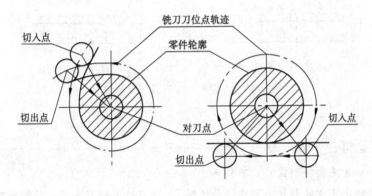

（a）带拐点的外轮廓　　　　　　　（b）不带拐点的外轮廓

图8-11　刀具切入和切出外轮廓的进给路线

2．内轮廓进给路线

在铣削内轮廓表面时，同铣削外轮廓一样，刀具同样不能沿着轮廓曲线的法向切入和切出。如果出现特殊情况必须法向切入和切出时，此时刀具的切入和切出点应尽量选在内轮廓曲线的交点拐点处，如图 8-12（a）所示；当内部几何元素相切无拐点时，刀具可以沿着一过渡圆弧切入和切出工件轮廓，如图 8-12（b）所示。

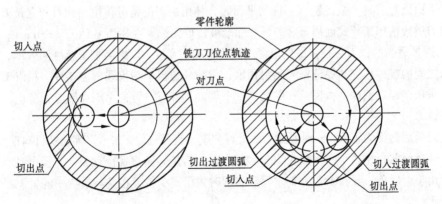

（a）带拐点的内轮廓　　　　　　　（b）不带拐点的内轮廓

图8-12　刀具切入和切出内轮廓的进给路线

如果内轮廓封闭，刀具进刀时，只能采用立铣刀垂直进刀，由于垂直进刀要在进给方向上换向，在加工表面上会产生接刀痕迹。因此除特殊情况下一般应少使用。当内部几何元素相切无拐点时，应将刀具切入和切出点远离拐角处，如图 8-13（a）所示。如果将切入和切出点设在拐角处，在取消刀具补偿时会在轮廓拐角处留下凹口，产生过切现象，如图 8-13（b）所示。

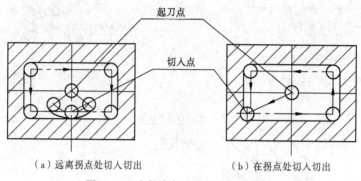

（a）远离拐点处切入切出   （b）在拐点处切入切出

图 8-13 内轮廓加工刀具切入和切出

拓展延伸

圆弧切入和切出需要特别注意以下两点：

刀具半径应该小于切入和切出直线运动的距离，才可以保证刀具半径补偿的建立和取消；圆弧切入和切出半径必须大于刀具半径、小于要切削的圆弧轮廓半径。

8.3.2 零件平面、内、外轮廓的铣削走刀路线

铣削走刀路线是指在加工过程中刀具的刀位点，相对于被加工零件进行切削路线轨迹。其设计原则是保证被加工零件获得良好的加工精度和表面质量，使数值计算工作简单及进、退刀路线最短。

1．平面铣削的走刀路线

（1）平面铣削刀具 数控铣床上铣削平面时，使用最多的是可转位面铣刀和立铣刀。

面铣刀一般选用镶片式硬质合金刀具。标准可转位面铣刀直径为 $\phi16\sim\phi630$ mm，应根据侧吃刀量 a_e 选择适当的铣刀直径，尽量包容工件整个加工宽度，以提高加工精度和效率，减小相邻两次进给之间的接刀痕迹和保证铣刀的耐用度；齿数分粗齿、细齿和密齿三种。粗齿铣刀容屑空间较大，常用于粗铣钢件；铸件及在平稳条件下铣削钢件时，可选用细齿铣刀；薄壁铸件加工宜选用密齿铣刀。

立铣刀前后角都为正值，分别根据工件材料和铣刀直径选取，加工钢等韧性材料前角比较大，铸铁等脆性材料前角比较小，一般在 $10°\sim25°$ 之间，后角与铣刀直径有关，直径小时后角大，直径大时后角小，后角一般在 $15°\sim25°$ 之间。铣削时为了减少铣刀在铣削过程中的偏差尽量使用刀柄短的端面铣刀。

刀具刀槽的数目增多会使排屑不畅，但能在进给率不变情况下提高加工表面质量。两槽具有

最大的排屑空间，多用于软材料的加工。四槽适用于较硬的铁金属操作，加工质量较高。三槽适用于开孔加工，排屑性能和加工质量介于二槽和四槽中间。六槽和八槽适合精整加工。

（2）平面铣削的参数　图 8-14 所示为平面双向多次切削，其中的铣削参数共有八项，分别为切削方向，截断方向，切削间距，切削间的移动方式，截断方向的超出量，切削方向的超出，进刀、退刀引线长度。

为了编程方便，一般取截断方向工件两侧的超出量相同，切削间距平均分配。

（3）平面铣削的走刀路线　若铣刀的直径大于工件的宽度，铣刀能够一次切除整个平面，在同一深度不需要多次走刀，一般采用一刀式铣削。另外还有双向多次切削、单侧顺铣、单侧逆铣、顺铣法等四种方式，每一种方法在特定环境下具有不同的加工条件。

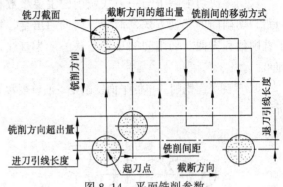

图 8-14　平面铣削参数

① 一刀式平面对称铣削　其切削参数主要有切削方向，截断方向，切削方向的超出，进刀、退刀引线长度。分为粗铣和精铣，粗、精铣的切削参数不同，走刀路线也不同，粗加工主要考虑加工效率，为精加工做好技术准备；精加工主要保证零件的加工质量。图 8-15（a）所示为粗铣，铣刀不需要完全铣出工件，图 8-15（b）所示为精铣，铣刀需要完全铣出工件。

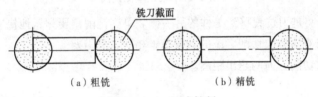

（a）粗铣　　　　　　　（b）精铣

图 8-15　一刀式铣削

② 双向多次切削　铣削时顺铣和逆铣交替进行，如图 8-16 所示。

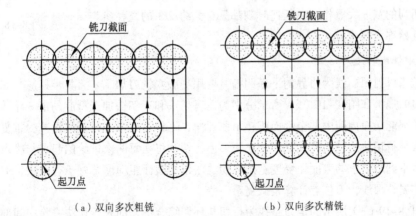

（a）双向多次粗铣　　　　　（b）双向多次精铣

图 8-16　双向多次铣削

第 8 章　数控铣削加工工艺

切削平面时，图 8-16（a）所示为粗铣，铣刀不要求完全铣出工件，图 8-16（b）所示为精铣，铣刀要求完全铣出工件。切削方向可以沿 X 轴或 Y 轴方向，其原理完全一样。

双向多次切削除了与一刀式铣削的主要参数相同以外，还包括以下几个主要参数：切削间距、切削间的移动方式、截断方向的超出量，粗、精铣时，切削间距应小于刀具直径，为了铣削编程方便，切削间的移动方式一般为直线，截断方向的超出量一般取刀具直径的一半即可。

③ 单侧平面铣削　单侧平面铣削是平面铣削常见的方法，单侧铣削分为顺铣和逆铣，如图 8-17 所示。

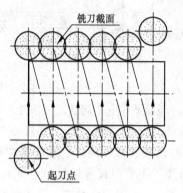 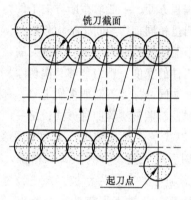

（a）单侧顺铣　　　　　　　　　　（b）单侧逆铣

图 8-17　精铣单侧铣削

单侧铣削只需要将进刀位置移到工件的另一侧。单侧铣削需要频繁地快速返回运动，导致效率很低。单侧顺铣与双向多次切削考虑的参数基本相同，只需要考虑粗、精加工时，铣削切削方向的超出距离。

2．顺铣法

顺铣法融合了前面的双向铣削和单侧顺铣两种方法，如图 8-18 所示。图 8-18 所示为所有刀具运动的顺序和方法，这种方法的原理是让每次切削的宽度大概相同，任何时刻都只有大约 2/3 的直径参与切削，并且始终为顺铣方式。

图 8-18　顺铣法

3．型腔铣削的走刀路线

型腔是指以封闭曲线为边界的平底凹槽。要用平底立铣刀加工。刀具半径应与凹槽圆角相对应。图 8-19（a）和图 8-19（b）所示分别为用行切法和环切法加工型腔的走刀路线。两种路线的共同点是都能切净内腔中的全部面积，不留死角，不伤轮廓，同时能尽量减少重复进给的搭接量。不同点是行切法的进给路线比环切法短，但行切法将在每两次进给的起点与终点间留下残留面积，而达不到所要求的表面粗糙度；用环切法获得的表面粗糙度要好于行切法，但环切法需要逐次向外扩展轮廓线，刀位点计算稍微复杂一些。

采用图 8-19（c）所示的走刀路线为行切与环切综合法，即先行切法去除中间部分余量，然后环切法切最后一刀，这样既能使总的走刀路线较短，又能获得较好的表面粗糙度。

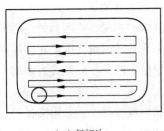（a）行切法   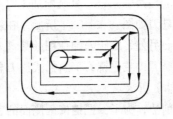（b）环切法   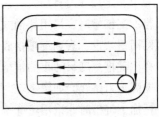（c）行切+环切

图 8-19　铣削型腔的三种走刀路线

4．曲面类零件的走刀路线

在机械加工中，常会遇到各种曲面类零件，如模具、叶片螺旋桨等。这类零件的加工面为空间曲面，它不能展开为平面，并且在加工过程中其加工面与铣刀的接触始终为点接触。由于这类零件型面复杂，需用多坐标联动加工，一般采用球头刀在三坐标数控铣床上加工，因此多采用数控铣床、数控加工中心进行加工。

（1）二轴半坐标行切铣削加工　对于边界敞开的直纹曲面，常采用球头刀进行行切法铣削加工，即刀具与零件轮廓的切点轨迹是一行一行，行间距按零件加工精度要求而确定，如图 8-20 所示。

（2）三轴联动铣削加工　对于高精度的立体曲面零件，应采用三轴联动的铣削方法。采用三坐标联动方式进行加工的曲面精度要高于行切法铣削的曲面精度，如图 8-21 所示。

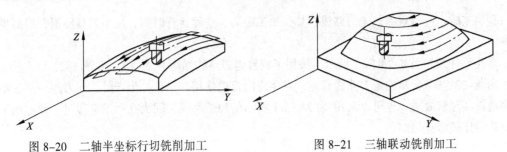

图 8-20　二轴半坐标行切铣削加工　　　　图 8-21　三轴联动铣削加工

5．键槽的走刀路线

键槽属于窄槽铣削加工，一般用键槽铣刀或立铣刀加工，键槽立铣刀有两个刀齿，圆柱面和端面都有切削刃，端面刃延至中心，可以先轴向进给较小的量，然后再沿径向进给。用立铣刀加工键槽时，一般采用斜插式和螺旋进刀，也可采用预钻孔的方法。键槽主要应保证尺寸精度、键槽两侧面的表面粗糙度、键槽与轴线的对称度，键槽深度的尺寸一般要求较低。

键槽铣削方法：由于键槽铣刀的刀齿数相对于同直径的立铣刀的刀齿数的数量少，铣削时，振动大，加工的侧面表面质量相对于立铣刀较差。

（1）定尺寸刀具加工　用定尺寸刀具保证键槽宽度的加工方法属于对称铣削，两侧面一边为顺铣，另一边为逆铣，逆铣一侧的表面粗糙度较差。在用定尺寸刀具加工键槽时，铣刀的直径比较小，强度低，刚性差。铣削过程中，切削厚度由小变大，铣刀两侧的受力不平衡，加工的键槽产生倾斜。键槽相对于轴的对称度比较差。如果铣刀一次铣到深度，铣削部分的长径比较大，进刀速度比较快时，铣刀容易折断；由于键槽加工为窄槽加工，排屑不畅，切削液的压力要求比较大，否则铣刀容易夹屑，铣刀也容易折断。

（2）非定尺寸刀具加工 用非定尺寸立铣刀具铣削加工时为粗加工和精加工。

粗加工键槽时，采用斜插式进刀如图 8-22（a）所示，在斜插式的两端，使用圆弧进刀，键槽两侧面留余量，直到键槽槽底。另外，由于两端使用圆弧进刀编程比较困难，因此在实际中一般选择比键槽宽度尺寸小的键槽铣刀（或立铣刀）斜插式进刀分层铣削时，在斜插式的两端，不使用圆弧走刀路线，如图 8-22（b）所示。

精加工键槽时，采用轮廓铣削法，为了保证键槽两侧面的表面粗糙度要求，采用圆弧切入和切出方法进退刀，如果键槽宽度精度较低时，也可以只进行轮廓精加工（采用斜插式下刀分层铣削键槽）来保证键槽的宽度尺寸精度，如图 8-22（c）所示。

（a）粗加工斜插式　　　　（b）粗加工实际走刀路线　　　　（c）精加工圆弧切入、切出

图 8-22　轮廓铣削键槽走刀路线

8.3.3　孔加工进给路线

孔加工时也应尽量缩短走刀路线，减少加工距离、空程运行时间，减小刀具磨损，提高生产效率。

多孔零件图如图 8-23（a）所示，采用了两种走刀路线如图 8-23（b）和图 8-23（c）所示，其中图 8-23（b）所示的走刀路线最短，在生产时提倡使用。但单件生产时，走刀路线最短不会太多地提高经济效益，也可以采用 8-23（c）所示的加工路线，因为在手工编程时，此种加工路线的程序比较容易编制。

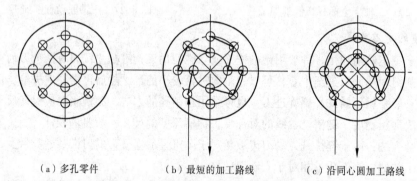

（a）多孔零件　　　　（b）最短的加工路线　　　　（c）沿同心圆加工路线

图 8-23　多孔零件的两种加工路线比较

孔的位置精度要求较高，则安排孔加工路线就显得特别重要。如果数控机床传动机构没有反向间隙时，一般考虑进给路线最短原则，但如果传动机构有间隙，则应考虑反向间隙引起的误差，孔的进给路线如图 8-24 所示，有两种方案，方案二是当加工完 4 孔后没有直接在 5 孔处定位加工，而是与 X 轴平行多运动一段距离到达 6 点，然后折回来在 5 孔处进行定位加工，这样 1、2、3 和 4 孔的定位方向一致，5 可以避免反向间隙引起的误差，从而提高了孔距精度。

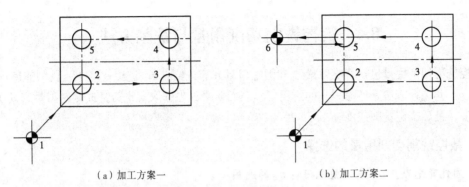

（a）加工方案一　　　　　　　　　（b）加工方案二

图 8-24　孔加工进给路线

8.3.4　型腔铣削轴向进刀方式

（1）垂直进刀　垂直下刀刀具要在进给方向上换向，因此，在加工表面会产生接刀痕迹。一般情况下很少使用。使用垂直下刀时，不容易排屑，易产生大量的切削热，使得刀具和工件的变形量加大，如图 8-25 所示。

（2）琢钻进刀　在两个切削层之间钻削切入，层间深度与刀片尺寸有关，一般为 0.5～1.5 mm，如图 8-26 所示。

（3）螺旋进刀　刀具从工件上表面开始，采用连续的加工方式，可以比较容易地保证加工精度。而且，由于没有速度突变，可以用较高的速度进行加工。同时要求设置合适的刀具进给、切削深度等切削参数，这样才能符合高速加工的要求，螺旋切向进刀对铣刀轴向载荷的减少最大，所以在加工对轴向载荷敏感的零件，还是以螺旋进刀为好。螺旋进刀方式如图 8-27 所示。

（4）斜向进刀　斜向进刀方式是使刀具与工件保持一定的斜角进刀，直接铣削到一定的深度，然后在平面内进行来回铣削，因为采取侧刃加工，加工时需要设定刀具切入加工面的角度。这个角度如果选取得太小，加工路线加长。反之，如果选取得太大，又会产生端刃切削的情况，加剧刀具磨损，如图 8-28 所示。背吃刀量应小于刀片尺寸，坡角 α 计算公式如下：

$$\tan\alpha = \alpha_{p} / l_{m}$$

式中　α_{p}—— 背吃刀量；

　　　l_{m}—— 坡的长度。

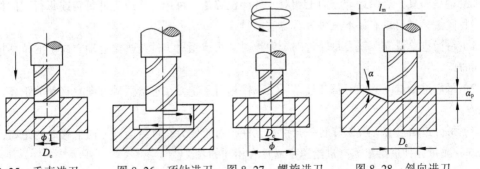

图 8-25　垂直进刀　　　图 8-26　琢钻进刀　　图 8-27　螺旋进刀　　　图 8-28　斜向进刀

8.4　数控铣削切削用量与铣削方法

数控铣削切削用量包括背吃刀量 a_p 和侧吃刀量 a_c、进给量 f、进给速度 V_f、铣削速度 V_c 及主轴转速 n。其选择方法是考虑刀具的耐用度和表面质量，先选取背吃刀量或侧吃刀量，其次确定进给速度，最后确定铣削速度。

8.4.1　数控铣削切削用量的选择

1．周铣背吃刀量 a_p 与端铣吃刀量 a_c 的选用

周铣时背吃刀量 a_p 和端铣时侧吃刀量 a_c 的选用，主要由加工余量和表面质量决定。背吃刀量 a_p 为平行于铣刀轴线测量的切削层尺寸，单位为 mm，端铣时 a_p 为切削层深度，周铣削时 a_p 为被加工表面的宽度。侧吃刀量 a_c 为垂直于铣刀轴线测量的切削层尺寸，单位为 mm 端铣时 a_c 为被加工表面宽度，周铣削时 a_c 为切削层深度，如图 8-29 所示。

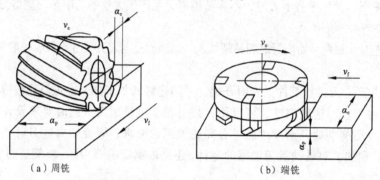

（a）周铣　　　　　　　　　　　（b）端铣

图 8-29　刀铣削用量

（1）工件表面粗糙度要求为 $R_a3.2\sim12.5$ μm，分粗铣和半精铣两步铣削加工，粗铣后留半精铣余量 $0.5\sim1.0$ mm。

（2）工件表面粗糙度要求为 $R_a0.8\sim3.2$ μm，分粗铣、半精铣、精铣三步铣削加工。半精铣时端铣背吃刀量或圆周铣削侧吃刀量取 $1.5\sim2$ mm，精铣时圆周铣侧吃刀量取 $0.3\sim0.5$ mm，端铣背吃刀量取 $0.5\sim1$ mm。

2．进给量 f 的选用

进给量是刀具在进给运动方向上相对工件的位移量，可用刀具或工件每转或每行程的位移量来表述和度量。进给量有如下三种表示方法。

（1）每齿进给量 f_z　铣刀每转过一个刀齿时，每齿相对工件在进给运动方向上的位移量，单位为 mm/z。

（2）每周进给量 f_r　铣刀每转过一周，工件相对于铣刀在进给运动方向上移动的距离，单位为 mm/r。

（3）每分进给量 f_m　铣刀旋转一分钟，工件相对于铣刀在进给运动方向上移动的距离，单位为 mm/min。每分钟进给量 f_m 与进给速度 v_f 具有相同的含义。

$$f_r=f_z\times z \quad (mm/r)$$

$$f_m=f_r\times n =f_z\times z\times n \quad (mm/min)$$

3．进给速度 V_f 的选用

进给速度是数控机床切削用量中的重要参数，主要根据零件的加工精度和表面粗糙度要求以及刀具、工件的材料性质选取。最大进给速度受机床刚度和进给系统的性能限制。

进给速度的选择原则是当工件的质量要求能够得到保证时，为提高生产效率，可选择较高的进给速度。一般在 100～200 mm/min 范围内选取，当加工精度，表面粗糙度要求高时，进给速度应选小些，一般在 20～50 mm/min 范围内选取。

进给速度的计算公式：$V_f = f n = f_z Z n$

式中 V_f 进给速度，单位为 mm/min。

n—铣刀主轴转速，单位为 r/min

Z—铣刀齿数，单位为"个"

f_z—齿进给量，单位为 mm/z

刀具确定后，每齿进给量 f_z 的选用主要取决于工件材料和刀具材料的机械性能、工件表面粗糙度等因素。当工件材料的强度和硬度较高，工件表面粗糙度要求也较高，而工件刚性差或刀具强度低时 f_z 值应取小值。硬质合金铣刀的每齿进给量高于同类高速钢铣刀的选用值，每齿进给量的选用参考表如表 8-1 所示。

表 8-1　铣刀每齿进给量 f_z 参考表

工件材料	每 齿 进 给 量 f_z/(mm/z)			
	粗　　铣		精　　铣	
	高速钢铣刀	硬质合金铣刀	高速钢铣刀	硬质合金铣刀
钢	0.10～0.15	0.10～0.25	0.02～0.05	0.10～0.15
铸铁	0.12～0.20	0.15～0.30		

1．铣削速度 V_c 的选用

铣削速度 V_c 即主运动速度，指铣刀旋转运动的线速度。切削速度与工件材料、刀具材铣刀片材料和加工条件等因素有关。

$$V_c = \pi d_0 n / 1000$$

式中　d_0—铣刀的直径，单位为 mm

　　　n—铣刀转速，单位为 r/min

铣削速度 V_c 与进给速度 V_f 之间关系如图 8-30 所示。

表 8-2 所示为铣削切削速度的参考推荐值。

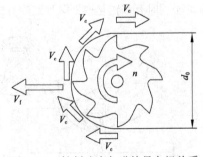

图 8-30　铣削速度与进给量之间关系

表 8-2　铣削切削速度的参考推荐值。

工件材料	硬度（HBS）	切削速度 v_c/(m/min)	
		高速钢铣刀	硬质合金铣刀
钢	<225	18～42	66～150

工件材料	硬度（HBS）	切削速度 v_c/(m/min)	
		高速钢铣刀	硬质合金铣刀
钢	225～325	12～36	54～120
	325～425	6～21	36～75
铸铁	<190	21～36	66～150
	190～260	9～18	45～90
	160～320	4.5～10	21～30

2．确定主轴转速

主轴转速应根据允许的切削速度和工件（或刀具）直径来选择，其计算公式为 $n= 1000\ V_c/\pi d_0$，其中切削速度 V_c 由刀具的耐用度决定，单位为 m/min；d_0 为铣刀的直径，单位为 mm。由此，可计算主轴转速 n，最后要选取机床有的或较接近的转速 n。

> **相关链接**
>
> 传统的切削用量选择为大背吃深量、低转速、慢走刀；由于数控机床和先进刀具的使用，使得目前切削用量选择为小背吃深量、高转速、快走刀；相应的切削参数可以结合使用的数控机床、刀具和工件材料通过查表获得，也可以用刀具厂商提供的切削参数。

8.4.2　铣削方式

铣削是断续切削，实际切削面积随时都在变化，因此铣削力波动大，冲击与振动大，铣削平稳性差。但采用合理的铣削方式会减缓冲击与振动，还对提高铣刀耐用度、工件质量和生产率具有重要的作用。

1．周铣

周铣刀主要应用在普通卧式铣床上，数控铣床和镗铣类加工中心上一般不宜采用。周铣刀在铣削平面时有顺铣与逆铣两种铣削方式，如图 8-31 所示。

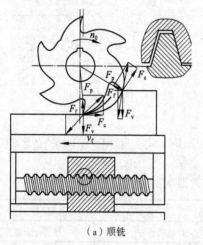
（a）顺铣

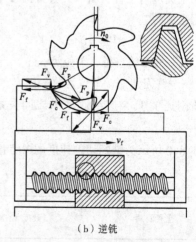
（b）逆铣

图 8-31　顺铣和逆铣

（1）顺铣　当铣刀切削刃与铣削表面相切时，若主轴的旋转方向和进给方向一致称顺铣，切屑厚度由厚变薄。

（2）逆铣　当铣刀切削刃与铣削表面相切时，若主轴的旋转方向和进给方向相反称逆铣，切屑厚度由薄变厚。

顺铣时，切屑厚度由厚变薄，这样容易切下切屑，刀齿磨损较慢，已加工表面质量高；加工时，刀齿作用于工件上的垂直进给分力 F_v，压向工作台，有利于夹紧工件；另外纵向进给分力 F_f 与纵向进给方向相同，当丝杠与螺母存在间隙时，会使工作台带动丝杠向左窜动，造成进给不均匀，这样会影响工件表面粗糙度，也会因进给量突然增大而损坏刀齿。

逆铣时，切屑厚度由薄变厚，当切入时，由于刃口钝圆半径大于瞬时切屑厚度，刀齿与工件表面进行挤压和摩擦，刀齿较易磨损。尤其当冷硬现象严重时，更加剧刀齿的磨损，并影响已加工表面的质量；刀齿作用于工件上的垂直进给分力 F_v 向上，不利于工件的夹紧，纵向进给力 F_f 与纵向进给方向相反，使铣床工作台进给机构中的丝杆与螺母始终保持良好的左侧接触，故工作台进给速度均匀，铣削过程平稳。

2．端铣

在平面铣削中，由于端面铣能获得较小的表面粗糙度值和较高的效率，因此有逐渐代替圆周铣刀的趋势。根据端面铣刀和工件间的相对位置不同，可分为三种不同的铣削方式。

（1）对称铣削　对称铣削时工件处于铣刀中间，如图 8-32 所示。铣削时，刀齿在工件的前半部分为逆铣，此时纵向的水平分力 F_L 与进给方向相反；刀齿在工件的后半部分为顺铣，此时 F_L 与进给方向相同。

一般当工件宽度 B 接近铣刀直径时，可才采用对称铣削。对于非对称铣削时，工件的铣削宽度偏在铣刀一边，它分为顺铣和逆铣两种。

（2）非对称逆铣　当逆铣部分占的比例大时，称为非对称逆铣，各个刀齿的 F_L 之和与进给方向相反，所以不会拉动工件。非对称逆铣铣削动作如同

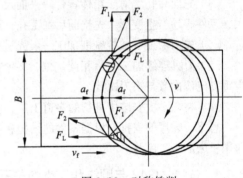

图 8-32　对称铣削

"铲"，刀刃切入工件虽由薄到厚，但不等于从零开始，对刀齿的冲击反而小，工件所受的垂直分力与铣削方式无关，如图 8-33 所示。

（3）非对称顺铣　当顺铣部分占的比例大时，称为非对称顺铣，因为各个刀齿上的 F_L 之和与进给方向相同，故易拉动工件。非对称顺铣铣削时，刀齿切入时的切削厚度最大，切出时的切削厚度最小，铣削动作如同"砍"，如图 8-34 所示。

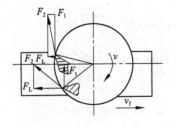

图 8-33　非对称逆铣削

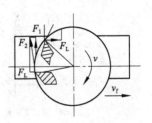

图 8-34　非对称顺铣削

拓展延伸

顺铣比逆铣的表面粗糙度值小，但顺铣的受力比逆铣大，有让刀现象，数控机床用顺铣不会打刀。由于滚珠丝杠几乎没有反向间隙，因此切削比较平稳。普通铣床用逆铣，主要是因为普通铣床的齿轮的间隙比较大，配合不好，在顺铣时会打刀，才推荐逆铣，数控铣床零件顺铣的工艺性优于逆铣，所以粗加工时选逆铣，精加工时选顺铣。

8.4.3 数控铣削加工顺序的确定

在数控机床加工过程中，由于加工对象复杂多样，特别是轮廓曲线的形状及位置千变万化，加上材料不同、批量不同等多方面因素的影响，在对具体零件制定加工顺序时，应该进行具体分析和区别对待，灵活处理，数控铣削加工顺序的安排应遵循以下原则：

（1）先粗后精　数控加工经常是将加工表面的粗、精加工安排在一个工序中完成。但不允许将工件的一个表面同时粗、精加工完成后，再加工另一个表面，而应该将工件各加工表面，先全部依次粗加工完，然后再全部依次进行精加工。

（2）基准先行　用做精基准的表面应先加工。任何零件的加工过程总是先对定位基准进行粗加工和精加工。例如，箱体零件总是先加工定位用的平面及定位孔，再以平面和定位孔为精基准加工孔系和其他平面。

（3）先面后孔　对于箱体零件等平面尺寸轮廓较大，用平面定位比较稳定，由于平面铣削力大，工件容易产生变形，先铣面后加工孔，可以减少切削力引起的变形对孔加工精度的影响。

（4）先内后外　数控铣削加工一般先进行内腔加工，再进行外形加工。

（5）刀具连续加工　以相同定位、夹紧方式或同一把刀具加工的工序，最好连续进行，以减少重复定位次数与换刀次数。

（6）在同一次安装中进行的多道工序，应先安排对工件刚性破坏较小的工序。

总之，顺序的安排应根据零件的结构和毛坯状况以及定位安装与夹紧、两道工序之间穿插有通用机床加工工序等。

8.4.4 G41、G42 与顺铣和逆铣的关系

用 G41 铣削时，铣刀切出工件时的切削速度方向与工件的进给方向相同，因此当铣刀正转时，相当于顺铣，如图 8-35（a）所示。用 G42 铣削时，铣刀切出工件时的切削速度方向与工件的进给方向相反，因此当铣刀正转时，相当于逆铣，如图 8-35（b）所示。从刀具寿命、加工精度、表面粗糙度而言，顺铣效果较好，因而 G41 使用较多。

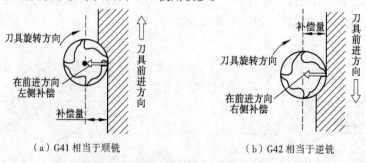

（a）G41 相当于顺铣　　　　　　　　（b）G42 相当于逆铣

图 8-35　G41、G42 与顺铣和逆铣的关系

小 结

（1）数控铣削加工特点：加工对象适应性强、加工精度高、自动化程度高、加工效率高、加工质量稳定、工序集中及一机多用。

（2）对零件图尺寸公差、零件结构、零件的毛坯进行局部调整，对于提高零件的加工精度、尺寸公差、表面粗糙度都有相当重要的意义。

（3）零件内、外轮廓铣削的进、退刀路线设计时应遵循的原则是从换刀点快进到切入点落刀，沿轮廓切向工进走刀加工，切削加工完后刀具向上抬起，退离工作表面快速返回换刀点。

（4）零件铣削走刀路线是指在加工过程中刀具的刀位点，相对于被加工零件进行切削路线轨迹。其设计原则是保证被加工零件获得良好的加工精度和表面质量，使数值计算简单及进、退刀路线最短。

（5）数控铣削切削用量包括背吃刀量 a_p 和侧吃刀量 a_e、进给量 f、进给速度 V_f、铣削速度 V_c 及主轴转速 n，其选择方法是考虑刀具的耐用度和表面质量，先选取背吃刀量或侧吃刀量，其次确定进给速度，最后确定铣削速度。

（6）铣削方式。

顺铣　主轴的旋转方向和进给方向一致称顺铣，切削层由厚变薄。

逆铣　主轴的旋转方向和进给方向相反称逆铣，切削层由薄变厚。

用 G41 铣削时，铣刀切出工件时的切削速度方向与工件的进给方向相同，因此当铣刀正转时，相当于顺铣。

用 G42 铣削时，铣刀切出工件时的切削速度方向与工件的进给方向相反，因此当铣刀正转时，相当于逆铣。从刀具寿命、加工精度、表面粗糙度而言，顺铣效果较好，

复习题

1. 名词解释

铣削速度、顺铣、逆铣

2. 选择题

（1）对于表面粗糙度要求高的零件，应当采用（　　）。

　　A. 顺铣　　　　　　　　　　B. 逆铣

（2）铣削外轮廓为避免切入切出产生刀痕，最好采用（　　）

　　A. 法向切入切出　　　　　　B. 切向切入切出

　　C. 斜向切入切出　　　　　　D. 直线切入切出

（3）通常用球刀加工比较平滑的曲面时，表面粗糙度的质量不会很高，是因为（　　）造成。

　　A. 行距不够密　　　　　　　B. 步距太小

　　C. 球刀刃不锋利　　　　　　D. 球刀尖部的切削速度几乎为零

（4）球头铣刀的球半径通常（　　）加工零件曲面的曲率半径。

　　A. 小于　　　　B. 大于　　　　C. 等于

（5）在铣削工件时，若铣刀的旋转方向与工件的进给方向相反称为（　　　）。

    A．顺铣　　　　　B．逆铣　　　　　C．横铣　　　　　D．纵铣

（6）精细平面时，宜选用的加工条件为（　　　）。

    A．较大切削速度与较大进给速度

    B．较大切削速度与较小进给速度

    C．较小切削速度与较大进给速度

    D．较小切削速度与较小进给速度

（7）在铣削工件时，若铣刀的旋转方向与工件的进给方向相反称为（　　　）。

    A．顺铣　　　　　B．逆铣　　　　　C．横铣　　　　　D．纵铣

（8）用数控铣床铣削凹模型腔时，粗精铣的余量可用改变铣刀直径设置值的方法来控制，半精铣时，铣刀直径设置值应（　　　）铣刀实际直径值。

    A．小于　　　　　B．等于　　　　　C．大于

（9）铣削凹模型腔平面封闭内轮廓时，刀具只能沿轮廓曲线的法向切入或切出，但刀具的切入切出点应选在（　　　）。

    A．圆弧位置　　　B．直线位置　　　C．两几何元素交点位置

（10）数控铣床上铣削模具时，铣刀相动于零件运动的起始点称为（　　　）。

    A．刀位点　　　　B．对刀点　　　　C．换刀点

3．填空题

（1）铣削平面轮廓曲线工件时，铣刀半径应＿＿＿＿＿＿工件轮廓的＿＿＿＿＿＿凹圆半径。

（2）粗加工时，应选择＿＿＿＿＿＿的背吃刀量、进给量，＿＿＿＿＿＿的切削速度。

（3）在精铣内外轮廓时，为改善表面粗糙度，应采用＿＿＿＿＿＿的进给路线加工方案。

（4）在数控铣床上加工整圆时，为避免工件表面产生刀痕，刀具应从起始点沿圆弧表面的＿＿＿＿＿＿进入，进行圆弧铣削加工；整圆加工完毕退刀时，顺着圆弧表面的＿＿＿＿＿＿退出。

（5）周铣时用＿＿＿＿＿＿方式进行，铣刀的耐用度较高，获得加工面的表面粗糙度值较小。

（6）铣削一个外轮廓，为避免切入点和切出点产生刀痕，最好采用＿＿＿＿＿＿方式。

（7）铣削中主运动的线速度称为＿＿＿＿＿＿。

（8）铣刀直径为 50 mm，铣削时切削速度为 20 m/min，则其主轴转速为每分钟＿＿＿＿＿＿转。

（9）铣刀在一次进给中切掉工件表面层的厚度称为＿＿＿＿＿＿。

（10）进给路线的确定一是要考虑＿＿＿＿＿＿，二是要实现＿＿＿＿＿＿。

4．判断题

（1）在工件上既有平面加工，又有孔加工时，可按先加工孔，后加工平面的顺序。（　　　）

（2）机床的进给路线就是刀具的刀尖或刀具中心相对机床的运动轨迹和方向。（　　　）

（3）粗加工时，限制进给量提高的主要因素是切削力；精加工时，限制进给量提高的主要因素是表面粗糙度。（　　　）

（4）数控机床能加工传统机械加工方法不能加工的大型复杂零件。（　　　）

（5）数控机床的进给运动由工作台带动工件运动来实现。（　　　）

（6）走刀路线是指数控加工过程中刀具相对于工件的运动轨迹和方向。（　　　）

（7）在可能情况下，铣削平面宜尽量采用较大直径铣刀。 （　　）

（8）端铣刀可采较大铣削深度，较小进给方式进行铣削。 （　　）

（9）顺铣削是铣刀回转方向和工件移动方向相同。 （　　）

（10）逆铣削法较易得到良好的加工表面。 （　　）

5. 问答题

（1）如何选择内、外轮廓的切入切出方式，曲线轮廓铣削路线分为哪几类？

（2）确定铣刀进给路线时，应考虑哪些问题？

（3）制订数控铣削加工工艺方案时应遵循哪些基本原则？

（4）数控铣削加工工艺性分析包括哪些内容？

（5）零件图样分析包括哪些内容？检查零件图的完整性和正确性指的是什么？

（6）顺铣和逆铣的概念是什么？顺铣和逆铣对加工质量有什么影响？

第 9 章
数控铣削（加工中心）加工工艺应用

学习目标

- 掌握凹平面类及孔、槽类零件数控铣削工艺分析与加工方法。
- 熟悉薄壁零件凸轮类零件及箱体类零件的工艺分析与刀具参数的选择。
- 会编写凹平面类及孔、槽类零件的机械加工工艺和数控加工工艺。

铣削类零件在机械加工中所占有的比重仅次于车削类零件，数控铣削特别适合尺寸精度要求较高的内外轮廓形状复杂的内腔类、孔类、箱体类、键槽类及组合体等零件的加工，数控铣削零件也需要根据零件图样进行相关计算，然后进行铣削工艺分析。

9.1 凹平面类零件数控铣削加工工艺分析

凹平面类零件是数控铣削加工中较为简单的一类，一般需用三轴联动或两轴半联动数控铣床即可加工。图 9-1 所示的毛坯为 75 mm×75 mm×20 mm，材料为铝合金。

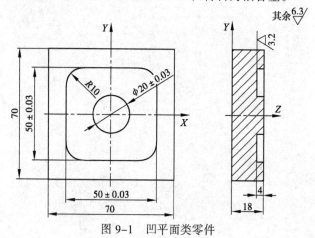

图 9-1 凹平面类零件

1．分析零件图样

该零件上表面中心是由 $\phi20\pm0.03$ mm 圆凸台，$4\times R10$ mm 圆弧倒角组成 50 ± 0.03 mm 正方形深 4 mm 的型腔。

2．工艺准备

（1）设备选用：该零件尺寸较小，加工精度可以通过调整刀具半径补偿值即可保证零件的加工精度。所以，选择两轴联动以上的经济性数控铣床即可满足要求，可选用 FANUC 0i 系统数控铣床加工。

（2）量具选用：0～150 mm 游标卡尺、0～10 mm 百分表及表座、平行垫铁、Z 向定位器、寻边器。

（3）夹具选用：200 mm 平口钳、一副软钳口、呆扳手、塑胶锤子。

（4）刀具选用：根据加工内容选镶片硬质合金盘铣刀（八片）一把、ϕ12 mm 高速钢立铣刀通过改变刀具补偿值，使用同一把刀具，同一个子程序可以实现对一个工件的多次走刀加工。数控加工刀具如表 9-1 所示。

表 9-1　数控加工刀具卡片

序号	刀具号	刀具名称	刀具直径/mm	刀具直径测量值/mm	刀具长度测量值/mm	刀具半径补偿值/mm	刀具长度补偿地址（H）	刀具半径补偿地址（D）
1	T01	镶片盘铣刀	ϕ100					
2	T02	粗铣刀	ϕ12	ϕ12.06	85.6	6.803	H01	D01
3		精铣刀				6.003	H02	D02

3．铣削加工工艺分析

工件毛坯为正方体，可采用台虎钳装夹，百分表找正，为了不损伤工件，台虎钳要装上软钳口，加工工件四周及上下面采用 ϕ100 镶片盘铣刀加工。加工型腔工件上表面，采用两块平行垫铁，上表面至少要高出钳口 8 mm，在一次装夹中完成，采用 ϕ12 mm 的立铣刀加工。

（1）确定加工顺序　本例选用 T01 刀具设定两个刀补号 D01、D02 实现两次走刀切削，分别完成粗、精铣完成。

第一次走刀 D01 刀沿值取 6.803 mm（即刀具实际半径）比刀具实际半径大 0.8 mm，刀具沿着图 9-2 所示中立铣刀位点粗加工路线留精加工余量 0.8 mm 走刀，

第二次走刀 D02 刀沿值取 6.003 mm（即刀具实际半径）刀具沿着图 9-2 所示中立铣刀位点精加工路线所示走刀，切下刀沿 D01 时铣削后留下的余量 0.8 mm。

① 粗铣凹面内轮廓　走刀路线如图 9-2 所示，工件原点设在工件中心位置上，利用刀具半径补偿铣削功能，可以不考虑刀具半径对轨迹的影响，只需按照工件轮廓编程即可。ϕ12mm 立铣刀采用圆弧切入和切出顺

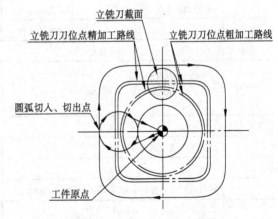

图 9-2　工件粗、精加工路线

铣，对轮廓沿顺时针方向切削。一次粗铣留精加工余量为 0.8 mm，进刀、退刀均采用 1/4 圆弧轨迹。

② 精铣凹面内轮廓　精铣凹面内轮廓和粗铣采用同一程序，*XOY* 平面内的尺寸精度可采用改变刀补值来保证，*Z* 方向的尺寸精度通过改变 G54 的 *Z* 值或改变程序中的 *Z* 值来保证。

（2）确定加工参数　根据实际加工经验、工件的加工精度、刀具材料、工件材料及参考切削用量手册或相关资料等进行选取。数控加工切削参数如表 9-2 所示。

表 9-2　数控加工切削参数卡片

序号	作业内容	刀齿数	刀具种类	主轴转速/（r/min）	进给速度/（mm/min）	切削深度/mm
1	四周面粗铣	8	盘铣刀	800	150	2.5～3.5
2	四周面精铣			1 000	100	0.5～1
3	粗铣		立铣刀	1 200	80	2.5～3.5
4	精铣			1 800	60	0.4～1

（3）编制机械加工工艺　机械加工工艺过程如表 9-3 所示。

表 9-3　机械加工工艺过程卡

工序号	工序名称	作 业 内 容	加工设备
1	下料	75 mm×75 mm×20 mm	切割机床
2	铣平面	保证工件厚度 18 mm	数控铣床
3	铣四周	保证尺寸 70 mm ×70 mm	
4	粗、精铣凹面内轮廓	（1）用 φ12 立铣刀粗铣上凹面外轮廓直线边长为 4-38.8 mm、圆弧 4 × R9.2 mm 及中心台 φ20.6 mm（四周留精铣余量 0.6 mm）。 （2）用 φ12 立铣刀精铣上凹面保证外轮廓边长为 50 ± 0.03 mm、四角 R10 mm 及中心台 φ20 ± 0.03 mm 圆台面	
5	去毛刺		手工
6	检验		

（4）编制数控加工工艺　数控加工工艺过程如表 9-4 所示。

表 9-4　数控加工工艺卡片

数控加工工艺卡片		机床型号		零件图号		合同号	共　　页
单位		产品名称		零件名称			第　　页
工序		工序名称		程序编号		备注	
工步号	作 业 内 容		刀具号	刀具名称	主轴转速/（r/min）	进给速度/（mm/min）	背吃刀量/mm
安装　工件以百分表找正、软平钳口夹紧							
1	铣上下平面及四面		T01	端面刀	1 200	50	手控
2	手动对刀		T01	立铣刀	1 000	50	手控
3	粗铣内腔直线边长 4-38.8 mm 和圆弧 4 × R9.4 mm		T01	立铣刀	900	50	2.5～3.5
4	粗铣内腔圆台 φ20.6 mm						
5	精铣内腔直线边长 4-50 ± 0.03 mm 和圆弧 4 × R10 mm				1 800	20	0.4～1.2
6	精铣内腔圆台 φ20 ± 0.03 mm						
7	工件精度检验						

9.2　孔、槽类零件数控铣削加工工艺分析

孔、槽是机械零件上应用较多的一种结构，槽一般用键槽立铣刀加工，键槽铣刀有两个刀齿，圆柱面和端面都有切削刃，端面刃延至中心，圆柱表面的切削刃为主切削刃，端面上的切削刃为副切削刃，可直接轴向进刀，图9-3所示为孔、槽综合零件。

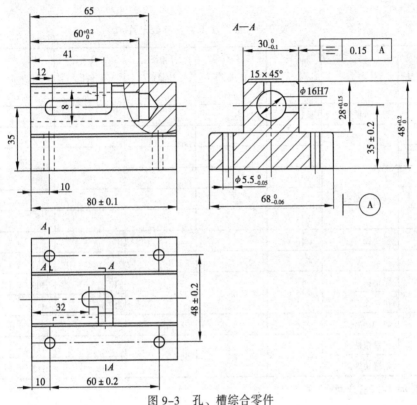

图 9-3　孔、槽综合零件

1．分析零件图样

该零件的结构较为复杂，主要是由 $\phi 16H7$ 深 65 mm 的孔与宽 8 mm 水平、垂直回转槽所构成，铣削部位尺寸精度要求较高，与基准 A 的对称度要求为 0.15 mm、基座四个孔的位置尺寸精度横向、纵向均为 0.2 mm，另外总长度、宽度、高度均有公差要求，其加工的部位有四周平面、孔、槽及倒角。

工件材料为 16MnCr5，批量生产，采用普通铣床，选用 $\phi 100$ mm 镶片硬质合金盘铣刀。在工件数控铣削前，将毛坯规方 80 ± 0.1 mm $\times 68_{-0.06}^{0}$ mm $\times 48_{0}^{+0.2}$ mm 尺寸。

2．工艺准备

（1）设备选用：该零件尺寸较小，加工精度可以通过调整刀具半径补偿值即可保证零件的加工精度，由于该零件的刀具用量较多。因此应选择数控铣加工中心加工。

（2）量具选用：0～150 mm 游标卡尺、0～10 mm 百分表及表座、内径百分表、直径 $\phi 16H7$ 塞规、高度游标卡尺、平行垫铁、Z 向定位器、寻边器。

（3）夹具选用：200 mm 平口钳、一副软钳口、呆扳手、塑胶锤子。

（4）刀具选用：根据实际加工经验、工件的加工精度、刀具材料、工件材料及参考切削用量手册或相关资料等进行选取。选 ϕ100 mm 镶片硬质合金盘铣刀（八片）一把、ϕ3 mm 和 ϕ6 mm 中心钻、ϕ5.5 mm、ϕ12 mm 和 ϕ15.75 mm 高速钢钻头、ϕ16 mm 数控机用铰刀、ϕ20 mm 锪钻、ϕ35 mm 粗立铣刀、ϕ35 mm 精立铣刀、30° 倒角铣刀、ϕ6 mm 三刃键槽铣刀，数控加工刀具如表 9-5 所示。

表 9-5　数控加工刀具参数卡片

序号	刀具号	刀具名称	刀具直径/mm	刀具直径测量值/mm	刀具长度测量值/mm	刀具半径补偿值/mm	刀具长度补偿地址（H）	刀具半径补偿地址（D）
1		镶片盘铣刀	ϕ100					
2	T01	中心钻	ϕ3					
3	T02		ϕ6					
4	T03	高速钢钻头	ϕ5.5					
5	T04		ϕ12					
6	T05		ϕ15.75					
7	T06	机用铰刀	ϕ16					
8	T07	锪钻	ϕ20					
9	T08	粗立铣刀	ϕ35	ϕ35.08	77.8	18	H09	D09
10		精立铣刀				17.54	H10	D10
11	T09	45° 倒角铣刀	ϕ30					
12	T10	粗键槽铣刀	ϕ6	ϕ6.07	52.6	3.5	H11	D11
13		精键槽铣刀				3.035	H12	D12

3．铣削加工工艺分析

工件毛坯为长方体，可采用平口钳装夹，百分表找正，为了不损伤工件，台虎钳要装上软钳口，加工工件四周及上下面采用 ϕ100 镶片盘铣刀加工。零件上部台阶采用粗、精立铣刀加工，水平与垂直回转槽采用键槽铣刀加工，孔采用钻、扩、铰来完成、尺寸精度采用两次改变刀补值来保证。

（1）确定加工顺序。

① 第一次装夹加工 ϕ6H7 孔，如图 9-4 所示，加工工件原点设在孔端面中心位置上，孔加工采用钻中心孔→钻孔→扩孔→铰孔等工序。

② 第二次装夹加工两侧面、四孔、水平键槽，如图 9-5 所示，工件原点设在水平面左边线与中心线交汇处，粗、精加工左右对称面，分六层粗铣每次切深 4.5 mm、一次精铣切深 1.0 mm，水平面键槽分层三粗铣每次切深 3 mm。

③ 第三次装夹加工垂直键槽，如图 9-6 所示，工件原点设置在侧平面中心点位置，粗、精加工垂直键槽。

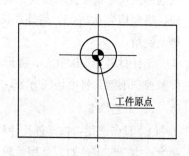

图 9-4　第一次装夹加工孔

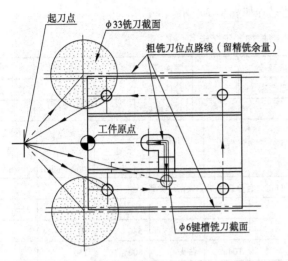

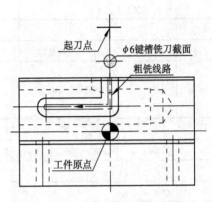

图 9-5　第二次装夹加工两侧面、四孔、水平键槽　　　图 9-6　第三次装夹加工垂直键槽

（2）编制机械加工工艺　机械加工工艺过程如表 9-6 所示。

表 9-6　机械加工工艺过程卡

工序号	工序名称	作　业　内　容	加工设备
1	下料	82 mm×70 mm×50 mm	切割机床
2	规方	六面铣加工 80 ± 0.1 mm $\times 68^{0}_{-0.06}$ mm $\times 48^{+0.2}_{0}$ mm	普通铣床
	第一次装夹		手工
3	钻孔、扩、铰加工	（1）钻中心孔 $\phi6$ 深度 3 mm （2）钻 $\phi12$ 孔深度 65 mm （3）扩孔 $\phi15.75$ 深度 65 mm （4）铰孔 $\phi16H7$ 深度 $60^{+0.2}_{0}$ mm （5）孔倒角	数控 加工中心
	第二次装夹		手工
4	粗、精铣左右对称台阶面、倒角、基座四孔、水平面键槽	（1）用 $\phi35$ 立铣刀粗、精铣左右对称台阶面长度 80 ± 10.1 mm 深度 $28^{+0.15}_{0}$ mm （2）用 45° 倒角铣刀铣水平面左右 1.5×45° 倒角 （3）用 $\phi3$ mm 钻基座四个中心孔深 2 mm （4）以 $\phi3$ mm 钻中心孔为基准，用 $\phi5.5$ mm 钻头钻基座四个透孔孔心距 　　尺寸 60 ± 0.2 mm $\times 48 \pm 0.2$ mm （5）用 $\phi6$ mm 键槽铣刀粗、精铣水平键槽	数控 加工中心
	第三次装夹		手工
5	粗、精铣垂直面键槽	用 $\phi6$ mm 键槽铣刀粗、精铣水平键槽	数控 加工中心
6	整件去毛刺		手工
7	整件检验		

（3）编制数控加工工艺　数控加工工艺过程如表9-7所示。

表 9-7　数控加工工艺卡片

数控加工工艺卡片		机床型号		零件图号		合同号	共　页
单位		产品名称		零件名称			第　页
工序		工序名称		程序编号		备注	
工步号	作业内容		刀具号	刀具名称	主轴转速/（r/min）	进给速度/（mm/min）	背吃刀量/mm
第一次装夹安装 平口钳以百分表找正、软钳口夹紧							
1	手动对刀（中心钻、钻头、扩孔钻、铰刀）						手控
2	中心钻孔 $\phi 6$ mm		T01	中心钻	530	50	
3	钻孔 $\phi 12$ mm		T04	钻头	800	150	
4	扩孔 $\phi 15.75$ mm		T05	扩孔钻	710	120	
5	铰孔 $\phi 16H7$		T06	铰刀	300	75	
6	锪钻孔倒角		T07	锪钻	1 050	300	
7	工件精度检验						
第二次装夹安装 平口钳以百分表找正、软钳口夹紧							
1	手动对刀（铣刀、倒角铣刀、中心钻、钻头）						手控
2	粗铣对称台阶面		T08	立铣刀	1 100	400	4.5～5
3	精铣对称台阶面				1 800	200	0.8～1
4	倒边加工四处		T09	倒角铣刀	800	150	
5	基座四孔加工	中心钻孔 $\phi 3$ mm	T02	中心钻	530	50	
		钻孔 $\phi 5.5$ mm	T03	钻头	800	150	
6	水平面键槽粗铣加工		T10	立铣刀	1 600	300	2～3
7	水平面键槽精铣加工				1 800	200	0.8～1
8	工件精度检验						
第三次装夹安装 平口钳以百分表找正、软钳口夹紧							
1	手动对刀（铣刀）						手控
2	垂直面键槽粗铣加工		T10	立铣刀	1 600	300	2～3
3	垂直面键槽精铣加工				1 800	200	0.8～1
4	工件整体精度检验						

 相关链接

如何实现零件的分层切削：

零件在某个方向上的总切削深度比较大时，要进行分层切削，可以通过轮廓加工刀具轨迹子程序来实现。在铣削加工程序中往往包含有许多独立工序，为了优化加工顺序，应将每一个独立的工序编成一个子程序，主程序只有换刀和调用子程序的命令，从而实现加工程序的优化。

9.3 凸轮类零件数控铣削加工工艺分析

槽形凸轮零件如图 9-7 所示，在数控铣削加工前，$\phi45$ 中心孔、$\phi75$ 轮毂、前后端面、外圆已经在普通车床上加工完成；轴键槽在拉床上加工完成；外圆中间半圆形减重槽在普通铣床上加工完成。本例讨论外轮廓、中间凸轮内滚子槽的加工，该零件的材料为 HT200，批量生产。

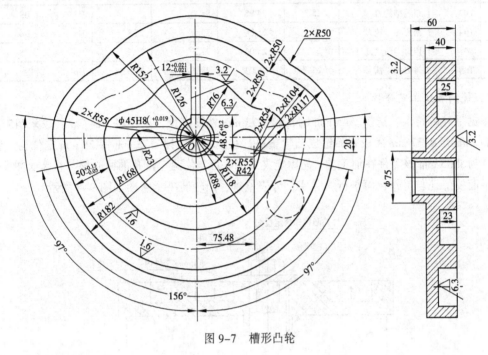

图 9-7 槽形凸轮

1. 分析零件图样

该零件所要加工的部分：

（1）凸轮外轮廓由 $R152$ mm、$2 \times R50$ mm、$2 \times R117$ mm、$R182$ mm 六段圆弧组成。

（2）圆弧槽由 $R126$ mm、$2 \times R50$ mm、$2 \times R104$ mm、$R168$ mm 六段圆弧组成圆弧槽的外边；由 $R76$ mm、$2 \times R50$ mm、$2 \times R54$ mm、$R118$ mm 六段圆弧组成圆弧槽的内边，组成轮廓的各几何元素关系清楚，条件充分，所需要基点坐标图已给出，材料为铸铁，切削工艺性较好。

2. 工艺准备

（1）设备选用：数控铣削平面凸轮时，由于该零件的刀具用量较多。采用两轴以上联动的数控加工中心。加工精度可以通过调整刀具半径补偿值即可保证零件的加工精度，

（2）量具选用：0～150 mm 深度尺、0～150 mm 游标卡尺、高度尺或万能高度仪、$\phi50$ mm 滚子（检测用）。

（3）夹具选用：专用夹具。

（4）刀具选用：根据加工内容选 $\phi6$ mm 中心钻、$\phi25$ mm 钻头、$\phi25$ mm 键槽铣刀、三把 $\phi25$ mm 四刃键槽立铣刀，数控加工刀具如表 9-8 所示。

表9-8　数控加工刀具参数卡片

序号	刀具号	刀具名称	刀具直径/mm	刀具直径测量值/mm	刀具长度测量值/mm	刀具半径补偿值/mm	刀具长度补偿地址（H）	刀具半径补偿地址（D）
1	T01	中心钻	$\phi 6$		3.5		H1	
2	T02	钻头	$\phi 25$		5.5		H2	
3	T03	精键槽铣刀	$\phi 25$	$\phi 24.98$	85.7		H3	D3
4	T04	四刃粗立铣刀	$\phi 25$	$\phi 25.08$	75.5	25.8	H4	D4
5	T05	四刃半精铣刀	$\phi 25$	$\phi 25.06$	72.2	25.2	H5	D5
6	T06	四刃精立铣刀	$\phi 25$	$\phi 25.02$	78.2	25.02	H6	D6

3．铣削加工工艺分析

根据毛坯的特点，选择 $\phi 45$ mm 的孔和 $\phi 75$ mm 外圆定位，用一块 $R147$ mm、$2 \times R45$ mm、$2 \times R112$ mm、$R177$ mm 六段圆弧组成凸轮垫块，在垫块上精镗 $\phi 75$ mm 深 25 mm 定位孔，垫板平面度为 0.05 mm 该零件在加工前，先固定夹具的平面，使两定位孔的中心线与机床 Z 轴平行，夹具平面要保证与工作台面平行，并用百分表检查，凸轮装夹示意图如图 9-8 所示。

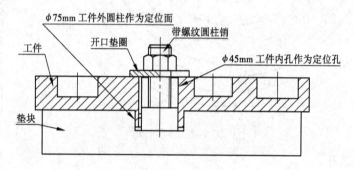

　　　　　　　$\phi 75$mm 工件外圆柱作为定位面
　　　　　　　　　　　带螺纹圆柱销
工件　　开口垫圈　　　　　$\phi 45$mm 工件内孔作为定位孔

垫块

图 9-8　槽形凸轮装夹示意图

（1）确定加工顺序　装夹加工走刀路线如图 9-9 所示，加工工件原点设在孔端面中心位置上，整个零件的加工顺序的拟订按照基面先行、先粗后精的原则确定。先加工凸轮槽的外轮廓表面，然后再加工内凸轮槽。

走刀路线：走刀分平面内进给走刀和深度进给走刀两部分。平面内进给走刀，对外轮廓是从切线方向切入，对内轮廓是从过渡圆弧切入；深度进给走刀，安全高度为 50 mm，慢速下刀高度为 2 mm，采用层切法加工，槽的加工分七层切削到深度。粗铣分六层及一次精铣，粗铣间距为 4 mm、精铣量 1 mm。

在加工时，对铣削平面槽形凸轮，深度进给有两种方法：一种是在 XZ（或 YZ）平面内来回铣削，逐渐进刀到规定深度；另一种是先打一个工艺孔，然后从工艺孔进刀到规定深度。走刀路线选择任意一圆弧段。为了保证凸轮的轮廓表面有较高的表面质量，分为粗铣、半精铣、精铣三个工步完成轮廓加工，半精铣和精铣单边余量分别留 1～1.5 mm、0.1～0.2 mm。加工选择三把 $\phi 25$ mm 的四刃硬质合金锥柄端铣刀，分别用于粗铣、半精铣、精铣，$\phi 25$ mm 钻头用于钻底孔，然后再用键槽铣刀将底孔铣平，以便于端铣刀下刀，因此选一把 $\phi 25$ mm 键槽铣刀。根据毛坯材料和机床性能，为了防止逆铣发生扎刀碰伤加工表面，采用顺铣方式进行铣削。

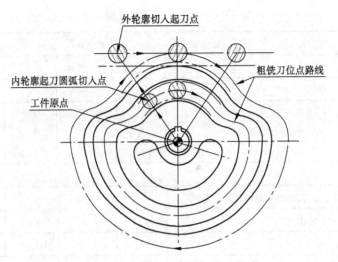

图 9-9　槽形凸轮槽加工走刀路线

（2）编制机械加工工艺　机械加工工艺过程如表 9-9 所示。

表 9-9　机械加工工艺过程卡

工序号	工序名称	作　业　内　容	加工设备
1	下料	ϕ190 mm×75 mm	切割机床
2	普车	车削 ϕ182 mm 外圆、ϕ45 mm 中心孔、ϕ75 mm 轮毂	普通车床
3	拉削	ϕ45 mm 中心孔内键槽	拉床
	工件装夹		手工
4	外轮廓粗铣、半精铣、精铣凸轮槽两侧边粗铣、半精铣、精铣	（1）用三把 ϕ25 mm 四刃立铣刀分别粗铣、半精铣、精铣凸轮外轮廓，即由 R152 mm、2×R50 mm、2×R117 mm、R182 mm 六段圆弧组成 （2）用 ϕ6 mm 中心钻在凸轮槽的圆弧切入点钻孔定位，深度 3 mm （3）用 ϕ25 mm 钻头在定位孔处钻工艺孔，深度 24.5 mm （4）用 ϕ25 mm 键槽铣刀加工底孔 （5）用三把 ϕ25 mm 四刃立铣刀分别粗铣、半精铣、精铣凸轮槽，即 R126 mm、2×R50 mm、2×R104 mm、R168 mm 六段圆弧组成圆弧槽的外侧边 （6）用三把 ϕ25 mm 四刃立铣刀分别粗铣、半精铣、精铣凸轮槽，即 R76 mm、2×R50 mm、2×R54 mm、R118 mm、六段圆弧组成圆弧槽的内侧边	数控加工中心
5	整件去毛刺		手工
6	整件检验		

（3）编制数控加工工艺　数控加工工艺过程如表 9-10 所示。

表 9-10　数控加工工艺过程卡片

数控加工工艺卡片			机床型号		零件图号		合同号	共　页
单位			产品名称		零件名称			第　页
工序		工序名称			程序编号		备注	
工步号	作 业 内 容			刀具号	刀具名称	主轴转速/（r/min）	进给速度/（mm/min）	背吃刀量/mm
专用夹具安装凸轮件								
1	手动对刀（中心钻、钻头、键槽铣刀、铣刀）							手控
2	用 φ6 mm 中心钻孔			T01	中心钻	600	50	
3	用 φ25 mm 钻孔			T02	钻头	800	60	
4	用 φ25 mm 键槽铣刀铣孔底			T03	键槽铣刀	710	50	
5	用 φ25 mm 粗铣刀加工凸轮外轮廓			T04	粗铣刀	800	75	4.5～5
6	用 φ25 mm 半精铣刀加工凸轮外轮廓			T05	半精铣刀	1200	40	1～1.5
7	用 φ25 mm 精铣刀加工凸轮外轮廓			T06	精铣刀	1600	20	0.8～1
8	用 φ25 mm 粗精铣刀加工凸轮内轮廓槽			T04	粗铣刀	800	75	4.5～5
9	用 φ25 mm 半精铣刀加工凸轮内轮廓外侧边			T05	半精铣刀	1200	40	1～1.5
10	用 φ25 mm 半精铣刀加工凸轮内轮廓内侧边			T05				
11	用 φ25 mm 精铣刀加工凸轮内轮廓外侧边			T06	精铣刀	1600	20	0.8～1
12	用 φ25 mm 精铣刀加工凸轮内轮廓内侧边			T06				
工件精度检验								

拓展延伸

对刀点（起刀点）就是加工零件时，刀具相对于工件运动的起点。对刀点既可以设置在被加工零件上，也可以设置在夹具上，但必须与零件的定位基准有一定的坐标尺寸联系，这样才能确定机床坐标系与工件坐标系的相互联系，为了提高零件的加工精度，对刀点应尽量选择在零件的设计基准或工艺基准上。如果以孔定位的零件，一般可以选择定位孔的中心作为对刀点。

9.4　箱体类零件数控铣削加工工艺分析

箱体是机械基础零部件，它将机械中的轴、套、齿轮等有关零件组装成一个整体，使它们之间保持正确的相互位置，并按照一定的传动关系协调地传递运动或动力。箱体结构形式多种多样、形状复杂、壁薄且不均匀，内部呈腔形，加工部位多，加工难度大，既有精度要求较高的孔系和平面，也有许多精度要求较低的紧固孔。

图 9-10 所示为箱体零件，该零件需加工的部位底面、100 mm×100 mm×10 mm 底面通槽、

顶面、120 mm×70 mm×70 mm 型腔、6×M5×1.5 螺纹孔、两侧通孔凸台、两个沉头孔、ϕ50 mm 通孔。该零件为铸件，其中型腔、ϕ50 mm 轴承支撑通孔已铸出，材料为 HT200。该零件为批量生产。

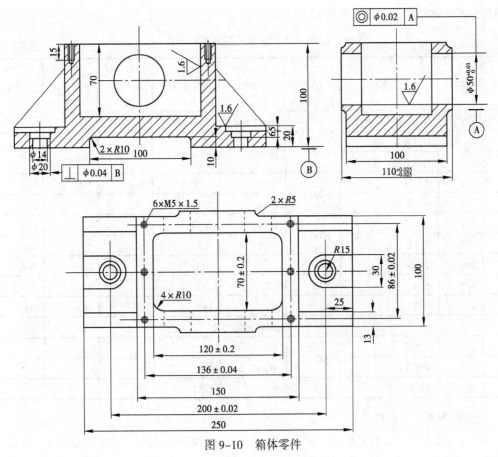

图 9-10　箱体零件

1．分析零件图样

箱体上主要加工精度是轴承支承孔 $\phi50_0^{+0.03}$ mm 的尺寸精度、同轴度精度为 ϕ0.02 mm 和表面粗糙度 1.6，这些要求都较高，否则将影响轴承与箱体孔的配合精度，使轴的回转精度下降。另外还有型腔、上表面、沉孔有垂直度 0.04 mm 要求、六个螺纹孔中心距尺寸精度为 136±0.02 mm、86±0.02 mm 及槽底通槽的加工。

对于尺寸精度要求，主要通过在加工过程中的精确对刀；正确选用刀具的磨损量及正确选用合适的加工工艺等措施来保证。

对于表面粗糙度的要求，主要通过选用正确的粗、精加工路线及合适的切削用量工艺等措施来保证。

2．工艺准备

（1）设备选用：工件底面、底通槽（需找正装夹）、加工上表面、上型腔、沉孔、螺纹孔、两侧轴承支承孔台阶面采用数控立式加工中心；加工两侧轴承支承孔精度较高，选用卧式加工中心。

（2）量具选用：0～150 mm 深度尺及游标卡尺、高度尺或万能高度仪、ϕ50～ϕ75 内径百分表。

（3）夹具选用：专用夹具。

（4）刀具选用：根据加工内容选 R 型面铣刀（$\phi80$ mm、$R10$ mm）、$\phi20$ mm 粗、精两把立铣刀、$\phi14$ mm 粗、精两把立铣刀、$\phi6$ mm 中心钻、$\phi4.2$ mm 钻头、$\phi5$ mm 丝锥、$\phi50$ mm 粗、精两把镗刀，数控加工刀具如表 9-11 所示。

表 9-11　数控加工刀具参数卡片

序号	刀具号	刀具名称	刀具直径/mm	刀具直径测量值/mm	刀具长度测量值/mm	刀具半径补偿值/mm	刀具长度补偿地址（H）	刀具半径补偿地址（D）
立式加工中心刀具								
1	T01	粗铣 R 型面铣刀	$\phi80$	80.02	50.5		H01	D01
2		精铣 R 型面铣刀						
3	T02	粗立铣刀	$\phi20$	20.05	80.5	21.2	H02	D02
4	T03	精立铣刀		20.02	79.8	20	H03	D03
5	T04	粗立铣刀	$\phi14$	14.04	105.4		H04	D04
6	T05	精立铣刀		14.02	105.6	15.2	H05	D05
7	T06	中心钻	$\phi6$	6	20.1	14	H06	D06
8	T07	钻头	$\phi4.2$	4.2	21.2		H07	D07
9	T08	丝锥	$\phi5$	5	19.8		H08	D08
卧式加工中心刀具								
10	T09	粗镗刀	$\phi50$	49.7	120.5			
11		半精镗刀		50.05	121.2			
12	T10	浮动精镗刀	$\phi50$	50.0	122.1			

3．铣削加工工艺分析

（1）先加工基准面，后其他面　箱体零件加工的一般规律是先粗、精加工基准面，后加工其他表面，也称基准先行原则。先用粗基准定位粗、精加工出基准面，为下一步加工提供一个精确、可靠的定位基准面。本例零件应先粗、精加工底面，然后以此面为基准加工其他面。图 9-11 所示为第一次装夹加工箱体零件底面、底槽走刀路线图。

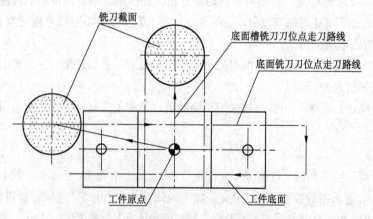

图 9-11　第一次装夹加工底面、底槽走刀路线

（2）先加工平面，后加工孔　平面是箱体的装配基准，先加工主要平面后加工孔，为孔的加工提供可靠的定位基准，再以平面为精基准定位加工孔。由于箱体上的孔分布在平面上，先加工平面可以去除铸件毛坯表面的硬皮和凸凹不平、夹砂等缺陷。对后序孔的加工有利，可减少钻头引偏和崩刃现象，对刀调整也比较方便。图 9-12 所示为第二次装夹加工顶面、型腔、两侧通孔凸台面、两端沉头孔走刀路线。

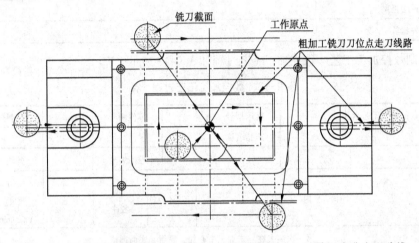

图 9-12　第二次装夹加工顶面、型腔、两侧通孔凸台、两端沉头孔走刀路线

（3）根据毛坯材料和机床性能，采用顺铣方式进行铣削。

（4）为了减少装夹次数降低成本，可将粗、精加工合并在一道工序进行，对于铸出两侧箱体支承孔的加工，由于该件为批量生产，因此应转到卧式加工中心上进行：粗镗→半精镗→用浮动镗刀片精镗。由于主轴轴承孔精度和表面质量要求高，所以在精镗后，还要用浮动镗刀片进行精细。图 9-13 所示为第三次在卧式加工中心上装夹加工两侧轴承支承孔走刀路线。

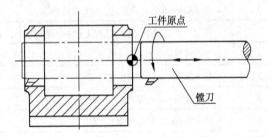

图 9-13　第三次装夹加工两侧轴承支承孔走刀路线

（5）编制机械加工工艺　机械加工工艺过程如表 9-12 所示。

表 9-12　机械加工工艺过程卡

工序号	工序名称	作　业　内　容	加工设备
	第一次装夹		手工
1	粗、精铣底面、底面通槽	（1）用 ϕ80 mmR 型面铣刀粗、精铣底面	数控立式加工中心
		（2）用 ϕ80 mmR 型面铣刀粗、精铣底面通槽	
	第二次装夹		手工
2	粗、精铣顶面、型腔、两端沉头孔顶面、台阶面、沉头孔、两侧通孔凸台面	（1）用 ϕ20 mm 立铣刀粗、精铣顶面	数控立式加工中心
		（2）用 ϕ20 mm 立铣刀粗、精铣型腔	
		（3）用 ϕ20 mm 立铣刀粗、精铣两侧支承孔凸台面	
		（4）用 ϕ20 mm 立铣刀粗、精铣两端沉头孔顶面、台阶	
		（5）用 ϕ14 mm 立铣刀粗、精铣两端沉头孔	

续表

工序号	工序名称	作业内容	加工设备
	第三次装夹		手工
3	粗、半精镗、浮动镗刀精镗两侧轴承支承孔	（1）用φ50 mm镗刀粗、半精镗两侧轴承支承孔 （2）用φ50 mm浮动镗刀精镗两侧轴承支承孔	数控卧式加工中心
4	整件去毛刺		手工
5	整件检验		

（6）编制数控加工工艺　数控加工工艺过程如表9-13所示。

表9-13　数控加工工艺过程卡片

数控加工工艺卡片		机床型号		零件图号		合同号	共　页
单位		产品名称		零件名称			第　页
工序		工序名称		程序编号		备注	
工步号	作业内容		刀具号	刀具名称	主轴转速/（r/min）	进给速度/（mm/min）	背吃刀量mm
第一次装夹在立式加工中心加工底面、底面通槽							
1	手动对刀（φ80 mmR型面铣刀）						手控
2	用φ80 mmR型面铣刀粗、精底面		T01	面铣刀	300	50	
3	用φ80 mmR型面铣刀粗、精底面通槽				600	60	
第二次装夹在立式加工中心上粗、精铣顶面、型腔、两端沉头孔、两侧支承通孔凸台							
4	手动对刀（φ20 mm立铣刀、φ14 mm立铣刀）						手控
5	用φ20 mm立铣刀粗加工顶面		T02	立铣刀	800	75	4.5～5
6	用φ20 mm立铣刀精加工顶面		T03	立铣刀	1 200	40	0.8～1
7	用φ20 mm立铣刀粗加工型腔		T02	立铣刀	700	20	4.5～5
8	用φ20 mm立铣刀精加工型腔		T03	立铣刀	800	75	0.8～1
9	用φ20 mm立铣刀粗铣两侧支承孔凸台面		T02	立铣刀	700	60	4.5～5
10	用φ20 mm立铣刀精铣两侧支承孔凸台面		T03	立铣刀	800	30	0.8～1
11	用φ20 mm立铣刀粗铣两端沉头孔顶面台阶		T02	立铣刀	800	65	
12	用φ20 mm立铣刀精铣两端沉头孔顶面台阶		T03	立铣刀	1 000	30	
13	用φ14 mm立铣刀铣两端φ14 mm孔		T04	立铣刀	300	35	
第三次装夹在卧式加工中心加工两侧轴承支承孔							
14	手动对刀（φ50 mm镗刀）						手控
15	用φ50 mm镗刀粗镗两侧轴承支承孔		T01	镗刀	150	30	
16	用φ50 mm镗刀精镗两侧轴承支承孔		T02	镗刀	400	40	
17	工件精度检验						

用刀具的相应尺寸来保证工件被加工部位尺寸的方法称为定尺寸法。它是利用标准尺寸的刀具加工，加工面的尺寸由刀具尺寸决定，即用具有一定的尺寸精度的刀具（如铰刀、扩孔钻、钻头等）来保证工件被加工部位（如孔）的精度。定尺寸法操作方便，生产率较高，加工精度比较稳定，几乎与工人的技术水平无关，生产率较高，在各种类型的生产中广泛应用。例如，钻孔、铰孔等。

小　结

1．凹平面类零件数控铣削加工工艺分析

凹平面类零件加工设备一般选立式铣床（加工中心），外形定位用机用平口钳夹紧，需各边找正。然后通过改变刀具补偿值，留足底面与侧面精加工余量，使用同一把刀具或粗精刀具，用同一个子程序实现对一个工件的分层切削加工、粗精加工。

2．孔、槽类零件数控铣削加工工艺分析

孔类零件的加工，若孔的直径小于 $\phi 10\,mm$，必须先打中心孔后再钻孔。对于直径大于 $\phi 10\,mm$ 的孔，还应采取先钻小孔后扩孔的工艺。对于精度要求较高的孔还要进行镗削或铰孔工艺。孔距由机床精度来保证，编程时可以用程序来进行调整。

槽类零件加工时，要注意立铣刀的选取，立铣刀不能插铣的必须先钻孔。铣槽为了简化编程也可采用多次调用子程序的办法。

3．凸轮类零件数控铣削加工工艺分析

凸轮凹槽的轮廓曲线实际上就是圆盘上滚子中心的运动轨迹，一般都是由多段凸、凹圆弧、过渡直线组成，其各基点坐标可用三角函数计算，也可以借助计算机绘图软件测出。有时为了减少计算量，同时充分发挥数控系统的功能优势，只需计算凸轮理论轮廓线上的基点坐标，粗、精铣削的刀具轨迹由数控系统刀补功能来实现。另外，为了使凸轮槽内、外轮廓都能够做到顺铣，程序需要编成两段，因为它们的起刀点与出刀方向不同，而且也可将基点轨迹编成子程序。加工精度主要取决于铣刀的直径精度及机床主轴径向跳动量。在选刀时尽量选取刃长短的以增强其刚性，但注意不能使主轴套下的铣刀刀柄与夹具或数控转盘发生碰撞。

4．箱体类零件数控铣削加工工艺分析

箱体类零件攻螺纹钻中心孔时，可以钻深些，将螺纹底孔倒角倒出来，在数控机床上小于 M6 和大于 M30 的螺纹一般不在机床上直接加工出来，因为小于 M6 的丝锥易折断，而大于 M30 可能由于机床功率不足而无法加工，因此，对于小于 M6 的螺纹一般采用手攻，而大于 M30 的螺纹一般采用铣削加工。

为了提高箱体零件的加工效率和保证各加工表面之间的相互位置精度，尽可能在一次装夹中完成绝大部分表面的加工。对于孔系加工应分成粗加工→半精加工→精加工三个阶段进行。安排工步时，首先分别在各个工位上完成各加工表面的粗加工工步，然后再分别在各个工位上，依次完成各加工表面的半精加工（或精加工）。

复习题

1. 简答题

（1）零件图形分析包括哪些内容？

（2）立式数控铣床和卧式数控铣床分别适合加工什么样的零件？

（3）箱体类零件的加工主要有哪几种方法？

（4）简述铣削加工参数的选择原则？

（5）数控铣削加工工艺性分析包括哪些内容？

2. 编写图 9-14、图 9-15、图 9-16、图 9-17 所示各零件单件加工的数控加工工艺。

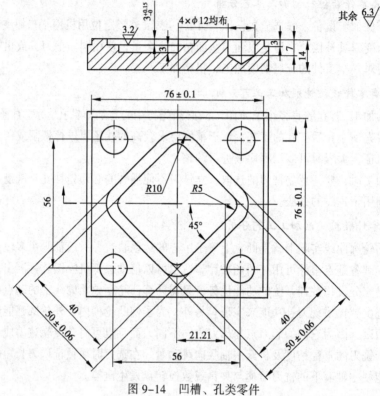

图 9-14　凹槽、孔类零件

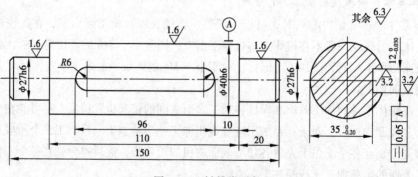

图 9-15　键槽类零件

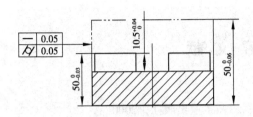
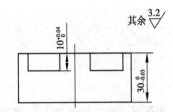

其余 $\sqrt{\dfrac{3.2}{}}$

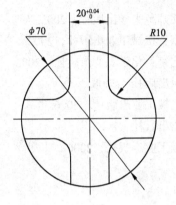
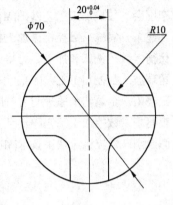

图 9-16　配合类零件

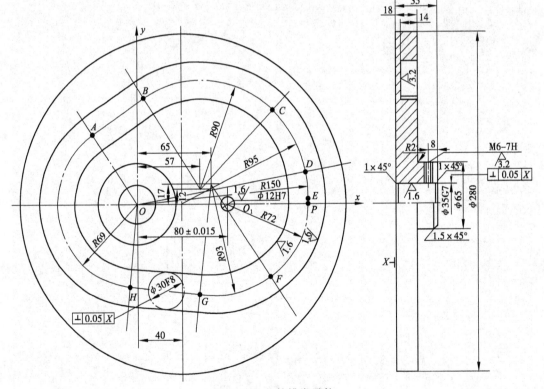

图 9-17　凸轮槽类零件

参 考 文 献

[1] 华茂发. 数控机床加工工艺[M]. 北京：机械工业出版社，2000.

[2] 李斌. 数控加工技术[M]. 北京：高等教育出版社，2001.

[3] 李国会. 数控加工工艺基础[M]. 长春：东北师范大学出版社，2008.

[4] 孙建东，袁峰. 数控机床加工技术[M]. 北京：机械工业出版社，2002.

[5] 徐衡. 数控铣床和加工中心培训教程[M]. 北京：化学工业出版社，2008.

[6] 翟瑞波. 数控加工工艺[M]. 北京：机械工业出版社，2008.

[7] 王晓霞. 金属切削原理与刀具[M]. 北京：机械工业出版社，2000.

[8] 崔兆华. 数控加工工艺[M]. 北京：机械工业出版社，2005.

[9] 谭永刚. 数控机床加工技术[M]. 北京：机械工业出版社，2006.